建筑与艺术设计思想漫谈

高祥生　主编

东南大学出版社
SOUTHEAST UNIVERSITY PRESS
·南京·

内容简介

《建筑与艺术设计思想漫谈》收集了李轶南、程明山、赵澄、王宏伟、曹莹、安婳娟等五十余位教授、专家学者、工程师、博士生撰写的关于高祥生对建筑设计、环境设计、艺术创作等方面的心得与认识的论文四十一篇。

本书共涉及建筑与环境设计领域三十余个专题的文章，是一本理论与实践相结合的图书。本书适合从事建筑设计、艺术设计和施工管理者阅读参考，也可以为上述专业相关学者的理论研究提供帮助。

图书在版编目(CIP)数据

建筑与艺术设计思想漫谈 / 高祥生主编. -- 南京 :
东南大学出版社，2025. 4. -- ISBN 978-7-5766-1462-6
Ⅰ. TU2
中国国家版本馆 CIP 数据核字第 2024RP0787 号

责任编辑:贺玮玮 **责任校对**:张万莹
封面设计:高祥生 吴怡康 王 玥 **责任印制**:周荣虎

建筑与艺术设计思想漫谈

主　　编:高祥生
出版发行:东南大学出版社
社　　址:南京市四牌楼 2 号 邮编:210096
出 版 人:白云飞
经　　销:全国各地新华书店
排　　版:南京布克文化发展有限公司
印　　刷:南京新世纪联盟印务有限公司
开　　本:787 mm×1092 mm 1/16
印　　张:20.25
字　　数:325 千字
版　　次:2025 年 4 月第 1 版
印　　次:2025 年 4 月第 1 次印刷
书　　号:ISBN 978-7-5766-1462-6
定　　价:128.00 元

序

（一）

高祥生教授是我的老师，我们的师生情谊已延绵40余年。高老师是在接受建筑学教育的基础上再攻美术的，执教生涯中他教过建筑也教过美术，在美术学中带过硕士生，在建筑学中带过博士生。他教授建筑绘画，更长期教授室内设计，堪称建筑与美术“两栖人物”。高老师已出版的著作涉及建筑与绘画的最多。在高老师出版的50本书中，关于建筑和绘画的占半壁江山。有专家评说“有建筑学背景的博导较多，但同时完整读过建筑和美术专业的在国内很少”。

经考察，原来建筑类专业仅涉及建筑构造，如常规的门窗、楼梯、顶棚、墙体等方面。高老师根据室内外装饰装修的需要，梳理了装饰装修构造，先后出版了7本构造设计类教材，并运用三维方法加以表达（参见许琴、吴俞昕、吴怡康《倡导装饰构造的教育》）。

改革开放以来，室内装饰装修的发展日新月异，但许多设计人员未曾接受过专业的制图训练，室内制图与建筑制图的方法又迥然有别。在此背景下，高老师先后5次主持了有关室内装饰装修的行业标准的编制和修订工作（参见刘荣君、安嫋娟等《他对〈房屋建筑室内装饰装修制图标准〉的推进》），对我国室内设计基础教育的开拓和完善做出了有目共睹的贡献。

室内设计专业的健康发展尤需建筑与美术的有机结合。二十世纪八九十年代，我国室内装饰装修行业发展得如火如荼，高老师根据学科需要，凭借自身特长，教起了“室内设计”课程。根据社会上装饰装修“需求大、门槛低、专业不健全”的特征，他着手室内设计基础理论的研究，诸如建筑制图与识图、装饰装修构造等（参见王宏伟、高路《BIM在建筑装饰装修中的应用》）。

20世纪90年代起，国内的陈设行业呈方兴未艾之势，经历前后近20年的发展，陈设设计大有成为室内设计行业主力的苗头。但是，那时既有的书籍和教材相对匮乏，一些已有的教材陈陈相因、新意不足。为此，高祥生老师两次撰写室内陈设的教材，特别着重于对陈设设计的方法展开论述（参见赵澄《他对室内陈设设计理论的拓展》）。

鉴于我国室内装饰装修行业中建筑设计语言表述不规范等问题，高祥生老师组织来自高校和企业的专家70余人，合力编写了《室内建筑师辞典》，编撰了4300多条词目（参见姚翔翔《力主室内建筑装饰语言的规范化》）。从装饰制图标准到构造大样，从设计方法到形式审美，高老师孜孜不倦，撑起了室内设计专业的一方天地（见赵澄、殷珊、苑媛《呕心沥血，为构建室内设计教育理论体系努力》）。

基于我国室内设计理论发展的阶段特征，高祥生老师认为，设计理论研究应以科学的设计方法论和优秀的民族文化为要。近年来，高老师论著的重点都放在室内设计的方法论探索上。

高老师在高校教龄有40余年，所出教材和专著达50本。他数十年如一日，孜孜矻矻，兢兢业业，今日结出累累硕果。他曾主持和参与的工程有百余项，曾被中国建筑装饰协会、中国室内装饰协会、中国建筑学会室内设计分会授予“全国有成就资深室内建筑师”称号、“中国室内设计杰出成就奖”等，可以说实至名归，也为东南大学建筑学院赢得了荣誉。

高祥生教授曾兼任江苏省人民政府的参事，他曾多次对江苏省的生态建设和文化建设提出过翔实且富有建设性的提案，得到了政府部门的肯定。但是高老师始终认为他首先是一名人民教师，教书育人是他的本职工作。他一直坚守在三尺讲台、一方斗室里授课、作画，几十年如一日，深受学生们的尊敬和爱戴。

一种比较成熟的、完整的思想和知识体系，从酝酿、发展到成型，总要经历反复锤炼和不断检验的过程。对高祥生教授的有关理论成果和实践经验加以梳理、研究、出版，为我国的建筑和环境设计理论建设和发展留下了一笔宝贵的学术财富，对莘莘学子更是一件富有学术传承意义的功德之事。

“莫道桑榆晚，为霞尚满天。”借此机会，祝亲爱的高老师学术之树常青！愿读者诸君开卷有益。

2023年9月25日

序（二）

高祥生是东南大学建筑学院教授、博士生导师，教育部专家库成员，国家科技专家库成员，北京大学中文核心期刊评委，中国建筑文化研究会陈设艺术专业委员会主任，中国室内装饰协会发展委副主任，南京市室内设计学会理事长。高祥生教授也是东南大学建筑学院环境与艺术学科方向的带头人，是该学科方向继李剑晨先生、崔豫章先生之后的又一个代表人物。

高祥生教授长期从事建筑、美术和室内外环境艺术教育和实践，主编或合编的著作与行业标准达五十本。高祥生教授是一位非常勤奋努力的教师，在教学之余，主持过百余项室内外环境艺术设计项目，颇受业界好评。高祥生教授取得的成就，与他的努力是分不开的。更重要的，我认为是他注重将建筑教学与工程实践结合起来，以理论指导实践，同时让理论在实践中得到检验。在高祥生教授的建筑与环境艺术设计教学中，不仅有理论知识的指导，还有专业实践的支撑，根据设计实践的需要从实际问题出发，在实践中总结经验。

《建筑与艺术设计思想漫谈》由南京多个高校的博士生导师、教授、副教授、博士生及诸多理论家、江苏省著名设计院高级工程师等五十余人合力撰写而成。书中收录的文章，涉及建筑设计、室内设计、环境设计、陈设设计方法等诸多方面的内容，既有对高祥生教授建筑与环境设计思想的全方位解读，也有对高祥生教授敬业贡献、积极作为、洁身自好等优秀品质的赞许。

《建筑与艺术设计思想漫谈》一书，既是对高老师教学思想的把握和梳理，也是对高老师设计思想的总结。书中囊括了建筑室内外与环境设计的各种方法和技巧，在设计中贯彻文化内涵与精神理念，在审美的异同中寻求兼容与平衡，在建筑中发现色彩与视觉的魅力，在雅俗之间捕捉神韵与情感，在产业发展中推进标准与规范，在现代化与传统性中追求创新与统一……

高祥生教授四十余年在建筑领域取得的成绩，大家是有目共睹的，其专业能力更是毋庸置疑的。我深信本书在东南大学出版社的出版，将有利于推进东南大学建筑学院的学术传承与发展，也有利于建筑设计与环境设计领域理论研究的丰富，能够启发读者的认识和思考。

前言 Preface

2020年12月，我申请出版《建筑与艺术设计思想漫谈》，但正式开始撰写是在2023年。2023年3月底，我生病住院，但心里放不下这件事。在我思维能力、语言功能正常的前提下，工作室的同事朱霞、杨秀锋、吴怡康前往病房，用录音笔将我的初步想法和构思记录了下来。2023年5月底，我病情好转后返回家中。由南京师范大学文学院研究生邢军军负责记录并整理我的语录、文稿，同时与本书各篇文章的作者逐一通话，交流听取作者意见，之后由我对文稿进行整体规划与构思，有序推进各项工作。至2023年12月中旬，初稿全部完成。

书稿完成后，需要给整本书取个名字，朋友们有说书名可以叫《高祥生建筑·环境设计思想研究》，当时我没多想就答应了。但事后我觉得这个题目不太妥当，像是大帽子扣了小头。实际上大家为我的建筑设计思想写的文章，是对我在建筑设计、室内设计等方面心得的论述，用思想研究来概括不太合适。思来想去，最终决定命名为《建筑与艺术设计思想漫谈》。

《建筑与艺术设计思想漫谈》收集了李轶南、程明山、赵澄、王宏伟、曹莹、安婳娟、马丽旻、徐伟、卢漫、王娟芬、邵叶鑫、王桉、许琴、吴怡康等50余位教授、专家学者、工程师、博士生、研究生所写的40余篇文章。内容包含建筑文化与建筑装饰的教育、室内装饰制图与识图、建筑装饰构造、装饰设计的形式美、新材料与BIM技术的推广应用、装饰构造教育中实践的重要性、室内陈设设计理论的发展、室内装饰语言的规范化等，基本涵盖了

20世纪80年代初到现在中国建筑设计、环境设计和艺术创作方面的主要内容。

我学过美术，也教过美术课；我学过建筑，也教过与建筑相关的课程。朋友和同事们喜欢称我为“两栖人物”，我总是一笑了之，心里也表示认同。

自小学五六年级起，美术就成了我的爱好。我大学就读于南京工学院建筑系（今东南大学建筑学院），跟随李剑晨、崔豫章、梁蕴才、许以诚、金允铨、徐诚、丁良、苏力群等老师学习水彩画。70年代末，我去南京艺术学院进修，其间受到马承彪、张少侠、董欣宾、朱新建、邬烈焱、江宏伟、张友宪等老师的指导，学习绘画并接受现实主义绘画美学的熏陶，习得“宁方勿圆”“宁直勿曲”“宁脏勿净”“宁拙勿巧”等观点，这对我后来的艺术创作和思想认识有很大帮助。

我在南京工学院建筑系学习时，认识了杨廷宝、童寯、张镛森、鲍家声、徐敦源、杨永龄等建筑大师。至今我仍记得，杨廷宝先生曾说过：“学建筑的人经常随身带一把卷尺，以便随时测量建筑或构筑物的尺寸，做到心中有数。”在我记忆中，童寯先生倡导向传统优秀建筑作品学习，认为只有对优秀传统建筑有一定的认识，才能知道如何建立新的设计理论。杨老、童老的教诲使我受益匪浅。当时张镛森先生教建筑构造课，一次恰巧南京工学院的中山院要被拆掉，张教授当即要求学生去看看拆掉后建筑的构造是怎样的，房屋被拆掉的状态好似解剖后的人体，可以让人们更加清晰、直观地了解建筑的构造。我对这些先生们的教导印象十分深刻，这对我之后的建筑设计、室内设计和环境设计的实践产生了深远的影响，让我终身受益。

90年代初，我教授室内设计的相关课程，同时工程实践的项目相对也多一些，完成的工程达百余项。在教学生时，我总会要求学生每年假期要跟着施工人员去工地，至少从头到尾看过一个完整的工程是如何建成的。该举措利于学生有更直观的认识，真正做到将理论与实践结合起来。

之后，我开始主持编制行业标准，标准规范对用语的要求十分严格，通过数次编写，我的文字水平有所提高。2001年，我与韩巍、过伟敏主编的《室内设计师手册（上、下）》出版，该书至今仍是建筑类专业研究生考试的参考教材。2008年，《室内建筑师辞典》出版，收集了室内建筑设计的相关词条4300余条，共计70余位专家、教授参与该书的编纂工作。这两本书我都是统稿人，由于要求严格，整体统筹的工作量巨大，两本书稿加起来约450万字，对我文字水平的锻炼和提高是明显的。我很庆幸，在我年富力强之时，耗费约10年时间完成了这两项工作，写作过程中的斟酌与推敲也使我的文章逻辑更有条理，言语更加严谨。

退休后，我被返聘到东南大学成贤学院工作，赴任时学校领导曾问我如何办好应用型专业，我的回答是："遵照党的教育方针，实事求是，一切从实际出发，脚踏实地，强化实践性教育……"在成贤学院工作的12年期间，我主持完成的国家行业标准有《房屋建筑室内装饰装修制图标准》(JGJ/T 244—2011)和《住宅室内装饰装修设计规范》(JGJ 367—2015)，并先后完成《建筑装饰装修制图标准》(DGJ32/TJ 20—2015)、《住宅室内装饰装修设计深度图样》(苏J 55—2020)等多个江苏省地方标准和规范的编写工作，所受锻炼颇多。

我编写的书基本都有图片，无论是在中央电视台、各省市作讲座时使用的图片，还是书中与文字相匹配的图片，基本是自己拍摄。因为我觉得拍照片的过程也是思考的过程，在拍摄过程中可以构建写作的框架和脉络，在后期挑选图片时就可以按照思路有序进行，效率自然也是高的。

到现在为止，我已经出版50本书，相较之下，我感觉这本书更有广度和深度，它是对我建筑设计、环境设计等诸多方面思想和认识的总结。现在我年事已高，对我这一生的建筑思想进行梳理和总结，我也觉得十分有必要。

为给读者呈现最好的效果，全书的编写、修改花费近一年半的时间，邢军军、朱霞、杨秀锋、吴怡康都做了大量的工作。其中：邢军军全程参与并协助本书各篇文章的作者修改文字、整理书稿；朱霞、杨秀锋负责全书的图文排版工作；吴怡康完成了书的封面设计。

本书即将付梓，我十分感谢江苏省住建厅和住建部的相关领导，感谢东南大学建筑学院的资助和支持，感谢东南大学成贤学院程明山、邵叶鑫、许映秋等相关领导对我工作的支持和帮助，感谢建筑大师韩冬青教授和张彤教授为本书作序，感谢50余位教授、工程师、学者等的大力协助，感谢工作室同事邢军军、朱霞、杨秀锋、吴怡康的工作和付出，感谢东南大学出版社贺玮玮等编辑所做的工作。

本书既适合从事建筑设计、艺术设计和施工管理者使用，也可以为上述专业领域学者的理论研究提供帮助。

对于书中存在的不足之处，希望能够得到读者朋友的指正与批评。

2024年4月

高祥生

目录

CONTENTS

十年磨一剑

高祥生

由我主持撰写并出版的专著和教材有 50 本，主持完成的工程有百余项。我的两只旅行箱，一只装满了已出版的书，另一只装满了各种专业奖状和证书。看到这些成果，我感到欣慰，也回忆起曾经的艰辛。

一、衣带渐宽终不悔，为伊消得人憔悴

1. 宝剑锋从磨砺出

如果要问我主持撰写的书籍哪几本最有价值、最花精力，我的回答必然有两本：一本是《室内设计师手册》(分上、下两册)，一本是《室内建筑师辞典》。前者使我了解了室内设计几乎全部的内容，后者又使我准确地掌握许多专业语言。

《室内设计师手册》还有两位主编，一位是南京艺术学院韩巍教授，另一位是江南大学的过伟敏教授。他们是业界领军人物，对室内设计行业的贡献卓越。本书涉及室内设计的 21 个专题，参编者包括多所高校的 30 多位骨干教师。该书出版后可作为室内设计专业学生的参考书。

20 世纪 90 年代末，中国建筑工业出版社编辑找到我和南京艺术学院的韩巍主任、江南大学的过伟敏院长，说："现在的室内装饰很火，你们是否可以帮我们编写一套室内设计方面的书籍?"我和韩教授、过教授商量后确认，这本书涉及将近 30 个内容，包括建筑设计、建筑结构、建筑设备、城市规划、工艺美术、工业造型、环境艺术、家具设计等，涉及文化传统、艺术流派、地方特点等美学问题，涉及各种规范、标准以及日益发展的建筑材料、装饰材料和工艺，内容是广泛的，需要的知识是多方位、多层次的，并且要帮助广大学习室内设计或者从事室内设计工作的人

通过查阅此书快捷了解和掌握室内设计中可应用的知识、资料。这本书具有工具书的特点，于是我们认为书名就用《室内设计师手册》，并且认为要找业内的高手编写各部分内容。于是，我们邀请东南大学建筑学院、南京艺术学院、江南大学设计学院、南京工业大学、南京林业大学以及相关建筑设计学院 30 多位专家参与编写。20 世纪 90 年代中期起，我们开始撰写《室内设计师手册》，总计花费四年半的时间。除完成自己的撰写内容以外，我的工作就是催稿、改稿。我作为主编，将完成稿件归拢了一下，共计 1400 多页。《室内设计师手册》前言中写道：撰写室内设计的文章必须有一定的专业基础，要对室内设计以及相关的知识具有一定的了解，使用的专业语言要准确。出版社主编要求精简书稿，为此我必须理解每一个专业、每一个知识点的内容，这样才能做好统稿工作。工作是繁重的，于是又花了一年多的时间逐句逐篇地对这本稿件进行修改。看着厚厚的图书，很是欣慰。

我第一次完成这种大规模的编写任务，收获颇丰。在撰写这本书的过程中，我边写边学，边改边完善，不断搜集、学习、进取。因这套书，我了解了室内设计领域的绝大部分专业的基础知识。

2. 梅花香自苦寒来

后来我又编写了《室内建筑师辞典》。编写《室内建筑师辞典》也算是我撰写专著生涯中的一个重头戏。

我一直坚信从产业到专业，然后再从专业到标准化，是专业发展的必然规律。各专业基本都会经历一个从无序的状态，依照社会的需求不断衍生、进化，然后慢慢规范化的过程。先有产业后有专业，有从事专业的设计师，而专业的队伍又需要专门化的语言。我认为室内设计倘若没有统一的语言，就会没有理论的指导，其整体水平也很难提高，于是提出室内设计必须要有自己统一的语言，因此应该有一本辞典，以便统一室内设计的相关说法。我认为只有具备专业的辞典，才能说明一个专业开始正式形成，若是连专业的语言都没有的话，就无法说明这个专业已经形成。因此，编撰专业辞典是促进专业发展的十分重要的工作。在诸多因素的推动下，为更好地满足社会和专业发展需要，《室内建筑师辞典》应运而生。

这本书是人民交通出版社约的稿，我担任主编，东南大学的安宁教授和南京林业大学的徐雷教授担任副主编。辞典收录的词条有 4300 多条，参加编写的作者均是各专业的领军人物，共70多位。根据每个人的特长，大家选择了一致认同的室内设计的有关词条。撰写每一个词条都需要对相关专业的知识进行梳理。有建筑设计、工艺美术、陈设设计、家具设计、建筑结构、人体工学等10余个专业，40余项内容，基本涵盖了室内建筑设计的全部内容。词目的释义准确，并具有专业性、实用性、时代性强等特点。室内建筑师和建筑领域的各类专业人员都可以用其来扩展知识，并从中受益。

19世纪末，李铁夫、李叔同为中国现代油画的开拓者，率先涉及油画专业，但专业的相关语言在长达几十年的时间里是不统一的。后来经过七八十年的时间，在20世纪中叶时才出现了涵盖油画的专业性辞典。20世纪30年代，庞薰琹先生等人初涉装饰领域，装饰设计是在40年代开始的，它全程经过了60年的演变，最终形成规范。工艺美术方面的辞典也用了十多年时间才编写完成。而相比之下，室内设计语言统一化的《室内建筑师辞典》历时4年编写完成，在诸多辞典的编写中完成时间算是快的。社会的发展必然导致建筑功能的变化，因此，辞典中有关功能建筑以及设计规范和标准部分的词目和释义也将随着社会的发展而发生变化。我认为辞典的编写也应该与时俱进。辞典最后虽顺利完成了，但存在匆忙编写的部分，编撰中难免出现一些疏漏，不能确保正确，但有一个雏形和参考在，将来其他人可以不断推敲，对其进行完善。

在编撰过程中，我承担了近一半的任务，这个工作是艰辛的。编写辞典需要一点点考证。就比如说“装饰”这个词，需要查这个词有哪几个有影响的人物写过，然后把他们的文章全部找出来，比较它们之间的差别。我在编写辞典时，非常注重词条释义的创新性、时代性。针对收录的一些词条，我会结合时代进行更新调整，比较以后发现，它们各有长处，但也有短板。因为时代问题，认识也各有所长了。比如水彩画的“水彩”这个词，我充分吸收了前辈的观点。然而因为时代不一样或者环境不一样，前人对水彩的理解有局限性。因此，我对“水彩”这个词反复进行考证。又如“图案”一词，一些前辈、学者对其都有说法，我把他们的说法结合在一起，加上自己的认识重新下了定义。

那时候没有网上传文字技术，完成的稿件是一张张纸稿，最后的成稿垒起来大概有一张桌子那么高，我和我的学生黄维彦将半人多高的稿件搬到邮局去。

一个专业的理论发展，需要众多专业人员和学者长期不断努力和积累。专业辞典要对一个专业的发展起到定性、定义的作用，对被广泛认同的词汇、用语、名称、新词、外来词汇等进行提炼和规范。规范一个专业的语言，明晰其语义，是进行专业讨论和理论交流的基础。辞典是规范语言、明晰语义的标准和依据，专业辞典则是专业语言、语义的标准和依据。完成了辞典的编写后，我撰写专业论文时用词比之前更加准确、丰富了，我的专业文字表达能力也变得更为准确。这本辞典的编写适应了我国室内建筑设计发展的迫切要求，有利于规范室内设计专业的词义，有利于相关工作者之间的交流与沟通。这本辞典的产生是专业发展的结果，也是专业趋于独立和成熟的标志。

东南大学教授、中国工程院院士钟训正为辞典作了序言，他认为："《室内建筑师辞典》的主编高祥生是一位治学严谨、论著丰富且富有实践经验的全国有成就的资深高级室内建筑师，与他合作编写《室内建筑师辞典》的副主编、编委、审稿、撰稿人等七十余人也都是各专业中成绩卓越的专家、学者，这无疑是对该辞典质量的保证……《室内建筑师辞典》的出版无疑是对室内设计专业的建设和建筑装饰装修业的发展做出了重要贡献。"

清华大学邹瑚莹教授也作了序言，她认为，《室内建筑师辞典》是为建立中国室内设计理论体系所跨出的重要一步，是促进专业发展的十分重要的工作。"这本辞典的编撰适应了我国室内建筑设计发展的迫切要求，有利于专业的学习、交流和沟通，对推动我国室内建筑设计的理论交流和研究，提升设计水平，促进设计创新都将会产生积极的影响"。

二、我撰写的三个室内陈设设计文稿

1. 尝试构建室内陈设设计理论框架

我关注室内设计已有40多年的时间。40多年间，我出版相关的书籍和规范已有3次。每次书籍或规范的出版都反映了我对陈设的认识的飞跃。

我毕业于20世纪70年代的南京工学院建筑系（现更名为东南大学建筑学院）。大学时期，我常去建筑系资料室看书、搜集资料，对资料室里的家具图片、陈设图片等都产生了浓厚的兴趣。家具图片有不少是中国明清家具的摄影作品，有古色古香的桌椅，有精致典雅的博古架，等等。对这些摄影作品，我常以钢笔画的形式收集整理。现在看来，这可能就是我最早学习的陈设知识。

70年代末，我在建筑系学习时，系里有一位既懂建筑设计又擅长室内设计的许以诚老师，他与我谈及一些专业问题，他认为像我这样既有建筑学背景又擅长美术的人，去做室内陈设设计是最合适的。我认同了，这也是最早促使我学习陈设设计的动力之一。

上大学时，我有幸听过杨廷宝先生讲过北京和平宾馆、人民大会堂宴会厅等建筑的设计。杨先生在实践中总是将建筑设计、室内设计和陈设设计一并做完。后来，我又听钟训正老师讲到早年做建筑设计可以将室内设计、陈设设计一并做完。自那时起我已经建立了建筑、室内、陈设一体化设计的观念。

毕业留校工作后，建筑系郑光复老师向我介绍了南京工学院建筑系师生参与北京十大建筑设计工程的情况，特别提到北京火车站的顶棚设计，其中的灯具就是由南京工学院建筑系的师生选择的。用现在的观念看，南京工学院这批师生在北京火车站的建筑设计中，做了大量的室内陈设设计工作。这些事使我明白了陈设设计是建筑设计、室内设计的重要组成部分。室内设计的实践使我深感陈设设计在室内设计中具有至关重要的作用。

20世纪70年代末前的建筑除了少数楼、堂、馆、所，大多数标准都比较低，室内空间界面一般不做过多的修饰，当时所谓室内设计无非是选挂一些字画，挑一些工艺品摆摆。看上去虽然简单，但很朴素、大方，有的还很雅致，其实这都是陈设的作用。于是我也开始关注陈设设计。20世纪80年代后期，我国的装饰业发展迅速，但没有专门的设计公司。那时的室内设计大多是高等院校的师生和设计院的设计师给装饰公司“炒更”完成的。从这一点讲，我国室内设计开始时大多是依附于装饰施工的。当时不少装饰公司为了寻求更大的利润(加上认识的局限)，要求设计者运用“高档”材料去装饰室内空间的六面体。至于陈设品，因为是“甲供物品”，设计者大多不必考虑。于是设计者经常违心地做一些过分强调界面的设计，这就是后来被人戏称为“贴一张皮”的设计。

与此同时，人们认识到室内设计的对象除了界面以外，还有空间、陈设、灯光、色彩等诸因素。20世纪90年代后期，外国的设计公司开始“进入中国市场”，同时中国的设计师也逐步崭露头角。一批优秀的室内设计作品相继问世，特别是在那些形态有缺陷、造价又偏低的室内空间中通过陈设的布置取得完美效果的室内设计，更是向人们强调了一个新的观念：陈设品在现代室内空间中具有巨大的表现力和无穷的魅力。

21 世纪是一个崭新的世纪，通过室内装饰业在中国的 20 多年的大规模实践，人们对装饰的认识得到了全面的提高。行政主管部门对装饰设计和施工明确提出“简装修、重装饰”的要求。所谓“简装修”，也即淡化对界面的修饰，而“重装饰”则可理解为强调陈设设计的作用，这是一个很明智的举措。我试图在一个造型较简洁、风格尚不明显的空间中设置不同的陈设品，即可产生不同风格和形态的空间效果，从而达到省钱、省事、办好事的目的，这也是可持续发展观念在建筑设计、施工和室内设计、施工中的具体体现。

我曾主持过许多工程的室内设计，在实践中写下了不少关于陈设设计的心得体会，这对书稿完成起到很大作用。为此，我认真阅读了国内已出版的有关陈设设计的书籍，书中的内容给了我许多启发。同时，我重温了中外建筑史和中外工艺美术史，这使我在撰写中受益匪浅。为了使撰写的内容更加完善、准确，我做了较广泛的社会调查：有关中国古代陈设品的内容，我请教过博物馆的研究员和古董店老板；有关工艺品陈设的，我请教过艺术馆的专家；有关织物陈设的，我请教过窗帘店的师傅；有关插花陈设的，我请教过花卉店的行家……《室内陈设设计》中的图例较多，为了收集图例，我去了北京、上海、杭州、苏州、无锡、南通等 10 多个城市，同时又请朋友们从内蒙古、新疆、深圳、海南、广东等地拍摄了许多工程实例。通过一年多的努力，书稿已基本完成。中国建筑学会室内设计分会原名誉理事长、资深高级建筑师曾坚先生在百忙中为本书写了序言，认为这本书是对陈设设计理论的一次“创新”，“书中已把陈设的概念扩大：室内建筑除了上、下、左、右、前、后六个面（包括门窗）外，都是陈设”，“本书对陈设除了物质层面的分析外，更重视精神层面的分析，如对陈设的视觉感知、心理影响、环境气氛、文化价值等”。他在序言的最后说：“总之，《室内陈设设计》是一本好书，也是放在设计人员案头、手边不可或缺的实用书。本书的出版是对建立室内建筑理论体系的贡献。”

然而不尽如人意的是，我所见到的很多高校研究生的论文和著名文章大多都出自此书相关内容，却没有注明出处，我心里很纳闷。后来，我觉得书籍还是有缺陷的，所以决定写《室内陈设设计教程》这本书，以便撰写出一本与《室内陈设设计》内容不一样的书籍。

2. 力图完善我国陈设设计的设计方法

“非典”期间出版社同意了《室内陈设设计》这本书的出版申请。那个时期人们之间的来往很少。我的工作室也处于停顿状态，人员基本上都在家里面办公了。我就选择了一个我的公司里边的最靠北边的小屋子集中心神编写这本书。别人跟我讲：朝阳的大房间都有，你为什么不去，而是选择背阳的小房间？我回答了一句话，我长久以来都是在最北边的小房间办公，我觉得在一个小房间里面，可以让我的脑子更加清醒，可以提醒自己要艰苦奋斗。在这个小房间里边，我一直待了十多年，陪伴我的是一只小狗。当它去世时，我很伤心。就是在这种艰苦的情况下，在这个小屋子里，我写完了很多书。在十多年中，钢管椅坐弯了，身体也搞坏了。我觉得一个人奋斗的环境不能很舒适，好像我也存在偏见，不希望别人效仿我。

在那段时间，我完成了《室内陈设设计》这本书。当时我的一个学生告诉我，一年写几本书，不如花十年写一本别人很难超越的书。我思来想去，决定干脆重写一本，于是我开始撰写《室内陈设设计教程》一书，推翻过去，超越自我。我用了五年的时间重新编写完成《室内陈设设计教程》，两本书的编写经历了十多年时间。那段时间，我是想在陈设设计的方法论上做一些文章的。其内容主要有陈设品，陈设设计的概念，陈设设计的意义，陈设设计中的视觉规律，陈设设计中的形式美，陈设设计中的图底关系，陈设设计中的风格、文化特征，陈设设计中的色彩因素、灯光因素和陈设设计中有关空间、安全、环保、通风、采光、无障碍等问题的规定，充分突出了陈设设计的方法表述。

3. 编制我国陈设设计规范

我在住房建筑系统编过近十个规范，但从未在文化部系统内编过规范标准，我一直有编写陈设规范的愿望，但望而却步，同行中也有人劝我知难而退。后来，《建筑与文化》杂志的朋友给了我一些启发，说别的书中讲什么环境应布置什么陈设品，而你就在规范中讲什么环境中、什么界面上、什么空间下不应该布置什么陈设品。这话使我茅塞顿开，比如空间层高 2.2 m，就写 2.2 m 内不能布置什么陈设品；在儿童房不应该布置尖锐物品。于是，我对如何编写《室内陈设设计规范》有了清晰的思路。同时，《建筑与文化》的负责人金凯生给了我很多帮助，李铁南教授也给了我支持。

后来，我想了又想，国家的所有规范、标准的要求大原则上都是一致的，无非就是表达室内空间中陈设设计的诸多特殊性。

室内陈设设计是建筑设计、室内设计的一部分，室内陈设设计是对建筑设计、室内设计的完善和再创造。因此，我认为应该形成室内陈设设计规范、标准，并与建筑设计、室内设计的规范、标准成为一个专业群，且建筑设计、室内设计中的相关规范、标准应作为室内陈设设计和编写室内陈设设计教材的基本依据。标准包括防火要求、结构安全、空间安全、环境质量（陈设品中污染物的控制、室内绿植布置的要求、采光、照明、自然通风、隔声、降噪、室内空气质量）、陈设品设计中的视觉秩序、陈设布置中的无障碍设计、陈设设计文件的深度规定（概念设计、方案设计、陈设设计工程），共七部分内容。再说近年来陈设设计外延在扩大，各类公共空间中室内装置，也都已统一称为"陈设品"。而装置体量一般都比较大，安装时会涉及室内空间安全性和建筑结构构造，因此用建筑结构规范对装置安装进行规定是情理之中的事。我一直认为陈设设计应遵循建筑安全基本的设计要求，倘若没有基本的要求，陈设设计中的美观和个性化的表现都是空中楼阁。陈设设计中美观问题、个性化问题都会因人、地域、时代、民族的不同出现各种不同的形式、要求，但陈设设计中的安全规则、消防规则、环保规则、空间规则、照明规则、无障碍规则等都是硬性的，不能变的，这些规则应是陈设设计的基本要求，都是可量化的。

2004 年出版的《室内陈设设计》大量收集了各种类型的陈设品，虽然也有设计方法的内容，但不是主要部分。2019 年出版的《室内陈设设计教程》精简了部分陈设品内容，偏向于对设计方法的阐述。从教学内容上评述，后者显然高了一个层次，同时也避免了与《室内陈设设计》内容雷同。可以这样讲，前者偏资料类，而后者则偏向于设计方法论。从《室内陈设设计》到《室内陈设设计教程》的出版，再到《室内陈设设计规范》的颁布完成了两次飞跃。这两次飞跃也是我对室内陈设设计认识的飞跃。这一规范既是建筑设计也是室内设计的基本要求，同时也是室内陈设设计的基本要求，使室内陈设设计更为理性化，更为科学性。对专业设计来讲，它是一次飞跃。

《室内陈设设计规范》颁布后，我在深圳、上海、江苏、安徽等地进行室内设计专业授课时，设计师们都认为编写、发布规范是必要的。

我对高老师的印象

东南大学艺术学院原副院长、教授、博士生导师　李轶南

我和高老师的日常来往不是很多，但也不少，每日早晨的互相问安和节假日祝福语总是少不了的。有时高老师也会请我帮忙校订文章，我对高老师的印象是蛮好的。伴随着接触的日渐增多，对高老师的印象愈来愈立体，我发现高老师不仅拥有坚强毅力，而且做事高度专注，令人感佩。

最近，一本研究高老师的建筑设计、环境设计思想的书籍在筹备之中，书中的文章大多由不同高校的教授、博士生和硕士生撰写。全书约有 40 余篇文章，涉及高老师的建筑设计、环境设计、艺术设计、装饰装修与构造设计等多个方面的思想，我对书中的文章篇目也有大致的了解。有幸参编此书，出于对高老师的尊重和对他做学问态度的肯定，我觉得有必要写一篇自己的所想所感。但是，如何写这篇心得我纠结了很久，不知该如何下笔，最后我决定以“我对高老师的印象”为题。

“印象”一词，在印象主义、印象派中主要是指视觉现实中的瞬息片刻，源于“印象派之父”莫奈的《日出・印象》。这一瞬间可能是第一印象，而这第一印象也可能是最为深刻的记忆。印象派的核心观念是眼见为实，人们受印象派的影响，追求的都是绝对的真实。印象往往会反映本真的因素，因而也可能是最准确的。

一、受人敬重的谦谦君子

我初次认识高老师，缘于 2018 年受邀参加南京市室内设计学会举办的一年一度的盛大年会。作为南京市室内设计学会的会长，高老师每年不辞辛劳地牵头组织、召开年会，在会上对本年度学会的工作进行总结，并安排下一年度的工作，

对支持学会的主管部门、帮助学会的单位和个人表示感谢，还会对成绩优异、表现优秀、贡献较大的集体和个人进行表彰。那年的年会现场有500名业界的设计师，高老师作为主讲人，对莅临现场的领导和设计师一一表示问候，会上围绕专业性的问题与大家进行沟通、交流、互动，会下亲切地询问大家在学习、工作、生活等方面的情况。

通过参加这次活动，我发现高老师的工作是很繁重的，但他事无巨细，汇报完工作还亲切认真地与其他设计师沟通交流，不怠慢每一位宾客。换作一般人，一定会觉得筋疲力尽，但高老师却总是尽职尽责、乐此不疲。

在那年的年会上，我对高老师的第一印象是虽然不再风华正茂，但是他兢兢业业的敬业精神和待人接物时的温文尔雅，令人如沐春风。近距离观察他和与会代表们的交谈，可以感受到在场宾客和设计师们对他发自内心的敬重和爱戴。他认真严谨的工作态度和待人谦和的君子之风给我留下了深刻印象。

二、学识广博的学者

作为博士生导师，我曾两次有幸被邀请参加高老师指导的博士生论文答辩活动。作为博士、硕士研究生导师，高老师所带的学生既有建筑类专业的，也有艺术类专业的，这反映出高老师并非指导单一专业，而是具有跨学科特点。

那次答辩中，我记得有一位研究视知觉方面问题的学生，高老师在答辩时问学生："你认为心理力是怎样产生的?"学生回复说，是由于外界的物体作用于眼球，眼球的感知必然会反应在心，这就是心理力。根据反应的程度不同，产生的心理力也有所差别。"那心理力的研究路径是什么?"高老师又问。学生简洁有力地回答道："量化，审美评判的量化。""你对心理力指导设计有什么看法?"学生回答说："画面产生的心理力必须一致。"高老师对学生做出的回答很是赞同，也表示自己已年逾花甲，后续的研究工作只能交给后辈去做。

还有一位学生围绕着"南通近代建筑装饰装修样式"进行研究，高老师在学生答辩时提到了南通正式形成的历史，近代南通建筑装饰装修样式的形成、发展和特征等；谈到了公元627年后南通的黄海滩涂演变为棉田、盐场的历史；提及当时大量囚犯被流放到南通，以及张謇走实业救国之路的成就；介绍了一厂、二厂、三厂，南通天生港、大达码头，南通师范、南通中学，等等；谈到现代的建筑和棉纺市场……从答辩活动中，我真切地感受到高老师的知识面之广。

后来我有机会参与高老师学生论文的外审工作，其内容又是各不相同的。有学生将展陈空间和视觉语言表达结合起来研究，包括视觉心理学、行为学等方面的知识，深入分析空间环境与视觉之间的关系，为展陈空间视觉语言方面的良好呈现提供了相应的理论服务和新的思考方向。还有学生研究铁路旅客站房商铺形态，依据建筑空间理论、人体工程学、室内设计理论等相关专业知识，结合大量的实际工程实例，为铁路旅客站房商铺设计提供相关理论基础和方法。从这些论文中不难看出，在高老师的指导下，学生论文的立意角度新颖，文中涉及不少前沿思想和内容。学生将不同专业的知识进行结合，提出新颖的看法、观点，并给予论证。学生的论文也可以反映出指导者，也就是高老师对各学科知识的深刻把握和灵活运用，对视觉艺术、行为艺术等其他专业领域的触及。另外也有学生研究南通市轨道交通的一些问题，文中包括南通的历史、人文地理等内容，写得都十分详尽。如此大的信息量，若是没有高老师的指导，完成起来必然是有一定难度的。

我虽然只参加过两次高老师学生毕业论文的答辩工作，但都印象深刻。从指导学生的论文写作工作中，折射出高老师对知识的认识既有深度，也有一定的广度。在高老师的指导下，研究生所写的论文往往都触类旁通，涉及不同专业中的迥异内容，既与建筑设计有关，同时又不乏人文艺术领域的问题，这也恰好印证了高老师对知识孜孜不倦的广泛求索，也反映了高老师知识面的广博：涉猎建筑设计、环境设计和装饰设计领域，跨越了他早先所从事的专业，实现了多专业的融合。

三、爱国·正气的模范人物

爱国与正气，是文化的精髓。我认为这两点在高老师身上体现得淋漓尽致。

可以说，高老师从小就接受着爱国主义思想的熏陶。小学期间，高老师经常借小人书来翻阅，比如《三国演义》《铁道游击队》《地道战》等，从书中他认识到何为爱国、仁人志士们是如何爱国的；小时候的他喜爱听艺人说书，从说书人口中了解到岳飞精忠报国的精神、杨乃武刚正不阿的品质……在小人书、说书的影响下，爱国英雄人物及其事迹为高老师的爱国主义思想奠定了坚实的基础。

进入中学，高老师有幸遇到一位有着丰富藏书的语文老师，得以有机会常常去借阅图书，阅读之时也写下了许多心得和体会。进入大学之后，高老师不但广泛阅读专业书籍，还大量搜集、阅读文学作品，这些书籍中的知识和思想让高老师对现代主义文艺思想、现实主义美学思想有了深刻认识，也为高老师之后的专业与思想发展指明了方向。

爱国主义是民族精神的核心，民族精神是社会主义核心价值体系的精髓。高老师自小在爱国主义思想的教育和指导下成长，其成年后思想理念比较正统与此密不可分。

高老师任江苏省人民政府参事时，经常需要向省政府、省委领导提出一些建议，因此曾撰写多份参事建议。他还参加了省主要领导认定的多项调研活动，其建议还得到了省委、省政府主要领导的批示和肯定。在工作期间，还有同志曾经这样评价高老师："虽然他不是共产党员，但是他其实比我们共产党员还要严格要求自己，还要爱国、爱党、爱社会主义。"

正是在这样的思想影响下，高老师的学术思想和专业研究也始终贯穿着正能量。综观书中诸篇梳理高老师思想和研究经历的文章，其中有关于高老师积极号召业界的室内设计师响应国家的大政方针和措施奋发有为的，有关于指导室内设计师设计方法论方面的，还有积极推进编写装饰装修规范的，另有全力编写建筑制图规范的……这些文章的内容几乎涉及了室内设计、建筑设计、环境设计的方方面面，而且都是在国家规范和标准的指导之下完成的。这客观上反映了高老师作为设计前辈的行业标杆和先锋引领作用。

四、高标准、严要求的设计者

一直听说南京南站的室内环境主要是高老师主持设计的，因此我曾向高老师请益，了解有关南京南站的室内环境设计案例。高老师指出南京南站整体范围很大，设计时需要考虑的内容也很多，就南京南站的室内环境设计写出一本书来也不为过，但其中最值得介绍的是进站厅的通道和商铺设计。

铁路旅客站的功能有很多，如出行功能、销售功能、休息功能、广告功能、安全功能、防盗功能等。高老师认为其中出行功能是根本，是最主要的，发生冲突时该功能是不应让位的。现在人们所看到的南京南站的交通流线是很清晰、宽敞的，便于人们进站、购物、做一些旅行前的准备活动。但当初在设计时，有领导要求在通往检票口的道路上增加商铺和休息座椅，高老师当即提出凡是去过南京南站、北京南站和上海虹桥站的旅客都会认为南京南站比其他两站的交通流线更流畅。南京南站之所以能得到人们的肯定，关键就在于交通流线的正确设计，给人们的出行留出了充足的活动空间。若是只追求增加商铺和设置其他场所，而使行人没有通道可走，其效果是适得其反的。在高老师的坚持之下，最后省里领导、铁路办事处、南京南站单位负责人都认同了高老师的意见，肯定了高老师的正确指导。

记得还有一次，南京南站相关部门在车站入口处放置了两只硕大的“剑南春”酒瓶样式的花瓶作为点缀，高老师听说后立即向铁路办事处的领导反映，坦言：两只大型的花瓶矗立在车站入口，对“剑南春”品牌而言，的确有广告宣传效果，但南京南站作为重要交通枢纽节点，任何广告都不应该阻挡旅客寻找车站入口的视线；另外，南京南站的广告应该反映南京的文化特色，而非提倡酒文化。在高老师的劝说下，最终酒瓶样式的陈设被有关部门清理走了。

在设计工作中，高老师对待每一个细节都十分严谨认真。高老师曾主持过南京南站、南京站、合肥南站等多个站点的商铺设计，所以对车站商铺的功能、文化、尺寸、用材等都十分熟悉。如车站商铺的高度一般应是 3.6 m，少数可以做到 4.2 m；车站商铺的门楣高度一般在 0.6～0.65 m，店名高度一般在 0.4 m 左右；车站中部的店铺面积应在 30 m^2 左右，边部的店铺面积在 60 m^2 左右等。高老师对这些尺寸都了如指掌，成竹在胸。高老师做设计时不仅要求精准地把握各项数据，更容不得在设计的细节上有丝毫马虎。高老师的设计理念、认真负责的态度，令人油然而生一股敬意。

五、精通业务的院长

高老师有时也会邀请我参与成贤学院优秀学科的评审工作。评审会议一般针对学院已开设的各个学科逐一进行，审核各专业的课程开设、师资分配、科研成果等各项材料，高老师作为院长负责解答相关问题。当时建筑与艺术设计学院有 5 个专业，分别是建筑专业、风景园林专业、环境设计专业、建筑动画专业和视觉传达设计专业，共计有 20 多门专业课。这些专业有相似之处，也有不同之处。比如建筑专业、建筑动画专业、环境设计专业和风景园林专业都开设了制图课，但具体的课程重点知识不一，课程设置也不同。令我意外的是，这些专业中大概 60%的课程高老师都曾教过，而且对各个课程的课时设置、教学安排等事项十分明晰，对各个专业之间的相同点和不同点也了解得清清楚楚。针对相同课程共通的教育教学方法、不同专业之间如何区分等问题，他都有自己清晰、独到的见解。成贤学院的老师曾经这样说过：“我们只要把事做好就行了，具体的工作安排我们高院长都会统筹规划。”高老师也说过:“我既然负责教学工作,那么对教学就一定要熟悉。”

会后我感触颇深,不仅因高老师专注并精通不同专业的教学而心悦诚服,更为他工作负责、认真执着的敬业精神而感到由衷钦佩。

六、著作等身的写作者

高老师退休时,将自己所写书籍整理了一下,已出版的著作达50本,包括美术、艺术、建筑设计、室内设计等诸多研究方向,这个数字无疑是很大的,一般人难以企及。其中,最引人注目的是《室内设计师手册》《室内建筑师辞典》,它们都是厚厚的大部头书籍。高老师告诉我这两套书都是花费了四五年的时间才完成的,共用了十年左右的时间。另外,高老师在装饰装修与构造、制图标准、陈设设计等方面的研究和文章编写,大概也用去了前半生大部分的时光。

我曾经看过一篇有关高老师的报道,其中写着高老师为了编写《室内建筑师辞典》,连续四年时间待在狭小阴冷的屋子里,不间断地书写,甚至把座椅都坐弯了,把身体也熬得不如从前。我曾问过高老师为何这样,他回答说:“在艰苦的环境里才能完成困难的工作,太舒适容易让人懒惰。”所以他能够编写完成50本书,主持完成百余项工程。实际上,这与他能够在艰苦、枯燥的环境中坚持工作和他身上坚韧不拔的毅力是分不开的。

我也很敬佩高老师用一辈子的时间和精力专注做一件事情。高老师在任教期间,针对本科生、研究生和博士生,所授课程都是室内设计。他自始至终瞄准在一个点上,不断深入研究和探索。社会在不断向前发展,高老师接触到的工程也在不断地变化,授课所选择的研究案例也随之更新,但始终不变的是高老师长久以来的坚持和孜孜不倦地推进理论建构。为了构建室内设计理论体系和框架,他付出了一生的心血与汗水。尽管室内设计的理论框架还需要不断优化、完善,但是高老师的不懈努力已经为理论建设奠定了坚实的基础。

以上皆是我对高老师的一些粗浅认识,无法涵盖他全部的工作成果和学术思想。随着交流的增多,高老师给我的整体印象也在不断丰富,他是一位勤奋且执着、坚毅且专注的人。我十分敬佩高老师这一生不懈努力的精神。我相信,日后与高老师的交流会让我认识到他的更多面,会对他有更加深切的了解。正值高老师的书稿完成之际,我衷心地祝愿他的学术之树长青!

应用型专业人才培养的几点思考

东南大学成贤学院原党委书记　程明山

我曾担任东南大学成贤学院的党委书记。在2006年，成贤学院党政联席会议讨论设立建筑系时，我当即考虑到两个问题，一个是思考请谁来担任建筑与艺术设计学院的院长，另一个是建筑学专业将来如何发展的问题。我想到了高祥生教授。高祥生老师到任后，学院组织召开了一次关于建筑与艺术设计学院学科建设与教学的研讨会，时任东南大学党委副书记的郑家茂教授也莅临参会。会上，高老师谈了自己对建筑与艺术设计学院在师资队伍建设、教学目标、教学环境的完善及学生培养等方面的意见。

一、师资队伍的建设

高老师在此次会议上讲到，开展办学工作，要注重师资队伍的建设。成贤学院是一个独立学院，在教师的选择上必须明确方向和标准，要走出“学历越高，教学质量越好”的误区。当下的师资来源于硕士生、博士生等。高老师认为教师的教学能力不应单独依据学历的高低进行判断，还要看教师本人是否有工程实践的经验，更要综合考量教师的知识结构与能力水平。

我也赞同高老师提出的要加强教师队伍建设的观点，延揽有工程实践经验的教师是十分有必要的。杨廷宝先生曾强调有工程实践背景的重要性。童寯老先生也曾经提出过：“我招的研究生必须要有工程背景。连厕所都没设计过，读什么研究生。”童老对于研究生的招收都有如此严格的要求，那么我们对于教师的选择更不能轻视。高老师十分认同他们的观点，也觉得理论与实践的结合十分重要。

作为建筑学的任课教师，若是本该有的工程实践经验是零，没有任何在工程方面的实践积累，就不能给予学生真切、有意义的指导，也不能真正助推学生成长成才。高老师在会上提出并重点强调大家要慎重思索这个问题。他也主张，不能招收没有工程背景的老师，若没有工程经验，在实践教学中将难以指导学生。

也正是在高老师的建议下，建筑与艺术设计学院之后在招聘教师的过程中，一直坚持招收至少有两年工程实践经验的老师。事实也证明，只有对教师的工程背景进行严格要求，之后开设的一些课程如建筑构造、建筑设计、环境设计、建筑施工、园林施工、园林设计等等，才不会是纸上谈兵。若是真的让一个根本没有参加过任何工程的老师进行授课，那么他是无法讲述工程实践方面的知识的，更无法将实践经验教授给学生。虽然各个高校这样的情况很普遍，但我相信之后肯定会有所改变，毕竟国家终归是需要能实践的人。

高老师围绕着师资问题延伸提出，东大建筑学院的师生比最开始是 1∶8 至 1∶10，后来是 1∶12 至 1∶16，在扩招之后上升至 1∶20，之后没有再上升。而成贤学院的师生比是1∶30，高老师坚决反对这个比例，他认为老师的精力在一个绝对时间里是恒定的，分配给每个学生的时间是相对的。一位教师所教授的学生越多，单个学生可得的指导时间就越少，学生所得的知识也会越少。由于建筑设计、绘画设计等课程自身的特殊性，需要师生面对面进行教学，因此 1∶30 的比例分配是不妥当的。尤其是当下面临着经费、师资等各方面资源稀缺的情况，必须要做到精打细算。

二、教学目标的确定

在围绕着教学目标展开的讨论中，高老师也谈了自己的看法，其重点是要将东南大学成贤学院的学生培养目标与东南大学建筑学院的区别开来。

相比之下，成贤学院的生源质量、师资力量等各方面都是不如东南大学建筑学院的。当时，东南大学建筑学院的院长韩冬青说："如果按照东南大学建筑学院或是南京艺术学院的模式来培养成贤学院的学生，结果一定是失败的。毕竟成贤学院办学的资源、学生的质量，都是远远不如前两者的。只能根据自己的实际情况来选择自己未来的发展方向和道路，单纯模仿别人的方法是做不好的。"以东南大学为例，高老师认为东南大学建筑学院有着丰硕优良的资源，但是成贤学院作为东南大学的一个独立学院，若是仿照着东大建筑学院进行教学，那办学就是失败的。

高老师指出在教学目标的设置上，各个高校可能都相差不大。学生的毕业条件之一是通过大学英语四、六级考试，否则不能顺利毕业。高老师对这个问题也有自己的看法，他也曾向教育部提出调整建议，虽然相关部门肯定了高老师提出的建议，但是最后也没有下发批示。高老师认为，关于英语的教学和考核，在本科院校中进行强制要求是应该的，但在独立学院中是不合适的，独立学院的主要目标是培养应用型人才，在教学的设置上自然要有所不同。

在论述中，高老师提到了自己十分推崇的两个人。一位是黄炎培，他所有的教案都来自自己在工程实践中遇到的问题，他在上海立信会计金融学院培养出来的人才比一般本科院校毕业的学生更受欢迎。另一位是陶行知，他主张的“教、学、做合一”教学思想，打破了传统教学模式。高老师十分赞同他们的教育思想和指导方针，也在之后的教学工作中时常谈起这两位杰出人物，并以其为榜样。

三、课程的设置与安排

会上，我们请高老师谈了一下后续的课程安排计划。成贤学院建筑与艺术设计学院规定学生的学制为四年，高老师强调在这四年时间里必须把应有的专业基础课、专业课、实践课教授给学生，课程安排可以设置为两大阶段。

前一段是以专业基础为主干的课程安排，基础课程知识是之后理论课程和实践课程的基础，需要在大一、大二完成教学，授课教师必须把基础课程和专业基础课程教好，必须把学生的专业技术基础打牢。学院要有意识地把整个教学工作和思想传达给专业课老师，让授课教师知道，基础课的教学与专业课是连贯的，应将其作为一个整体，不能分离。专业基础课有人体工程学、制图、美学、构造大样等。以人体工程学为例，床的尺寸设计与人体的身高是有关的，橱柜的宽度、深度设计与人体的宽度和空间活动有关，衣柜的尺寸与人体衣服的尺寸是有关的，卫生间水龙头、坐便器、浴缸等物体的尺寸与各自之间的距离，都与人的实际动作和身体尺寸有关。

后一段是以专业实践课为主干的课程安排，需要在大三、大四时进行。要安排学生进行设计工程实践，从工程委托开始，让学生着手处理工程中可能碰到的种种问题。要让学生明白，理想化的课堂教学与实际工程的不同。社会上80%以上的设计工程的随机性都很强，实践时遇到的问题和设计目的等，与教学有很大的差别，必须让学生意识到自己在校的学习与社会是不完全同步的。该阶段的专业实践主要以学生实习为主。在前一阶段的基础知识教学完成后，才能开展社会实践活动。只有前一阶段的理论知识教学完成，学生有了充足的理论基础，在后一阶段他们才能将理论与实践相结合，并在实践中不断巩固、完善相关理论，做到学以致用。例如在建筑制图中，设计者需要把设计的语言表达出来，若是学生前期不能掌握建筑设计、园林设计的制图语言与制图方式，则很难表达所做设计的意图，后续也无法顺利推进工程实践。因此，在大三进行实践性教学之前，学院要将基础和专业课程的教学完成。同时，这也要求最好安排有实践经验的老师教授课程，从工程实验角度出发进行教学。

前后阶段的划分，把教学计划与课程设置联系起来，打破了传统课程的设置，让教学的方向、目标更加明确，更有针对性。所以，建筑与艺术设计学院在之后的课程设置中，积极进行改革，调整教学计划。在前一阶段主要进行理论教学，传授学生知识；在后一阶段推进实践性教学，培养学生的实践应用能力：两个阶段环环相扣。

四、人才培养的目标

在会议上，郑家茂副书记问高老师："你觉得成贤学院应该以培养什么样的学生为目标呢?"高老师明确回答，要培养应用型人才。时任南京大学建筑学院院长的丁沃沃教授说过这样的话，"现在有工程实践经验的设计师不多，北京市招聘这些技术人员的条件，有些比本科名校毕业的学生开价还要高"。这也说明社会在这方面有相当大的需求量。另外，高老师也曾和一个主管部门的领导讨论学生的教育问题，对方讲了一段很令人深思的话，即现在一方面社会上紧缺可以直接上手工作的专业人才，另一方面多数高校缺乏对学生实践能力的培养。高老师也赞同以上观点，所以他觉得在应用型人才培养方面，成贤学院要根据自身的生源状况、师资力量、办学环境等，将教学的目标定位在培养高层次的应用型人才，但又有别于现在的高职院校人才培养。

现在普遍存在的一个现象是，各个高校不断扩大硕士研究生招生人数和专升本规模，将毕业生就地"消化"，以便服务于当地的经济发展。现在学生所谓的实习基本上是到某个单位去，每天按时上下班打卡，结束实习工作后，单位盖章签字给予实习证明即可。其实，这样的实习学生是没有真正体验到实际的工程练习的。因此，现在广大高校培养出来的学生，只拥有基础的知识，而实际的动手与实践能力则是远远不够的。不可否认的是，当下普遍存在学生的学历越高能力却越差的现实情况。因此，高老师主张看重学生和教师的实践能力，而不是一味追求高学历。

此外，高老师指出要大力培养助理设计师。记得江苏省建筑设计研究院原院长李青曾打比方说，“一个设计院就是一个脑袋，只能有一个爪子”。脑袋就是总设计师或设计院院长，即主案设计师。这个岗位的工作是学生毕业后经过多年实践训练才能胜任的，若让刚毕业的本科生到设计院做主案设计，整个设计就会被搞乱，是绝对不能这样做的。高老师也认为设计就像一只螃蟹，只需一个脑袋，这样才能清楚前进的方向。如果人人都当主案设计师，那必然是不妥当的。也正是在这次会议上，高老师率先提出来这样的发展目标，确定了成贤学院之后的学生培养目标就是培养实用型人才和助理设计师。在这之后，成贤学院的教育计划、招师计划等一系列的工作，都进行了调整和改革，主要方针、条例的实施都是围绕着这个目标进行的。

五、教学环境的完善

这次讨论中，高老师谈及现在的高校主要分为两大类型，一类是全日制的理论型学校，还有一类是职业技术学校。就社会的实际发展需要而言，这两类人才都是必需的，缺一不可。

另外，高老师也指出，无论原有的生源、办学条件如何，现在的学校基本上一律采取的是理论研究型人才的培养模式。民办的职高、培训类学校所教的课程实际上是岗前培训课程，培训后的学生可以直接上岗实操，能更好地满足社会的需要，很受社会欢迎。

高老师曾去过苏州工艺美术职业技术学院，他们的教学实验室像作坊一样，教学内容以实操为主，很多老师都是外聘的技术人员。高老师也曾到包豪斯公司的教学实验场地参观过，他们的教室被划分为不同的区间，有裁缝、机械、设计等不同分类，指导老师基本上都以实操的工作为主进行教学。该公司注重对学生实践能力的培养，培养出来的人才很受社会的欢迎。高老师觉得我们应该向苏州工艺美术职业技术学院这一类的学校学习，真正做到在教学中提高学生的实际操作能力。

高老师觉得这种培训类学校发展得越好，培养的学生越多，越显得我们这些学校办学的失败和糟糕，我们应该感到脸红。出现这些问题的根本原因是教育的方向发生了偏离。教育必须为人民的美好生活服务，为生产实践服务。这也正说明了各个高校不能忽视对应用型人才的培养，要为企业输送专业的、有实践能力的人才，否则办学可能就是失败的。

近年来，东南大学成贤学院建筑与艺术设计学院的学生就业率在逐年提高，2021 年学生年终就业率为 92.49%，2022 年学生的年终就业率为 93.55%，2023 年学生年终就业率为 93.65%。可以看出，成贤学院的教学目标、学生培养计划的调整等都发挥了一定的作用，学院整体的发展比过去要好很多，但总的来说还有提升空间，之后仍需不断进行革新，追求卓越。

高老师主张在教学中积极与企业进行产学、研学合作，借助联合办学这一路径，培养锻炼学生的实践能力，让学生早一点适应社会的需要，为社会、企业输送有质量、有实力的人才。由此可见，各个高校都应注重对学生的实践能力的培养，积极培育应用型人才，并结合社会发展实际，为社会提供真正学有所长、契合社会需求的人才。

生在新社会，长在红旗下

东南大学艺术学院博士生　庄宇宁

一、思想启蒙初心现

高祥生老师的文学艺术观得以生根萌芽，要回溯到他人生的启蒙阶段，尤其是在上海接受小学教育期间，这段重要的经历为他未来的世界观、人生观的深化淬炼并趋于完善成熟，起到了至关重要的作用。

高老师的老家位于南通，当时南通与扬州、宁波的社会习俗相似，基本上是由女性在乡村畎亩间耕作，而有劳动能力的男性则外出赴沪打工。高老师的妈妈以及其他家人居住在南通，而上海有高老师的爷爷、父亲和姑姑。正因如此，高老师从10岁到14岁期间，每年至少有两次机会穿梭于两地之间，这也为他日后的学习提供了良好的条件。

上海是一个非常繁荣富裕的地方，吸引了许多为养家糊口而辛苦劳作的打工人。尽管高老师家庭的经济情况处于上海的社会底层，但与农村相比，境况还算尚可。他的爷爷和爸爸打工时住在黄浦区的宁海东路，此地交通便利，步行至市中心即延安东路上的大世界和人民路的城隍庙仅需十几分钟。当时居住条件虽然较为简陋，但仍比农村的条件要好得多。

此时，年幼的高老师还未形成自己的爱好，所剩无几的社会娱乐活动就是跟随劳作结束的爷爷去听艺人说书。当时的说书内容主要涵盖一些正统的思想教育和历史人物故事，比如《岳飞传》《杨家将》《杨乃武与小白菜》等。他每天晚上都会去听

注：文章根据与高祥生老师的谈话内容整理撰写，经高祥生老师审阅后定稿。

说书，尽管自己还不能完全理解其中的内容，但他了解到岳飞热爱宋朝的大好河山，痛恨奸臣误国，明白伸张正义、精忠报国的重要性。因此，除了在幼儿园和课堂上接受的老师教育外，听说书对高老师思想的形成和发展产生了很大的影响。

紧邻宁海东路的山东南路上有许多出租小人书的店铺，从高老师家出发仅需步行五六分钟即可到达。他的小学课外教育基本上是从小人书开始的，甚至小人书对他的影响比听说书更为深远。由于说书在晚上才有，主要受到老年人欢迎，所以高老师往往晚上听说书，白天读小人书。这家小人书出租屋提供租借、阅览服务，一次租书押金是一毛钱，至少可以租三本，高老师的大部分课余时间和仅有的零花钱都花费在小人书上了。当时的小人书，也叫连环画，充实着人们的文化生活，尤其受到孩子们的喜欢。除了四大名著，高老师当年还读了《鸡毛信》《哪吒闹海》《山乡巨变》《铁道游击队》《交通站的故事》，看过高玉宝的《半夜鸡叫》，读了高尔基的《童年》《我的大学》《在人间》等。那时候店里的小人书基本都是正向的、积极的，不似现在市场上图书质量良莠不齐。对他而言，小人书有着鲜明的时代烙印，承载着美好的少年记忆。直至小学毕业，高老师每年都会回到上海去租书、借书、读书，在一本本小人书中度过自己的暑假、寒假和农忙假。

在小学教育的课程中，高老师学会了基本的识字读书，对一些事物有了基本的认识，但从小人书汲取的知识比课堂上学来的更为丰富。在那个不大不小的书屋里，高老师几乎读完了所有的可借阅图书，感悟到爱国思想，学到为人处世的道理，为其世界观、人生观和价值观的形成奠定了坚实的基础。

二、民族情怀心底生

20 世纪 60 年代初，高老师进入南通县中学，受到多位老师的教育和指导，这一阶段的学习建构起他的知识结构和人生观的雏形，为他未来的专业选择和发展打下了坚实基础。

初一时，高老师的班主任兼语文课吴镜人老师喜欢现代诗歌，在他的熏陶下，高老师学会了什么是“阶梯诗”，了解到苏联现代诗人马雅可夫斯基和中国现代诗人贺敬之的风格。吴老师朗诵贺敬之的《回延安》：“心口呀莫要这么厉害地跳，灰尘呀莫把我的眼睛挡住了……”“几回回梦里回延安，双手搂定宝塔山。千声万声呼唤你——母亲延安就在这里！”《雷锋之歌》：“面对整个世界，我在注视。从过去，到未来，我在倾听……八万里风云变幻的天空啊……”这些诗句歌谣对高老师来说至今记忆犹新，并影响着他的文风。

初二时的班主任是历史老师黄石弢。他讲述了秦始皇统一六国、陈胜吴广起义、楚汉之争等历史事件，从唐宋元明兴衰讲到林则徐虎门销烟、八国联军侵华、火烧圆明园等，展现了中华民族永不向侵略者屈服的决心和勇气。这些故事使得高老师在少年时期就对中国历史文化发展脉络有了清晰的了解，并进一步激发了他的爱国主义思想和民族情感。

初二下学期，陈炳南老师担任班主任，教体育、美术、音乐、书法等课程。在高老师的记忆里，他声情并茂地教学生唱《我爱祖国的蓝天》。"我爱祖国的蓝天，晴空万里，阳光灿烂，白云为我铺大道，东风送我飞向前，金色的朝霞在我身边飞舞"，这首歌深深触动了高老师内心的爱国情怀。美术课上，陈老师强调掌握几何形体和明暗调子的重要性，介绍颜文樑先生的色彩理论和颜先生表现阳光下的店铺的作品，话语间充满了对颜先生的敬重之意。在20世纪60年代初，颜先生的色彩理论很是前卫。

如今回想起来，南通县中学当年的校长赵仰霞，副校长张绍荣、赵震东，都是和蔼可亲、为人师表、受人尊重敬仰的老师。还有很多优秀的教师，如教数学的甘祖荫老师、张士达老师、金包兰老师，教体育的季俊德老师、施汉林老师，教俄语的高深老师，教音乐的叶端老师等。他们用人格魅力感染学生、激励学生，"细雨透地，润物无声"的教育方式和日常细节中的言传身教将永远珍藏在高老师心中。

三、文学美学并蒂开

高老师文学、装饰设计思想受到周镜如老师的影响。虽然周老师相貌平平、不苟言笑，但他的教导贯穿了高老师的中学学业全过程，为高老师世界观的形成起到了积极的作用。

高中时期正处于特殊时段，学校教材统一简编，有关艺术性和文学性的基础理论较为浅显。然而，周老师在教语法课程时别出心裁，选取报纸中的个别段落，指出其中存在的一些问题，并用毛主席、鲁迅、茅盾等语言大师的作品作为学习教材，让学生从中汲取知识和营养。高老师认为这样的教学方式既科学又充满正能量。

周老师的办公室书柜摆满了书籍，高老师经常去借书阅读，如《古代汉语》《战争与和平》《巴黎圣母院》《修辞学发凡》，毛主席的诗词文选以及鲁迅等名人的作品。阅读这些书对高老师有很大裨益，满足了他求知的渴望，并激发了他想拥有一面书墙的决心。同时，在周老师日复一日地教诲之下，高老师养成了酷爱阅读和藏书的习惯，这为他未来的人生发展打下了良好的基础。

通过多次的交流、学习和“开小灶”，高老师和周老师的师生关系变得更加亲近。周老师讲述现实主义的文学创作观时，引用车尔尼雪夫斯基的《怎么办》中“生活即美”的观点，强调生活中存在有差异的美。正如住在深山里的人总是希望到大城市游览，而大城市的人则喜欢游山玩水，追求生活中的“野趣”。他还谈到形式美来源于生活和自然。比如大自然既有太阳又有月亮，既有白天又有黑夜，这些对立关系形成了一种形式美的客观标准。两人从美丑谈到文艺批判，这些交流对高老师的文学创作思想产生了初步影响，并为他日后从事美学工作提供了指引。

通过周老师的指导和自主阅读专业书籍，高老师掌握了基本的语法规则，这为他的文学创作提供了帮助。现实主义美学的思想解读和剖析让他认识到现实主义的重要性和现实主义美学的真谛，如今他仍坚持现实主义的美学观，在指导研究生撰写论文时也一直强调这一观点。

高老师对形式美进行了深入思考，他认识到生活中许多物体本质上都是有规律可循的。高老师的学生曾做过一次实验，认为黄金比 1∶0.618 与地球绕太阳的运行轨迹相通，并与很多数理上的长宽比基本一致，这种美感来源于大自然和客观存在。鲁迅认为最早的音乐产生于劳动，高老师深以为然，他觉得在打号子的过程中，劳作变得更加轻松。这些有规律的重复就是“节奏”“韵律”，音乐、诗歌、绘画等艺术中更是饱含规律。韵律是有组织的变化，其中包含着结束，而结束又是韵律的一种升华。同时，这些规律源自生活，其稳定性与地心引力紧密相关，没有地心引力就没有节奏，也就不会产生韵律。

高老师始终遵循现实主义，强调功能性。他赞同维特鲁威的建筑观点，特别是《建筑十书》中提到的建筑基本要求，这些要求与党对建筑的要求相吻合。高老师拥护党关于建筑的方针政策，包括适用、经济、美观、安全等，认为生存是最重要的，若生存成问题，美观则无从谈起。

四、打破藩篱不设限

在南京工学院建筑系学习期间，高老师的美术课成绩一直名列前茅，他与建筑系专业的老师们接触也较多，其中徐以诚老师是他确定专业目标的关键人物。徐老师学过建筑学和美术学两个专业，和高老师的知识结构很是相似。徐老师去过美国，高老师最早是从他那里知道室内设计这一专业的，徐老师对高老师说过，“你是学过美术的，又学过建筑，你这种知识结构最好去搞室内设计”。同时，徐老师也经常从北京带回来一些与建筑相关的信息，例如到中南海作图绘画，到人民大会堂画画得到了表扬，等等，这些都在影响着高老师。

另外也有几位室内设计的老师，对高老师的影响比较大，也为高老师室内设计知识结构的形成奠定了相关理论基础。其中郑光复老师和高民权老师都是建筑学出身，在20世纪80年代初就开始做室内设计了，高民权还曾参与过金陵饭店的设计，这些老师对高老师的影响较大。

在南京工学院读书期间，高老师每天都来往于礼堂大楼、建筑系大楼、图书馆大楼之间，逐渐了解到这些楼都是由杨廷宝先生操刀加建过的，他非常敬仰杨老，赞同其在建筑加建中秉持的“修旧如旧”思想。

1990年，东南大学扩建，在计划改建校门时，高老师坚持说校门与礼堂的体量、五四大楼与“前工院”的体量很协调，不宜改动。高老师的思想就是强调整体协调的重要性，这是他一贯的主张。

在谈到中西合璧时，高老师非常推崇杨廷宝先生对南京中山陵音乐台的设计，他认为杨老设计的音乐台在学习古希腊露天剧场的设计上比其他西方一些名家做得更加优秀。杨老在建筑设计、装饰设计中表现的形式感、整体感对高老师的影响很深远，这也是高老师在日常谈论建筑设计时常常会提及的。

虽然杨廷宝先生、童寯先生没有给高老师上过小班课，但那时杨廷宝先生经常去北京做设计、开会，回南京之后，在学院上大课时总是会要讲一些主席、总理的指示，另外还会说一些设计中的趣闻等。从杨老师那里高老师加深了对建筑功能的理解，也从国家的相关条例中感受到主席、总理兢兢业业为国家、为人民服务的精神，为学生和从业人员在装饰装修方面如何学习和工作指明了方向，也树立了榜样。

高老师与童老的接触较少，但他对童老很敬佩。高老师多次讲到一件事：一次在阅览室，高老师问到世界上最大的体育馆在哪里，童老听到后反问高老师说：“你说的最大是容纳人数最多还是面积最大?”而后童老对世界最大的体育馆进行了一系列的解释。通过这件事，高老师被童老知识的广博、学术的严谨而折服，童老一直深深地影响着高老师。

高老师自幼喜爱画画，在中学时还从朋友那里借到了李剑晨先生撰写的《水彩画技法》，并对此爱不释手。大学期间，高老师开始学习环境艺术，机缘巧合下与李剑晨先生结下深厚情谊。可以说，在大学阶段，李剑晨先生对高老师的学业和职业发展影响深远。

毕业后，高老师在建筑系美术教研室多位老师的建议下，选择留在学校从事教育工作。幸运的是，他留在了李剑晨先生主持的美术教研室，并与几位老教师共事。从教后不久，李剑晨先生等提出让高老师去南艺进修。结业后，李剑晨先生、崔豫章先生、梁蕴才先生继续指导他研习水彩技法。此后，他们又建议高老师尽早参加美术教学，由于他对教学工作以及其他事务都认真负责，老先生们对他十分赞赏。在南京工学院建筑系美术教研室工作期间，高老师受到李剑晨先生、梁蕴才先生、丁良先生等多位先生的关心、支持和帮助，受益匪浅。

李剑晨先生曾和高老师讲过在英国的中国留学生如何进行反日宣传，强调中国人要振兴中华。李先生曾言：生于乱世，亲眼见国之衰败、民不聊生之景况，为富国强民、振兴国威，跨洋求学，企盼能为强大中华略尽绵薄之力。李先生也曾告诉过高老师，自己这一辈的人都希望可以将西方的一些东西学习消化，并带回中国以振兴民族，但实际上最后他们发现让中国人接受西方文化是不容易的。西方的一些思想历史渊源很深，被西方人接受起来很容易，而中国人主要还是接受中国文化，秉持的观点从始至终是一致的，那就是要画就画中国画。高老师觉得这些事情和思想对自己的影响很深。

李剑晨先生始终在探索一条“洋为中用、古为今用”的艺术道路。在绘画上，李剑晨先生多次和高老师谈过要“以心交心”，并强调利用本土优秀文化进行创作。他的水彩画作品虽然题材不同、形式各异，但是都利用西洋画形、光、色的绘画原理来表现中国人喜闻乐见的画面，传达中国人的情感，其中洋溢着强烈的民族感情、浓郁的时代精神和鲜明的个人风格。李先生创作了一大批构图独特、色彩冲击力强的中国画作品，展现出中国艺术的情趣和浓厚的民族特色。丁良先生也讲过抗日战争的故事，讲述过南京大屠杀的惨境，令高老师义愤填膺。这些都对高老师的爱国主义思想的形成产生了深刻的影响。

李剑晨先生对高老师的教育、指导和帮助，无疑对他产生了深刻而重要的影响。同时，李先生也是高老师的人生标杆，无论是学习还是工作，在高老师前进的道路上，始终有李先生的支持与鼓励。

五、爱国思想浓又深

高老师去国外之后，爱国之情愈加浓厚。

2018年，高老师前往美国，飞机上乘客多是中国人，但使用的语言和飞机上的标识都是英语，他觉得自己只能适应，也必须适应。然而，当他从美国回来，乘客大多是中国人，其余是韩国人和日本人，飞机上的文字依然没有中文标识，却有英语、日语和韩文，这让高老师感到外国人没有给中国语言和人民应有的尊重。

2019年，高老师一行人在日本小饭馆用餐，桌子上写着“这里没有中国食料”，暗示中国食品不安全。同年，他前往澳大利亚的大堡礁，发现厕所只有英文、韩文和日文标识，尽管游客中90%是中国人。澳大利亚到处都没有中文广告，但在回程中，他却发现一个房地产店铺上有中文，写着“欢迎投资”，这让他感到讽刺。

回到中国后，高老师发现车站和车上的标语都是英文，广播也在播放英语。即便是警车上的标识也用英文“police”而不是中文。虽然现在车上的标语已经改变，但过去的情况仍让他感到荒唐，因为这是中国，这里本应充满中文。

在韩国，高老师发现超市标着“进口大米”和“韩国大米”，而韩国人多购买后者，因为标语提倡使用“韩国大米”。

在法国老佛爷殿旁边，高老师遇到了一位中国导游。他突然对一位法国女孩大声说，“你如果再这样说，我就揍你”，当时高老师觉得很不可思议，后来他才知道，原来那位法国女孩说了“华人与狗不能进”这种贬损中国人的话。周围人也一起支持导游，女孩尴尬地离开了。这让高老师对导游肃然起敬，无论对错，他维护了中国人的尊严。

在加拿大，高老师观察到在这个城市里面的许多建筑物、构筑物都是由原住居民创造的，因此他提出原住居民对加拿大的贡献应该被加强宣传。

在大英博物馆看到中国绘画时，高老师感叹这些作品比国内博物馆馆藏画作还要精彩出色。同时，他意识到这些珍贵作品原本是中国的宝贝，却被英帝国主义侵略者掠走，他深刻认识到国力强盛的重要性。在大英博物馆馆员警告他不要靠近展品时，他回答说只要不是去抢都可以，对方虽然听不懂他的话，但其他中国人都理解了他的意思。

高老师多次强调要弘扬中华优秀传统文化，提出了弘扬汉语的建议，并得到了省政府的支持。然而，他观察到我们国家在弘扬本民族文化和爱国主义情怀等方面存在滞后现象。直到现在，许多国人仍认为外国的东西比中国的好，出现了跟风的现象，而这些跟风并非跟随中华民族的风，而是跟随外来的风，有些人甚至提出否定当前中国建筑的观点。

无论如何，高老师坚持要站稳自己的立场。在国外参观回国后，他提倡现代主义，认为这与中国国情相符。对于解构主义，他认为只能适度采用，而非完全排斥。若全盘采用解构主义，则成本过高，而我们国家的建设目标是为劳动人民创造空间。他对中央电视台和人民大会堂后面的大剧院提出不满，认为这些建筑造型与中国国情不协调，忽视了中国人民的观感和感受，设计存在一定的不合理。

高老师认为表达爱国情怀不能仅停留在口头上，而应该了解自己国家的文化和历史。他指出日本在明治维新之前是学习中国的，在明治维新之后则学习西方多一些。然而，部分中国人盲目自大，错误地认为日本一直在学习中国，其实日本学习西方的也很多。日本人将魏源的《海国图志》作为宝贵的文化遗产，用来宣传海上文化，并借此来攻击中国。我们对海上文化的保护力度还不够，须继续加强弘扬本国文化。

高老师认为，中国人的事情要中国人自己来办。1988 年，高老师应邀在人民大会堂做主题汇报，演讲主题是中华优秀传统文化。安德鲁等七位演讲者中五位是外国人，高老师的演讲获得了全场最热烈的掌声。他坚持认为中国的文化应该由中国人来讲清楚，不应该由外国人代替。与会的马挺贵告诉高老师说，“那些外国人讲的话，我们根本就听不懂，唯独你讲的中国文化，我们听懂了，你讲得很好”。当时有记者采访高老师，问他这种情况下，为什么敢如此尖锐地谈论这个问题。高老师回答:“在我们国家，在我们国家的大会堂，讲我们自己国家的文化，有什么可胆怯的呢?”他背后有着千千万万中国人民的支持，毫不胆怯。

20 世纪 90 年代初，装饰装修业蓬勃发展，高老师接到了一个地下室改造的任务，于是他就带上自己的学生一起前往，其中有一位姓袁的女学生，她是一位共产党员。一个美籍华人与他们洽谈合作，并希望将改造的地点设计成一个具有美国文化的餐饮空间，并明确提出要通过饮食文化来影响中国人。高老师和这位学生拒绝做这个项目，坚决不与他们合作。最终，该项目没有成为现实，那个地方后来被改成了超市，原计划改造的餐饮空间没有实现。

六、眼界学识广又宽

高老师谈起自己曾在电视中看到新东方创始人俞敏洪谈论个人成长过程。

俞敏洪的一个朋友曾多次考试落榜，在第三次考试时，他的母亲不同意他再考，认为农村孩子应该在农村务农。然而，俞敏洪的母亲非常支持他继续学习考大学。并且小时候在上海的经历，使得他了解到世界之大，不仅仅限于他所在的农村，这激发了他的求知欲望和追求更广阔世界的决心。

高老师与俞敏洪有着相似的经历，小时候寒暑假和农忙假期他常去上海找父亲和爷爷，这丰富了他的知识，拓展了他的眼界。再见到昔日同学时，他在见识和能力上都有所领先。这种差距与高老师不断努力有关，也与在新的平台上不断获得经验和知识有关。正因如此，高老师下定决心要努力读书，走出小镇，去大城市学习、见世面、干事业。

通过不断努力学习，高老师顺利进入大学，并有机会与一些留过学的老师接触，其中李剑晨先生曾在英国和法国留学。高老师和李先生频繁交流，在问及李先生出国的最大收获是什么时，李先生回答说，“其实真正技能上的长进没有很多，关键是在外面开阔了自己的眼界”。接着还嘱咐高老师多出去看看，开阔眼界。高老师参访过三十多个国家，多次走访英国、法国。他相信未来的年轻一代会走过更多的国家，拥有更广阔的见识和渊博的学识。

高老师曾举办过一次摄影展览，题为“用自己的眼睛看世界”。他学过美术史，对老前辈编辑的一些文章表示敬佩，但由于其中存在一些不准确的引用，他认为部分成果可能是二手资料。这些文章在介绍美术史和美国设计师时，赞扬了设计大师路易斯·康的作品。高老师自己也撰写了相关的文章，一位博士生指出老师写的不是真实情况，高老师反问学生何处有误。学生表示路易斯·康的情况应该是另一种样貌，信息源却来自二手资料，前言中赫然写着：“我非常感谢我在美国的朋友寄来了路易斯·康的资料。”因此，作者是根据美国朋友提供的资料撰写的，而这位美国朋友是不是建筑学家有待考究。另外，作者本人并未去过美国，也没有亲眼见过路易斯·康的作品，只是根据别人提供的资料写作，因此准确性存在问题。而高老师不同，他亲自去看了两次，拍摄的照片完全是从建筑和装修的角度拍摄的。因此，高老师所写的内容都是通过自己的眼睛看到和亲身感受到的。

教科书中普遍认为，现代主义建筑大师的作品有四大特点：框架结构、横向线条、屋顶花园、底层架空。然而，高老师对于国外现代主义建筑大师作品的认识与教科书并不完全一致。以弗兰克·劳埃德·赖特的作品流水别墅为例，该建筑底下是架空的，楼层高低错落，溪水由平台向下流出，建筑与溪水、山石、树木自然地结合在一起，犹如从地下生长出来。而密斯·凡·德·罗的作品则具有古典式的均衡和极端简洁的风格，有着灵活多变的流动空间以及简练而精致的细部。这两位建筑大师的作品特点分明、风格迥异，因此仅以四大特点来概括实际上是不全面的。

在高老师看来，卢浮宫既有文艺复兴风格，又经过多次改造呈现古典主义风格，但教科书认为它只是古典主义风格。类似地，威尼斯的总督府在教科书中被归类为拜占庭风格，但实际上其室内和中庭更多地展现了古典主义风格。因此，人们需要运用所学知识加以辨别。高老师一直强调，在写文章时，应用自己的眼睛观察，用自己的思维进行评判。

高老师毕业以后，曾两次到南京艺术学院进修，主要是学习绘画技法和美术史理论。在南艺期间，高老师得到了张少侠、邬烈焱、苏立群、张连生等青年教师的影响。除此之外，高老师与当时的好友和同学，如张五力、陈国欢、崔雄、卢新民、卜建华等来往较多，甚至在毕业以后也经常有业务上的交流和接触。

进修之余，高老师频繁参加留校老师和研究生组织的沙龙活动，有时几乎每天都参与其中。高老师记得当时的沙龙成员包括董欣宾、朱新建、江宏伟和张友宪等，大家常在江宏伟家聚集，讨论各自对绘画的认识。高老师认为，自己后来的绘画水平与在东大时相比有很大的长进，这与在南艺参加沙龙，与大家交流并汲取知识有关，这些活动对他后来的绘画理论和艺术实践产生了深远影响。通过长期地参加沙龙活动、与同仁交流，他扩展了自己的视野、丰富了见识。

如果说在东南大学的时日为高老师在美术上打下了基础，推动着他进入了艺术设计的专业队伍，那么在南京艺术学院的两次进修，与诸多青年教师、好友和同学们的课下交流等，对他来说，不仅开阔了眼界，更为艺术创作拓宽了思路，这对他后来的建筑创作、环境艺术创作、美术创作都起了相当大的启迪作用。

高老师始终认为学术需要博采新知，开动自己的脑筋，不能人云亦云，要学会用自己的眼睛看世界，即使历史上已有结论，也应该有自己的理解和判断。

洁身自好，砥砺前行

南京林业大学艺术设计学院原副院长、教授　管雪松
东南大学成贤学院建筑与艺术设计学院副教授　陈凌航

一、职业思想发展渊源

高祥生老师从事建筑行业几十年，对于建筑行业的职业道德和标准，都有着自己的见解。在职业发展道路上，高老师也曾犹豫不决，但他始终强调自己要实现人生价值，要为社会、为行业发展尽绵薄之力。

1. 难适职场环境

1993年，高老师受南京艺术学院设计公司委托，需要到河南设计海达洱酒店，那时负责承接海达洱酒店工程的是一位个体老板，项目所有前期的费用都是由他承担的。

然而项目进展到中途，业主突然反悔，不再找这位个体老板做了。于是，他就向高老师哭诉，若是这个工程此时无法进行下去，自己的前期投入皆会血本无归。高老师听此讯息深感意外之余也动了恻隐之心，于是他出面调和，并想出办法周全了此事。随后，甲方同意划拨出一部分工程项目给这位个体老板做，这件事情才算圆满解决了。

此事给高老师留下了深刻的记忆。心想：倘若换成自己是个体老板，该如何自处？自己是做设计的，也是在高校里教书育人的，历来受人的追捧与尊重，自己是万万不可能为了拿工程或设计项目，在应酬酒席上向别人频频举杯、低三下四地央求。也正是因为这件事，高老师觉得自己没有这方面的能力，无法适应纷繁

注：文章结合与高祥生老师的谈话内容及日常工作的印象编写而成，经高祥生老师审阅后定稿。

复杂的商业环境。因此，高老师下定决心不再做工程，而是选择从事自己擅长的设计咨询工作。

2. 抉择职业定位

1995年，高老师开始着手筹备成立自己的设计咨询公司。有次，他邀请省委党校的一位老师帮忙张罗一些事情时，两人交谈了很多，在谈及人生价值问题时，党校的老师告诉高老师："要谈挣钱，社会上的老板能力比我们强得多，而且都不择手段，他们很快就可以成为百万富翁、千万富翁，甚至亿万富翁。但是，要谈文化，他们是不如我们的。所以自己的发展一定要找准自己的位置。"听了这席话，高老师很受启发，对自我定位也有了新的思考。

对于自身的定位和未来职业发展方向，高老师是很明确的，他认为自己的价值应是为广大人民创造安居乐业的环境，自己的主要心力应放在教育和学术研究上。所以，高老师后来虽然成立了自己的公司，但并没有盲目追求规模的扩大，只是保持平稳的发展。几十年来，高老师也一直在教学一线坚持着教书育人的教学与领导工作，桃李满天下。当然，事实也证明，他的想法和选择是对的。

3. 坚守职业道德与标准

1996年，高老师应邀在中央电视台教育频道做专题讲座，专栏的题目为"室内设计与效果图制作"。专栏总计十讲，由两位老师负责讲授，高老师主讲后五讲的内容。高老师在最后一讲讲座结束之前，询问现场拍摄的工作人员，是否可以留出半讲的时间，让他阐述一下有关职业道德和职业规范的问题。虽然原先计划中没有该主题的安排，但是高老师觉得很有必要说明一下自己对行业情况的见解。最后在他的坚持下，主办方同意了他的建议。

高祥生老师在中央电视台做讲座

众所周知，进入室内设计行业是可以赚到钱的，也正因为此，赚钱成为大多数人选择从业的唯一目的。高老师批判大多从业者只是为了赚钱而设计，存在设计图纸时数据不准确、制图不够细致深入，不能严格要求自己等问题。按理说，装修设计的图样一般是建筑设计的3～6倍，但是很多人设计图纸不规范，甚至有人不用正规图纸而只在墙上作图。这一点高老师是坚决反对的，他认为这是严重缺乏职业道德的行为。高老师也曾和一位公司老总谈起从业人员队伍的问题，指出装修队伍的整体素质偏低，主要表现在两个方面：一方面是从业人员的目的过于功利；另一方面是室内设计的从业人员往往仓促上马，专业水平良莠不齐，很多人连基本的画图制图都不会，更不懂如何做建筑构造等。在高老师看来，所有的图纸设计和制作，必须严谨规范，人不能为了赚钱就不顾及图纸的质量，稍有差池将会导致严重的后果。由于当时社会乱象丛生，有必要出台相关的规定与标准予以制约。为此，高老师提出建立《住宅室内装饰装修设计规范》(JGJ 367—2015)，希望整个行业的水平和质量可以有所提升，行业更加规范化、标准化。

当时高老师思考，所有行业都有自己的一套职业道德标准，装饰行业也应该有。于是他提出来要形成自己行业的职业道德标准。具体内容是：第一，要态度认真。第二，要责任感强。第三，要竭尽全力。高老师认为，作为一名设计师，做设计是最主要的，而设计图纸是设计师设计意图和思想的体现，必须做到精益求精。同时，设计师是为社会大众、社会公共事业服务的，一定要有服务意识。而他所提出来的观点和要求，自己也率先遵守并一以贯之。

二、工作态度勤恳严谨

高老师曾做过百余项工程，对待每个工程都十分认真。他总是强调在工作中要认真，并始终坚持这样做。还记得为了做好无锡的一项工程，他曾经多少次穿梭在不同城市之间，因突发情况需要在夜间紧急赶往工地，在黎明赶到，再到夜晚时赶回……在他眼中，工程不分大小，关键在于自己有没有尽职尽责去做，有没有认真地为群众服务。回眸过往，高老师做过的工程中可能有很多不起眼的小项目，但即使是不起眼的小工程、小项目，里面也凝聚着诸多他曾付出的大量时间、精力和劳动。

1. 抱病工作，深夜远赴工地

高老师曾主持改造设计无锡东林大酒店。在设计的过程中，酒店总经理经常会遇到很多相对专业的事情搞不清楚，比如装修施工质量、家具的选择等，高老师总是不厌其烦地为对方解答。工程开工后的一天深夜，东林大酒店的魏总经理打电话给高老师："关于材料的事宜定不下来，我不知道怎么处理，你能不能来一趟？"实际上高老师那时恰逢发高烧，但是为了工程能继续进行，他随即答应并在凌晨动身，赶往无锡。

东林大酒店室内实景图

高老师一早赶到无锡东林大酒店时，工人们还未上工，魏总经理到达后看到高老师很是惊讶，并对高老师表示感谢。魏总经理知道高老师是带病上阵，心中更是充满感激，即使是在工地上，也安排单位的医生随时关注高老师病情，并安排挂水治疗。在大家齐心协力之下，工地问题得到妥善解决，高老师觉得自己在工程中尽心尽力，没有耽误工作进度，之后便安心回去了。

通州城标实景图 1

等到东林大酒店的工程顺利完工，魏总经理亲自给高老师邮寄照片，看到工程竣工，整体设计也比较满意，高老师感到无比欣慰。

2. 换位思考，工程为先

高老师曾主持设计通州城标，当时通州市委书记也比较重视该项目，前期和高老师一起讨论过很多问题。不巧的是，城标建设工程开工时，与徐州邮电指挥中心项目是同步进行的。

通州城标实景图 2

一天晚上，通州市负责城标建设的领导，给高老师打电话说："现在城标建设已经开工了，但是有些模型好像不太对，你能不能明天早晨来一趟工地？"当时高老师正在徐州，负责处理邮电指挥中心的工程，再加上从徐州到通州，路程比较远，时间上也很紧张，可能来不及，若是以没有时间等借口回复对方，也是合乎情理的，但高老师站在施工方的角度，为对方考虑，想到已经开始施工，遇到诸多问题当下定十分焦急，所以最后高老师选择自己咬牙坚持，克服困难赶往工地。

高老师挂掉电话后便立马从徐州出发赶往南京，终于在半夜时赶到南京，由于是夜间行驶，便从邻居那里租一辆车，紧赶慢赶到达通州时，工地正好开始上工。之后，高老师针对工地的问题提出了自己的建议和想法，解决城标建设的问题，工程得以顺利推进。虽然忙碌辛劳，但高老师为自己没有耽误到大家的工作而感到很欣慰。

3. 数据精准，不差毫厘

高老师曾受邀做南京湖南路一家酒店的设计项目，原来用来做木方的木料数据应为 14 cm，由于一位研究生的疏忽，所有木料都被分成 4 cm 的木方，工程没有办法进行，最后这些木料只能被做成小料。幸运的是，那时高老师与甲方老板关系较好，在劝说之下，甲方老板同意把这些废弃木料用在他处。若是木料全部被弃，对双方来说将是很大的一笔损失。

做事不认真，少标注一个数字"1"，导致木料只能挪为他用，"差若毫厘，谬以千里"。这件事情告诉我们做任何事都要认真，要一丝不苟。同时也说明，在工地、项目上的有关数据，应该慎重对待，凡事都要严谨认真。要学会在事件中吸取经验教训，学会动脑筋，灵活应变。这些内容高老师也经常在课堂上讲，经常教育学生要引起重视。

记得给一家用户做家装设计时，高老师发现按照图纸做的设计和现场测量的数据，双方相差十多厘米，这个数据差在建筑中是绝对不允许存在的。若是没有发现存在的问题，按照原图纸进行设计，就意味着做出来的房子高低、大小不一，隐患极大，可能会招致严重后果。指出问题之后，业主同意高老师重新为其绘制平面图，最终圆满完成设计工作。

在工程设计中，数据是很重要的。高老师要求凡是做家装、工程设计，都必须符合原有建筑图纸，而且一定要亲自到工地去测量，一切以实测的数据为准，不能单纯相信原有的图纸，凡事都要认真对待，尤其是数据。正是因为这样严格要求自己，坚持实事求是、认真严谨的态度，所以高老师所做的家装设计，大家都比较满意。

4. 把握分寸，远离纠纷

1995年前后，装饰装修业经济纠纷频繁出现，影响较深远的是当时出现许多“骗子工程”。那时有部分无业人员，将自己伪装起来，摇身一变，称自己做过某些工程，有自己的招标公司，也有部分人员连驻扎地点都没有，只是在寻找合适的时机骗取工程和金钱。高老师曾为南京市的一个工厂做餐饮娱乐中心设计。当时有人称自己是业主代表，要进行招标，很多人找关系进行投资，但最后发现是骗局。

“骗子工程”盛行之下，高老师始终坚持一点：自己绝不上当。随后常常会有装饰公司请高老师来辨别工程项目的真假。一次，高老师一行人准备前往安徽阜阳检验“皇龙”酒店项目，起初大家都很相信这个工程。到达阜阳后，负责接待众人的是酒店筹备处的所谓“领导”，而当时在这位“领导”的身后，有几位五大三粗的保镖。看到这情景，高老师立马感到其中有诈，意识到这是一个虚张声势的“骗子工程”，于是建议大家马上离开。幸亏当时大家走得早，若是再晚走两个小时，很可能就会被对方当做一块“大肥肉”敲诈一笔。

但是像这种案例，在当时的南京层出不穷，防不胜防，而高老师识别一个工程是真是假的主要依据是，看对方有没有正规的、真实的房屋租赁合同。

三、洁身自好，不忘初心

20世纪90年代正是我们国家装饰业蓬勃发展的黄金时期，发展态势如火如荼，装饰装修队伍也在不断壮大，从几万到几十万甚至上百万，大量的装修人员充斥着这个行业。正是因为行业的从业人员需求量大，行业门槛逐渐降低。在这些人中，有怀着崇高理想为建设祖国美好蓝图而无私奉献的人，也有滥竽充数冒充专家的人；有兢兢业业为这个行业默默耕耘的人，也大有借此机会大肆牟利的人；等等。总之，这是一个鱼龙混杂的队伍。从业后，经过十几年时间的实践，高老师深深感受到设计行业中很不应该存在的一个现象，那就是很多设计师做设计的初衷就是为了挣钱，给多少钱办多少事，而且做出来的设计千篇一律，缺乏创新精神。

虽然做任何一份工作，都需要付出自己的时间、精力、智慧和劳动，理所应当得到对应的报酬，但是赚取报酬并不是高老师从事设计工作的唯一目的。高老师认为，若是要谈金钱，社会上的商人肯定比他赚得快，方法也更多，但这不是自己的价值所在，他认为自己的价值应该是为行业的发展做出自己的贡献，应该做好自己的设计工作。

曾有人说高老师这辈子做了几百个工程，肯定是很有钱的。高老师想对这些人说，自己不缺钱，自己不是一味只追求钱的人。高老师认为甲方为自己所做的设计付钱，是对个人劳动的尊重，但并不意味着所有的设计都是为钱而做的，有时候也要做一些有公益价值、有社会意义的设计项目和工程，其中的度要把握好。

1. 同流不合污

高老师曾与学生谈过，人所学的专业和行业是分不开的，并教导学生要牢记一句话："出淤泥而不染"，要做到"同流不合污"。这句话还曾写在学生们的毕业箴言中。

无锡嘉乐年华包间实景图

改革开放以后，中国出现很多歌舞厅，高老师作为设计的实践者，毫不例外地做过不少歌舞厅的相关设计。一般做完歌厅的装饰装修以后，歌厅的老板总要表示谢意，除了给设计师结算设计费用外，很多情况下会邀请设计师到歌厅消费体验一番。

高老师曾在南方的一个城市做过歌厅的相关设计，工作结束后，歌厅老板邀请众人到歌厅体验，歌厅包间里有酒水，有陪唱的服务人员。高老师碍于情面无法推脱，只能和大家相伴去了歌厅，但在看到包间的情况后，实在是待不下去，便找借口称自己工作久了有点累，想先回旅馆休息，就这样离开歌厅包间。

高老师始终教导学生说，现实中的很多事情是人们无法避免的，但是做人必须洁身自好，要能管好自己。有的人脸上是黑的，便总是希望把别人的脸也涂黑，因此人要学会把自己的脸洗干净，不要使自己的脸上有污渍。高老师也始终以洁身自好为原则，严格要求自己。

2. 社会效益的重要性

高老师曾做过南京站的相关设计，许多人都认为高老师从中赚到了很多钱。据了解，高老师做南京站的设计时，所签订的合同是五万元，当时参与设计的人员有十多位。在费用分配方面：一方面，这些钱东南大学还需要从中拿提成；另一方面，参与工程设计的十多个员工也需要分配。但是五万元的费用远远不足，以至于到最后连制图的资金都成问题。由此可见，高老师并没有从中赚到钱。

值得一提的是，虽然高老师没有从工程中获取到经济上的利益，但是南京站的设计最后获得江苏省特等奖，也获得多位领导的表扬。高老师也因此获得"江苏省五一创新能手"的荣誉称号。

这件事也告诉我们，做事情不能只追求经济效益，更要注重社会效益。

3. 尽职尽责做项目

同样地，很多人以为高老师主持过通州城标项目，加上有政府的支持和重视，一定从中赚了很多钱。当时参与整个工程的设计人员，有负责形态设计的，有负责结构设计的，有负责规划设计和给排水设计的人员，等等，十几个人参与到项目中，总体的开支很大，而实际上合同最后的款项只有五万两千元。而且，这些钱还要付费给做方案的、做效果图的、做结构的、做给排水的，高老师从中根本拿不到钱，没有倒贴钱已经很不错了。

不过，在这个项目中，还是有收获的。那时，通州城标项目做得不错，市委领导也很满意，为了感谢高老师，通州的领导之后把其他的一些项目工程工作交给他做，他也都尽心尽力地完成了各个任务。

4. 回馈与奉献

人们都说高老师曾经在东南大学成贤学院工作过，教授的工资加之平时做项目的收入，一定赚了不少。但是事实上，高老师在成贤学院所做的展览室、中心大楼、学生食堂设计等所有项目都是没有收取任何报酬的。

之所以做展览室的设计，是由于当时成贤学院一栋楼中有闲置的空间，高老师觉得可以利用这个空间做一个展览室。但当时除施工费以外，需要一大笔设计费。由于没有足够的资金和人员支持，高老师决定自己来做展览室的设计，并邀请自己工作室的同事参与设计工作。实际上，高老师做展览室设计是没有收取任何费用的。不但没有收取设计费用，高老师还倾囊而出，发动自己公司的成员完成工程。这种奉献精神和认真负责的工作态度，实在是令人敬佩。针对免费为成贤学院主持设计项目，高老师认为：一方面是因为自己是该院管理者和教师，“在其位谋其政，任其职尽其责”；另一方面，他也是真心希望能为学校做些力所能及的事情。

能做到不忘初心、牢记使命是很不容易的。高老师做的工程很多，按理来说他应该有很多钱，但是他做的很多工程和设计分文未取，甚至有时候自己的收费比学生的还要低。

成贤学院展览室室内实景图

高老师始终认为，设计项目赚不赚钱不重要，重要的是所做的项目和工程有没有意义，有没有社会价值，能否获得良好的口碑，而这一切都要靠自己不忘初心，砥砺前行！

业界精英　工作楷模

东南大学成贤学院原党委书记　程明山
东南大学成贤学院建筑与艺术设计学院党总支副书记　邵叶鑫
东南大学成贤学院党政办公室主任助理　谢静娴

43 年前，在中国共产党的正确领导下，中国昂首迈入改革开放新时代，带动着中国建筑装饰装修行业蓬勃发展，为我国室内设计行业大发展注入“强心针”。

东南大学建筑学院教授、东南大学成贤学院建筑与艺术设计学院院长高祥生长期从事建筑、美术和室内艺术设计的教育和创作，是我国室内设计的开拓者，也是一位在中央电视台开讲室内设计的专家。作为伟大时代的见证者和受益者，他胸怀对党和祖国的感激之心，把个人理想融入国家发展伟业，在教学、科研之路上乘风破浪，砥砺前行，在室内设计领域，孜孜以求 47 载，期望发挥自身的专业特长，成为时代的建设者和见证者。

他治学严谨，著作等身，在别人眼中，学术研究宵旰攻苦，但高祥生却乐在其中，几十年来始终坚持“板凳要坐十年冷，文章不写半句空”，不忘“当好螺丝钉”的初心。

高祥生自幼喜欢画画，对绘画大师李剑晨慕名已久，毅然报考南京工学院，师从李剑晨先生，开始了建筑专业的学习之路。李剑晨先生不仅在专业上对高祥生予以指导，更教会高祥生果行育德，其谆谆教诲让高祥生铭记一生。

20 世纪 80 年代初，沐浴着改革开放的春风，高祥生选择了适应时代发展的一片崭新的学科天地，当属国内较早开始室内设计研究先行者，一边学习一边摸索，

注：该文章由邵叶鑫和谢静娴执笔，程明山修改完善，于东南大学成贤学院报发表。根据文章内容由建筑学院拍摄微视频，经东南大学老教授协会研究决定选送中国老教授协会，并由中国老教授协会选为庆祝建党 100 周年微视频，在中国老教授公众网上向全国推送。

逐步建立室内设计学科教学大纲，为社会培养专业的室内设计师。教学中，他倾囊相授，孜孜不倦，被学生评为“最受欢迎的老师”。面对室内设计行业，从无系统、无理论的状态逐渐步入正轨，高祥生率先对这个新兴行业发展中缺乏规范和监管的短板进行审慎性探索与完善。多年来，高祥生制定了室内设计行业的系列规范。在高速发展的时代里，中国铁路亮点迭现，迅疾跨入引领世界的“高铁时代”，高祥生有幸参与了亚洲最大的火车站——南京南站的室内装饰设计。

面对当下国内略显浮躁的设计之风，他积极呼吁室内设计要传承中国传统文化，发扬“中而新”的特色。高祥生始终坚守中华优秀传统文化是中华民族独特的精神标识，是中华民族的根与魂，是最深厚的国家文化软实力。他主张，车站文化先于商业文化和现代文化，使南京南站的装饰设计成为业内的标杆。

改革开放40多年来，设计行业经历质疑——反思——传承——创新的过程，中国从设计大国走向设计强国。高祥生坚持以设计报国为己任的坚定情怀，勾勒出的正是当代中国设计师的整体“时代精神”。高祥生始终坚持站好三尺讲台，退休后仍前进在传道授业解惑的道路上，践行自己“当好螺丝钉，做对社会有用的人”的初心。他说：“感谢国家，假如国家不强大，我能够做什么？”他担任东南大学成贤学院建筑与艺术设计学院院长，大力推行“知行结合”的教学理念，努力为国家打造适应社会需求的高素质应用型人才。

高祥生总说是这个时代成就了他，让他见证了伟大的时代，使他的人生价值得到更好的体现。回顾党的奋斗历程，中国共产党的历史就是中国摆脱苦难并不断走向富强的历史，只有在中国共产党的领导下，坚持走建设中国特色社会主义道路才能发展中国，才能实现中华民族伟大复兴。

他自己身为一名教育工作者，承担着教书育人的神圣使命，不仅要学党史、知党恩，心怀对中国共产党的感恩之心，感激单位组织和领导的关爱和支持，铭记恩师教诲，更是从前辈的手里接过历史的接力棒，永葆干事创业的激情，完成承上启下的历史任务，立足教师岗位实干担当，回馈党、祖国和人民，共筑教育梦，奋进新时代，让室内设计更具时代感，实现人才链、教育链、产业链和创新链的串联，为推动新时代室内设计教育事业的新发展贡献力量。离开了中国共产党的领导，离开了我们国家和社会的发展，其实我们的工作是很难取得这些成绩的。

当好螺丝钉，做对社会有用的人

东南大学成贤学院党政办公室主任助理　谢静娴

著名环境艺术理论家、知名室内设计师、教授、博士生导师……东南大学成贤学院建筑与艺术设计学院院长高祥生教授完美地演绎着多重身份。他著作等身，先后出版了50部著作，其中38本教材、2项国家行业标准、8项省厅标准、2项行业团体标准，主持完成了百余项环境艺术工程。多年来，他胸怀赤子之心，在教学、科研的道路上乘风破浪、砥砺前行。在中国共产党建党100周年纪念之际，我们走近这位著名专家，尝试解读他光环背后的"初心密码"。

高中毕业时，正值青春盛年的高祥生到县里的文化站负责美术、文体活动。"当时我的初心就是当好螺丝钉，做对社会有用的人。"一个镇7个公社，文化站要负责7个公社和1个镇的文化生活、美术创作和通讯报道。他在那里一干就是3年，每天工作十五六个小时，中午简单吃个饭，立刻就去干活，从来都没有星期天，这样的高强度工作习惯也保持至今。在单位组织和领导的关心支持下，他大展拳脚，工作成绩突出，受到了一致肯定和赞许。

后来，县里选拔人才上大学，只有3个名额，报名的却足足有150多人。平时表现优异的他在投票中获得一致肯定，被遴选去县政府参加考试，并且取得了优异的成绩。刚开始，他的志愿选的是苏州大学历史系。考试结束后，南京工学院的招生人员四处寻找能画画的考生。他们看了高祥生的作品，问他是否愿意读建筑系，是否知道杨廷宝、李剑晨。问得他一脸茫然，但他知道李剑晨老师，热爱画画的他包里就放着李剑晨老师的《水彩画技法》这本书，平时经常翻阅、临摹。招

注：文章根据微信公众号内的采访内容整理而成，经高祥生老师审阅后定稿。

生老师就说:“李剑晨老师就在我们那儿,你愿意不愿意认识他?”他欣然同意,就这样开始了建筑系的学习之路。

一、教书育人始终是最重要的

几年的大学生活之后,因为美术基础较好,高祥生留校任教。一位老教授在和他的一次谈话中语重心长地说:“对教师而言,教书始终是第一位的。”回忆起那次谈话,高祥生教授表示:“这次谈话对我感触很深,我当时就在思考,在教师这个岗位上,当好螺丝钉,最重要的不就是教书育人,这也是对社会的贡献。”

与此同时,他总觉得要教好学生,必须不断提高自己的专业水平和素养。几经曲折,1978 年,他开始了一边去南京艺术学院进修,一边在本校教书的日子。那时的他极为用功,画油画经常连续几天奋笔作画,每天仅休息几小时,几个月下来,眼睛都肿了。冬天水彩写生时,手冻得发红,水彩盒中的颜料都结冰了,他依然勤画不辍。

不论进修期间多么辛苦,该他教的课一节没落下,该学习的课程也没有被耽误。同龄人在高唱着青春无悔的时候,他每一天都在为自己的理想热腾腾地奋斗着,未曾懈怠。在教学中,他倾囊相授,经常星期天也会把学生们喊来上课、做练习。工作 40 多年来,他从未落下一节课,还被评为“最受欢迎的老师”。有一次出差洽谈一个重要工程项目,第二天就可以直接签约了,但想到第二天还有课,他坚决要返回南京,给同学们上课,以后再定日期签订合同。

二、个人发展与祖国同频共振

在中国共产党的正确领导下,中国昂首迈入了深深改变国家、党和人民命运的改革开放时代。国民经济腾飞,带动中国建筑装饰装修行业的蓬勃发展;人民生活水平显著提高,对居住环境的品质要求越来越高。这无疑为中国室内设计学科的大发展注入了“强心针”,也为高祥生教授开启了一片崭新的学科天地。20 世纪 80 年代初,结合自身专业特长和知识结构,他在国内较早地开始了室内设计专业研究,一边摸索一边实践,大家相互学习,慢慢建立了学科教学大纲,为社会培养专业的室内设计师。

随着高校室内设计专业教育体系的完善,室内设计逐渐从无系统、无理论的状态步入正轨。然而,面对行业发展的热潮,高祥生却喜忧参半,由于缺乏规范和监督，这个新兴行业的设计水平、住宅室内装饰装修的质量问题层出不穷。在这种状况下，很有必要针对住宅室内装饰装修设计编制规范，提高住宅室内装饰装修的设计水平和装饰装修住宅的品质。经住房和城乡建设部批准，他主持编制的《住宅室内装饰装修设计规范》于2015年起正式实施。这个行业标准让我国住宅室内装饰装修工程的设计有法可依，对设计师正确、规范地表达装饰装修设计方案、缩短设计周期、提高设计质量都大有帮助。

“站在历史的关头，我见证了这个伟大的时代，这个时代也成就了我。”高祥生感慨道，“作为学者、教师，只有将个人发展与祖国需求同频共振，我的人生价值才能得到更好的体现。我迫切地期望自己倾注全部心力的学科蓬勃发展，行业健康发展，人们居住舒适。”多年来，他先后主持了南京火车站候车厅的装饰设计等百余项室内设计工程和景观设计工程，以期为人民创造更加舒适、安全、环保和美观的工作生活环境；为进一步规范室内陈设设计，主持编制了我国室内陈设设计的首部团体标准——《室内陈设设计规范》；面对国内略显浮躁的设计之风，呼吁室内设计要传承中华优秀传统文化，具有“中而新”的特色……

三、致力推行“知行合一”教育理念

“当好螺丝钉，做对社会有用的人。这个初心对我的影响极大，并在我的人生中被不断放大。”高祥生教授表示，退休之后他一直在思考，在自己的专业领域还能做什么？于是，他来到东南大学成贤学院建筑与艺术设计学院担任院长，希望能够大力推行“行知结合”的教育理念，为国家和社会培养高素质的应用型人才。在此期间，他向学院捐赠了400余册专业书籍和专业资料；建设适应社会发展的师资；完成具有成贤特色的适应社会发展的教学体系；根据社会经济发展现状，狠抓专业建设；提升教师和学生的工程实训经验……“我希望通过自己的努力，我的知识在年轻人身上延续。”高祥生教授如是说。

采访最后，高祥生教授深情寄语年轻人，“要永怀赤子之心，热爱祖国；不忘初心，方得始终”。

情结·担当

——高祥生教授的人生世界

南京市室内设计学会秘书长　顾耀宁

浪花拍岸，滴水石穿。在我们这个社会中，有这样一些人，他们花费了近一生的时间，用毕生的精力在一个领域中做一件事。虽然这件事够不上轰轰烈烈，但当若干年后人们在谈及这个领域的发展成就时，都无法绕过这位人物。东南大学建筑学院教授、博士生导师高祥生就是这样一位在建筑装饰领域德高望重的领军人物。

40多年的建筑和环境艺术教学，莘莘学子满天下；作为造诣深厚知名专家，30多年中编著专业书籍和教材达50本；数十年如一日精心谋划，完成了百余项工程设计；紧贴装饰装修特点，主持编制国家行业标准两部、省级地方标准九部；是德高望重的学者，针对社会问题十余次向政府书面谏言……高祥生教授把毕生的精力都献给了这个领域，以他对社会的贡献和敬业精神赢得了人们的尊敬和爱戴。

一、他对教书育人有着别样的情结

很多学生说，听高祥生教授的课是一种知识的享受，不仅深入浅出、幽默风趣，更重要的是能够将理论与实践结合起来，将晦涩的专业知识与各种工程案例进行对比、剖析，一目了然，记忆深刻。

二、教书育人　梦圆理想

“孩提时人比较懵懂，但我从上幼儿园开始，就认定教师是一份神圣的职业，

注：文章根据微信公众号内容整理而成，经高祥生老师审阅后定稿。

是纯洁的天使。”小时候的高祥生就是幼儿老师的小粉丝，特别是他听见崇拜的老师无意中讲了句粗话，他愣是默默难受了好多天。

小学六年级，语文老师布置了一篇作文“我的理想”。在作文中，高祥生毫不犹豫地阐明，长大后立志做一名教师的理想。他还列举了教师诸多伟大之处，虽然表达有些生涩，但与教师的缘分已初见端倪。他自嘲笑道：“虽然作文写得不怎样，但也还是得了高分。”

中学期间，高祥生喜欢上了文学和美术，各科的成绩也比其他同学要好一些。高中毕业后，信心满满的他却被分配到公社办的化工厂当了一名工人，理想与现实第一次发生了大碰撞。最终，高祥生没有因此被压垮，而是正视现实，在化工厂干劲十足地上班顶岗。他工作起来任劳任怨的劲头，被厂领导看在眼里，对他的工作表现十分满意。

两个月后，地方政府为了发展民办教育，要选派一位能胜任教学工作的高中毕业生，到一所民办中学当老师。当地政府相关部门经过一番比较、认真讨论后一致公认：高祥生是首推人选。

“听党的话、服从安排。”带着理想和抱负，高祥生终于实现了人生的第一个梦想，在这所民办中学教起语文、美术，还代起了体育课……

经过选拔考试上大学等经历。1976年底，高祥生在东南大学建筑系读完了建筑学全部课程，按照当时定向分配原则，他应该去原轻工部第一设计院工作。正当高祥生办理离校手续时，建筑系党总支部书记找到了他，征求他留校工作意见。“考虑到建筑系美术教师的年龄都大了，需要有年轻人接班，更主要的是建筑系的美术教学要改革。我们希望有一个既学过建筑设计又有一定美术基础的毕业生留在本系当美术老师。美术教研室的李剑晨等教授都推荐了你，希望你考虑……”

也许是对美术的爱好，更多的是从小当老师的梦想，谈话的第二天，高祥生就向系总支书记明确表示：“我愿意留在南京，留在建筑系工作。”

人世间总是好事多磨。当高祥生同意留校工作后，东大建筑系立即与原轻工部第一设计院电话联系，希望他们放弃接受计划，但被一口拒绝。无奈之下，建筑系党总支书记罗莹冒着鹅毛大雪，亲自去北京登门商谈。第一天她被拒绝了，第二天她还是被拒绝了，迫不得已，第三天罗书记提出了分两年，用两个毕业生进行交换的请求。该设计院领导被她这种求贤若渴的精神感动了,便答应了。

高祥生教授说:"当我知道留在建筑系工作艰难而曲折的全过程,我很感动,感谢罗莹书记、李剑晨教授等人。也默默地下决心,一定要好好工作,不辜负他们的期望。"

由于建筑系美术教师紧缺,加之系领导和老师们也希望年轻教师能更快成长起来,挑起建筑美术教学的大梁,在留校后的第一个月,即 1977 年 2 月,高祥生担负起了 76 级学生的美术教学工作。从此,他一直在东南大学建筑学院(原南京工学院建筑系)从事教学和理论研究工作,时至今日已有 40 余年。在这期间,高祥生教授没有离开过建筑学院的教学工作,甚至没有超过十天的病、事假。即使去南京艺术学院进修或研究生班学习,都是上午去听课,下午就回单位工作。

三、我永远是一名教师

高祥生教授在执教生涯中,担任了诸多的社会职务,也主持过百余项工程设计,不少人怀疑,他是否能当好教师、教好书。40 多个春秋过去了,他,一名胸怀理想的青年已变成业界知名学者,不但教好了书,当好了教师,还编撰了一大批专业教材和著作。他教出的学生,有的成为高校院士、大师、教授,有的成为建筑设计院或装饰公司的老总、技术总监……

时间回到 20 世纪 80 年代中期,高祥生根据自己的知识结构,在美术教学之余研究起了"副业"——建筑装饰装修,做起了室内工程设计。一时间,学校里流言蜚语四起,甚至有人把状都告到了他的导师李剑晨教授那里。

李剑晨先生关切地问了高祥生:"听说你在外面做设计?要注意啊,不能影响教学。"

高祥生谦虚地答道:"好的,我注意。"

他心里非常尊重李剑晨先生,记住了导师的谆谆教导,但没有改变自己的初衷。在做工程设计同时,他更加重视教学,还给自己定下了规矩:每年必须甚至超额完成教学工作量;必须对美术教研室的工作负责;必须只做设计不做施工;设计工作中的一切安排必须与上课时间错开;工程设计对教学内容帮助不大的尽量不接。

多年后,高祥生教授不折不扣地做到了给自己立下的规矩:从 90 年代起,他曾连续 10 多年,每年完成 150%以上教学工作量,带领东南大学建筑系学生与清华、同济等大学的学生开展美术作品交流活动。而参与活动的大学老师一致评价东南大学的学生美术成绩最好。

对于工程设计，高祥生教授会这样告诉人们："任何时候，我都将我上课时间通报给业主、助手和相关人员，上课时间内我不参加任何工程设计工作。"而一些完全有可能承接且有丰厚的经济报酬的施工项目，他都用"我不能因介入施工影响到教学"这一句话谢绝了。

在河南一地，高祥生教授接受了一个实践项目。到达目的地后，对方热情安排休息，但因主要负责人不在，将双方签订协议放在了第二天上午。恰巧，第二天下午高教授有课，他当即决定晚上一定要赶回去，学生的课业是第一位的。随行人员都很不解，认为如果错过这单很可惜。但他坚持："我宁可不签协议，也不愿意耽误给学生上课！"

随着工程项目实践的深入，高祥生教授也确确实实地尝到了甜头。这就是把工程设计作为教学知识积累的过程，他举一反三，丰富并创新了教学内容。在高祥生看来："我的职业是教师，当好教师是一辈子的理想。在工程和教学之间，我肯定是倾向于教学。"

在参加工程设计十多年后，高祥生教授在中央电视台做了"室内设计"讲座。那年，他再次看望自己的导师、95 岁高龄的李剑晨先生。看见高祥生教授在建筑教学、装饰行业闯出一片天地，李老不住地点头道："看来你的这种选择和做法是对的。"

数十年来，高祥生教授也多次获得了国家级、省市级有关部门和东南大学在教学方面的奖励。

四、我就是书　书就是我

从 1977 年 2 月走上三尺讲台，高祥生教授先后开设过素描、色彩、美术作品欣赏、西方美术史、室内设计概论、室内色彩设计、建筑装饰材料、景观小品设计、装饰构造、室内陈设设计等 16 门专业课。所有开设的课程，基本都用上了他自己编写出版的教材；同时，他为每门课程都做了课件。如果发现是重复课程的课件，他都要对内容进行增补和删减，保证课程知识与工程实践的一致性。

尽管如此，细心的学生会发现："高教授经常不按课件的内容讲课。"

他的解释："全部照着课件讲就会很刻板。

“作为一名专业教师，对所讲的内容应该烂熟于心，才能举一反三。

“一名优秀教师的专业知识量应不亚于网络上的信息量，对问题的理解深度应超过一般专业人员，否则不能称为‘教授’。”

他虽然做了课件，但整节课仅用一张小纸条写几个提纲就讲下来了，而且效果很好。学校相关部门教学检查后也发现了这一问题，有些责怪地问高教授：“为什么没有按照课件讲呢?”也许是一种委屈后的反应，他回答道：“专业教师的备课应该是随时随地的，同样讲专业问题应该随时随地都能讲。环境艺术专业的知识点我都编写在相应的教材内，没有课件在地上画、在墙上写也能讲。现在国内许多学校都是用我的教材，而这些教材我都觉得‘老了’。对上课而言，重要的是教师要有责任心，好的教师应该是在本专业内‘自己就是书，书就是自己’”。

人们在评价高祥生教授的教学工作时，常用“教书育人”“桃李满天下”的美誉。其实东南大学建筑学院面向全国招生，招生的生源是一流的，加上这里学风严谨、教风朴实，重视人才培养，因此无论在什么年代，从这里毕业的无论是研究生还是本科生在行业内都是一流的。他们毕业后去全国各地就业，或到世界各国学习、工作，加上还有外国留学生，高祥生教授又是从教四十余年的教师了，“桃李满天下”也是必然的结果。目前，高祥生教授教过的学生中成为业内领导、行业翘楚的大有人在，而他认为：“这些都不应作为我个人骄傲的资本，东南大学建筑学院教师和学生原本就是国内一流的人才。”

让高祥生教授引以为傲的有两件事：“一是我教过一家两代人。按我的教龄教两代人是正常的，但要教同在建筑学院的两代人就特别稀少了。最为自豪的是，我教了一家两代五个人，他们是父母、儿子及直系后辈亲属。我特别看重教这两代人的原因是：看到了建筑学的魅力，看到了我被两代人认同，看到了我的知识在传承，我的生命在延续。”

在高祥生教授看来：“倘若教师除了传道、授业、解惑外，还能发现人才，推荐人才，岂不是对社会更有贡献?”在高教授40余年的教师生涯中培养出的莘莘学子，而以他个人名义推荐给国内、外的名校、名企的优秀人才的数量，他自己恐怕也记不清了。但他印象最深的是，发现并推荐了一个去哈佛攻读研究生的学生，这也是他引以为傲的第二件事。

这位学生上中学时学的是文科专业，高考后无法进入建筑学院深造，只能在东南大学其他专业学习，而她本人又喜欢建筑学。高教授在同她的交流和美术辅导中，感到这位学生形象思维能力很强，且有很好的英语基础，潜意识告诉他："是一个学建筑的好苗子。我应该积极鼓励她转入建筑系，并认真辅导她做好加试准备。"后来，这位学生在近百名的转专业考生中考出了第二名的好成绩。进入建筑系学习后，她的设计作业一直名列前茅。毕业之际，这位学生有可能被保送本系读研究生，但她也有出国读研的愿望。在征求高祥生教授的意见时，他表示："东南大学建筑学院的建筑教学在国内是领先的，与国外大多数建筑系相比毫不逊色。要去国外留学，就应选择世界上最好的学校，否则就没有任何意义。"最终，高教授作为推荐人，向哈佛、宾大、麻省等世界顶级学院的建筑系推荐了她，而她同时也被她联系的学校所录取。

这件事后，高祥生教授颇有感触："东南大学建筑学院时有被世界顶级大学录取的学生。我之所以特别重视这件事，是因为我发现并推荐了一位很有可能成为顶级设计师的人才，而这正是教师价值的最好体现。"

五、他对环艺设计有着不解的情缘

在国内室内设计行业，高祥生教授是一位深受业界好评的资深专家和领军人物，他在建筑美术、环境艺术、风景园林等专业也颇有建树。一个建筑学科班出身的人，为什么会与环境艺术设计结下不解的情缘？

高祥生教授从小学习绘画，考大学时他填报的是苏州大学历史系，但招生老师知道他会画画，动员他进入了南京工学院建筑系学习。大学期间，高祥生在绘画方面是班上顶尖的，良好的绘画功底使他毕业后留校教美术课。除两度去南京艺术学院进修绘画外，他还师从李剑晨大师学习水彩画，兼得了建筑和美术的学养。

在大学工作一段时间后，高祥生对自己的专业发展逐渐有了新的思索："自己爱好美术，美术功底比一般从事建筑设计的同事要强，但与那些专职画家和艺术学院的教师相比，专业水平还是有一定差距的。我就职于工科院校，缺乏艺术成长土壤，这种环境下很难成为一个出色的画家。但如果再从事建筑设计，我比不上常年在设计院工作的专业人员，或者我那些大学同学。而且，我如果完完全全地搞美术丢了建筑可惜，而搞建筑丢了美术也很遗憾。最好是做一件将两个专业知识能整合到一起的工作。"

就在他困惑和迷茫之时，中国的经济已经走向了复苏，建筑装饰装修业也随时代的进步突飞猛进。当时，社会上急需一批从事装饰装修的设计人员，而这类人员正需要建筑和美术两方面的知识。市场形势的变幻使高祥生看到了人生的第二个目标和希望，他当机立断，决定："在绝不放弃教师职业的前提下，一方面从事美术教学，一方面利用业余时间进行建筑装饰装修设计。"

到了20世纪90年代中期，东南大学建筑学院依据市场需求，在本科段开设了室内设计课程，高祥生教授担任了这一方面的教学任务。90年代末，他又开设了硕士生的室内设计方向课程；2004年，他已是博士生导师，开始指导建筑设计室内方向的博士生，而美术课也大幅度地减少了。从此，高祥生教授的本科生课程、硕士生课程、博士生课程都是建筑室内设计。在这个基点上，他潜心研究室内设计理论，在环境艺术设计领域拓展了一片属于自己的天地。

六、不忘初心　敬业尽职

1996年，高祥生教授应中央电视台邀请，作"室内设计与效果图制作"主题讲座。在这一讲座中，高祥生教授针对当时部分设计师存在的问题，提出了设计师应该有的职业操守：热爱自己的工作，有责任心，具备敬业精神。

他认为："设计师应该取得合理的经济报酬，但如果一味为了经济利益去做设计，那就很难保证工程作业的质量。设计师不能过度地表现自身的感觉，在功能、美感方面应多倾听业主，特别是使用者的意见。"

数十年来，高教授做过百余项设计工程，他十分谦虚地说："虽然这些工程因各种客观原因并非都很出色，但在当时客观条件下，我努力了，我做到了敬业尽职。"

2007年，铁路南京站进站厅需要装饰装修设计，工程面积约42 000 m^2，设计费为5万元，去除其他开支，到了设计师手上的费用不足2万元。明知费用不高，但高教授还是做了，并告诫学生们应多从社会效益考虑。整个项目完工后，得到了社会各界群众和国家领导人的一致好评。设计作品还获得了江苏省人社厅、总工会和室内装饰协会联办的室内设计大奖赛的特等奖。

江苏省国宾馆在建筑工程、装修工程快结束时，高教授才介入外立面门廊和大堂等重要部位的修改设计。历时3个月，他和他的助手下工地20多次，解决了关键的问题，取得了较为理想的效果。但在报酬上他主动提出："给一些劳务费就行。”最终，整个设计团队就拿了不到1万元，但参与的人都很高兴、自豪。

1996年，高祥生教授主持了无锡东林大酒店的室内设计。施工期间，业主不时地来电询问装饰装修上的许多问题，他不厌其烦，一一作了解答。一天深夜，酒店总经理打电话给高教授，说工地上有一些问题定不下来，工程停工了，希望他尽快最好是明天从南京赶到无锡。不巧的是，那天晚上高教授正感冒发烧，但他咬咬牙，答应了总经理的要求。凌晨，高教授拖着病身赶到铁路南京站，购买了凌晨5点多的火车票，到达无锡东林大酒店工地时才8点多。当天是星期六，总经理也刚刚到，当得知高教授是带着病过来，非常感动，立即通知单位医生赶到工地。看见他一边挂着水，一边向施工方交代工程问题，业主和工人很感动。

1998年，高祥生教授承接了通州市(现为南通市通州区)城标设计。施工展开后，当地主要领导有了新想法，要改变施工方案，工程被叫停。由于工期很紧，业主连夜将电话打给了高教授，希望他第二天上午能赶到施工点，尽快处理工程设计问题。意外的是，高教授当时人还在徐州，但他毫不犹豫地答应了。他立马从徐州赶往南京，当时到南京时已是深夜一点多，他找了一辆出租车赶赴通州。终于在上午工人上班前赶到了工地，解决了问题。事后有些不明事由的人议论，高教授肯定得到了许多钱。事实上，通州的一个城市标志设计总费用不到5万元，除去结构、设备的费用，主案设计所得已寥寥无几。

七、奉行现实主义美学理论

大学期间，高祥生教授研读过一些美学书籍。在众多的美学思想中，现实主义的美学理论对他的影响颇大。至今，俄罗斯美学家车尔尼夫斯基的《怎么办》中“生活即美”的观点，始终印刻在他的脑海中。同时，恩格斯对文艺批评提出的“唯一性”的观点，即作品表现的思想、内容在当时、当地的各种因素下，只能作这唯一的选择，他也深信不疑。另外，对阿恩海姆的视知觉理论，高祥生教授也认真拜读、逐一吸收。他曾经指导10多个硕士生撰写了装饰形式美的毕业论文，也曾指导过4个博士生撰写建筑装饰形态中视知觉问题的博士论文，对解构主义的视知觉心理、异型空间装饰形态的视知觉心理作了较深入的研究。可以肯定地说，在高祥生教授设计的百余项设计作品中，始终都有现实主义美学理论的支撑。

高祥生教授非常坦然地说：“我因教学需要接触尽可能多的工程类型。为此，我主持设计过建筑设计、景观设计、陈设设计，也主持过交通类、文教类、餐饮类、展览类、休闲娱乐类、住宅类的装饰设计……

“就作品的样式而言，有现代的、古典的，有东方的、西方的，有清雅的、有富丽的，有个性化的，也有标准化的，看起来似乎不是一人所为。但审视我的作品，无论是住宅装饰还是现代造型体现，视觉上的和谐和形式上的多样统一是一致的，对形式美的追求是一贯的。

“虽然办公空间和歌厅空间的形态大相径庭，但我在处理形式，比如节奏、韵律、尺度、主次、疏密、对比、统一时，所使用的方法完全相同。

“我也设计过异型室内形态的装饰，但我还是强调视知觉中的整体感。虽然酒店与商场的场所感相距甚远，但强调场所感的‘唯一性’是一致的。作品对‘此时’‘此景’‘此理’中‘唯一性’的表达是我衡量作品优劣的主要标准。”

八、他对理论研究有着不懈的追求

在建筑环境艺术领域，高祥生教授长期活跃在专业教学与室内设计第一线，从不懈怠，他在专业理论建设上的成就在业内几乎无人不晓。

东南大学一位著名教授在不同的两次会议上曾讲过：“经过深入的调查，我负责任地告诉大家，东南大学建筑系自 1927 年成立以来，教师中出版的书籍最多的要算高老师，他是一位非常勤奋的人。”江苏省室内装饰界的一位老前辈也曾说过：“就专业理论得出的成果而言，国内还没有人超过高老师。”

不论这些评价是否准确，高祥生教授对建筑环境艺术专业领域理论建设的重要贡献是毋庸置疑的，也是令人瞩目的。然而，是什么样的动力促使他不断实践、笔耕不息呢？

九、不断放大自己的追求梦想

“早期撰写论文、编写书籍的目的是兴趣爱好。一是因为我从小爱好文学，文学基础较好，喜欢写一些文章也是很自然的。二是为了职称评审。业内都知道，职称评审时出版书籍和发表论文的数量占有很大的分量。我在评副高职称时，已经出版了 4 本书籍；评正高职称时有 10 多本书籍，数量已超过规定的要求。”高祥生教授一语道出了他出书的初衷，那么，是什么样的原因改变了他原来的想法？

“一种使命感。这种使命感在 20 世纪 90 年代初就建立了，至今只是不忘初心。”高祥生教授认为，“无论建筑装饰装修还是环境艺术，都是刚兴起的行业，它不像建筑、美术等专业已经具有较完整的理论体系。在我国，建筑装饰装修和环境艺术行业的产值高、从业人员多、就业门槛低，急需建立起室内装饰装修设计和环境艺术专业的理论体系。全国有多所全日制高校开设了建筑室内设计和环境艺术设计的课程，但缺有专业水平的师资、高质量的教材，呈现出一个需求量大、专业素质低、各种误区多的状况。业内的有识人士多次呼吁，要建立'室内设计的理论体系'"。

根据行业的囧境，1993 年 4 月，高祥生教授在《新华日报》发文，提出应注意装饰装修中存在片面追求豪华材料、装修中防止环境污染等问题。

1994 年，在完成江阴国际大酒店设计后，他撰写题为《谈室内设计在建筑设计中的早期介入》的论文，在建筑界首次提出：室内设计、建筑设计、结构设计、设备设计基本同步进行的理论和方法。

1996 年 4 月至 7 月，在中央电视台"室内设计与效果图制作"主题讲座中，高祥生教授除了较为系统地讲授室内设计的知识外，还根据当时的行业现状，提出室内设计师的敬业精神等问题。

1996 年，在他撰写的论文和书稿中提出：诸多教材和论文中的"室内设计是建筑设计的延续"观点不完整，应该补充完善为"室内设计是建筑设计的延续和再创造"。

1996 年至 2000 年间，高祥生教授与韩巍教授、过伟敏教授共同主编了《室内设计师手册（上、下）》，系统地介绍了室内设计中的设计方法。该书深受高校师生和设计师的欢迎，多次再版。

2002 年至 2003 年，高祥生教授主持完成了《西方古典建筑样式》一书的编著出版工作。著名建筑理论家刘先觉先生这样评价：相对于目前社会上流行"欧陆风"而大量搬用似是而非的西方古典建筑样式，造型比例失调，细部装饰拙劣的现状，高教授的《西方古典建筑样式》中丰富、详细的线条图，既简明清晰又具体适用。

2004 年，高祥生教授出版了《室内陈设设计》一书，对陈设、陈设设计的概念进行了新的诠释，拓展了陈设设计的理论。中国建筑学会室内设计分会名誉理事长曾坚先生称：该书是对室内设计理论体系建设的重大贡献。

2008 年，在首都北京国家会议中心主会场，高祥生教授与国际建筑大师安藤忠雄、安特鲁等同台演讲。旗帜鲜明地提出，当今中国必须弘扬优秀的本民族的文化。在面对数十家媒体采访时，他坚定地说："在我国的大会堂中提出弘扬自己国家的优秀文化，我不需要看别人的脸色。"

还是这一年，高祥生教授花了四年时间，组织了数十位专家、学者，成功主持编写的《室内建筑师辞典》正式出版了。一些同行或业界外的熟知他的人问，为什么要拼死拼活地编写这样的辞典？高祥生教授有些激动，答道："室内设计行业发展至今产值已过两万亿，从业人员已有数十万，开设室内设计课程的学校众多，但室内设计专业在高等教育中的地位不高。原因之一便是缺少理论基础，而理论建设的根本就需要有独立的、规范的专业语言，而《室内建筑师辞典》恰恰弥补了这一专业的缺陷。"

2005 年至 2012 年期间，高祥生教授还针对室内设计的专业价值等问题，多次发表论文并做大会宣讲，提出"室内设计的独立价值是营造室内空间的场所精神"这一观点。纵观他后来的论文和书籍，所表述的内容和观点，都顺应、引领了行业和专业的发展。

这些年，高祥生教授出版的书主要有两大类别：一是资料类，其中以建筑构造、装饰构造书籍居多。如《装饰材料与构造》《装饰构造图集》。而这些书籍的主要来源是他经历的百余项工程项目。

中国工程院院士钟训正教授在高祥生主编的《室内装饰装修构造图集》的序言中写道："编写构造图集是一项细致而复杂的工作，既需要有严谨的治学态度，又需要有编写图集的经验。《室内装饰装修构造图集》图例收集、编绘了 4000 多个构造图例，每一个图例都需要认真考虑造型、用材、造价、环保和连接方式等问题。而图例的编制又需要设计、收集、归类、筛选，需要考虑图例中的线型、图块、标注等制图问题。装饰装修构造大都与装饰装修工程做法有关。编写装饰装修构造图集需要有工程设计的经验，当然更要有奉献精神。"

《室内建筑师辞典》是高祥生教授组织国内学者 70 余人，编写而成的一部资料类专业工具书。该辞典收集了与室内建筑设计相关的词条 4300 余条，涉及室内建筑设计、建筑设计、工艺美术、陈设设计、家具设计、视觉设计、建筑技术等 10 多个专业的 40 多项内容。中国建筑学会室内设计分会会长邹湖莹教授指出："编撰辞典是一项非常艰苦的工作，收录词条、汇集删改、斟字酌句是一件细致繁琐的工作，需要花费极大的精力。”

二是设计方法类，其中以既能指导工程实践又可作为教材使用的居多。如《室内设计概论》《装饰设计制图》《室内设计师手册(上、下)》。高祥生教授主编的这类书籍也大都是实践经验的总结，用现在的话讲就是“原则”。

正因为原理性就能指导工程实践，许多学校开设室内装饰设计或相近专业，都把这些书籍作为教材；从事室内设计的人员也将其作为工程项目的参考书，出版销售十分火爆。这一情况也导致了高祥生教授编著出版的书或教材经常被盗版；更有甚者，一些不法书商还常常关注高教授等几个人有没有新书出版。

十、从微观做到宏观认识

做学问、搞学术研究，每个人的方法各不一样。但对一个专业的了解，不少人都是从宏观层面上认识，再逐步深入中层、微观领域。而高祥生教授做学问却是从微观做起，再到宏观层次认识。

这缘于这样一件事：20 世纪 80 年代末，高教授为了评定职称，参考国外资料编写了 4 至 5 本专业用书。导师李剑晨看到后，把他叫到了家里。

李剑晨先生语重心长地说：“你先不要急切地想写书，你现在写的这类有关技法方面的书显然缺少实践经验。你应该去干它十年八年，有了心得体会再写，那时写出的书内容就实在了。”

高祥生将这话听进去了，在参加工程设计的同时，他写了大量的心得笔记，积累了成千上万张的工程图纸。这与很多设计师不同，在完成一个项目后，他们通常是松了一口气，并没有去反思、归纳项目中所包含的宝贵经验与知识点。而高祥生教授却在积累中洞察到其中的价值，远比设计费更为珍贵的东西。其后，他出的每一本专著都具有很强的说服力，都非常注重内容的可行性。

“对书中所提的每一个问题，我都会反问一下自己，在实践中是不是这样？是不是‘接了地气’？”

“在指导硕士生、博士生论文时，凡接触工程知识的，我都主张在工程实践中检验。凡涉及有关理论问题的，我都要求用科学方法，必要时可用现代仪器去求证，以数据说话。”

除此之外，高祥生教授还主持编写了国家的行业标准——《住宅室内装饰装修设计规范》和《房屋建筑室内装饰装修制图标准》，主持编制了近十部江苏省住建厅下达的地方标准。可以说，每一部规范、标准的编写、绘制都是极为细致、严谨的工作。

在《住宅室内装饰装修设计规范》的编制过程中，高祥生教授花了 2 年多时间，组织了国内 10 多个著名企业的 20 多位资深专家，调查了数百家企业的 1000 多个设计，对每个数字、每个用词做了反复推敲。所有这些工作都没有鸿篇大论，而是一根根线条的缜密描绘，一个个用词的严格推敲。谈及这个话题，高祥生教授淡淡地回答："在中国室内设计界不缺说大话的人，缺的是做基础工作的实干家。"

"做基础工作的实干家"，对于这个问题，中国工程院院士钟训正教授在给《室内建筑师辞典》作的序中，这样认为："毋庸置疑，室内设计有着庞大的专业队伍。然而，大多数院校在开办这个专业时，严重缺乏专业教师，加上学制过短和课程设置不合理等原因，导致学生的专业水平不高，特别是专业理论基础薄弱。此外，社会上一批非专业人员加入室内设计行业，致使在此专业队伍中出现从业人员多、门槛低的现象。"因此，他赞同"必须加快室内设计专业的理论建设，提高室内设计人员的专业水平"。

钟训正院士在给《室内装饰装修构造图集》的序言中指出："我已两次为高祥生主编的专著写序了。两部专著相比有相同之处，亦有相异之处。不同之处在于《室内建筑师辞典》从文字的角度规范了装饰装修设计专业中的语言问题；《室内装饰装修构造图集》以图示的形式表达了装饰装修设计的做法问题。两者都是设计师最基础、最重要的知识。"钟院士认为："改变我国室内设计从业人员水平参差不齐现状，是要提高他们的专业基础知识的水平，这就需要许许多多'做基础工作的实干家'。"

毫无疑问，高祥生教授在专业基础理论建设的微层面上做了大量卓有成效的工作。也正是对基础的微观层面的了解，他才能在宏观层面上对室内设计的理论建设提出诸如室内设计的独立价值，室内装饰装修设计产业化、标准化，室内装饰装修设计的低碳化，室内设计中的民族化、现代化，室内装饰形态的视知觉力规律，室内陈设设计的理论体系建设等一系列问题。

十一、四年间他将座椅的铁管坐弯了

常常有人这么问高祥生教授：这些年以来，你出版了很多书，又接了 2 部国家行业标准编制，还在省里主持了多部省级标准的撰写，还有那么多的本科教学，还要带研究生，最后还要承担工程项目，你哪有那么多时间？

其实，问这个问题的人，一定不了解高祥生教授。毫不夸张地说，一年 365 天，除了利用春节 3 天探亲访友外，高教授不是在三尺讲台上教书育人，就是在办公室笔耕不辍。他平时写、周末画，一天工作时间达 15～16 个小时，困了就和衣而卧在办公室的沙发上。过年了，学生登门去看他，家里却找不着人，电话一联系，发现他竟在工作室写着、画着，不亦乐乎。书桌上一摞一摞的书稿、图纸，让人都为之咋舌。

正如高祥生教授自己说的那样："近 20 年，我本科教的是室内设计，带的硕士课程也是室内设计，到我带的博士生还是建筑学的室内方向；我所从事的实践项目绝大多数都是室内装饰、环境艺术设计工程。这些工作让我的专业设计、理论研究和课堂教学积累了丰富的资源。可以说，我这一辈子把人生最旺盛的精力、最珍贵的时间，大部分都给了室内设计和专业理论的研究。"

2003 年，高祥生教授主持编写《室内建筑师辞典》。从事专业理论研究工作的人都知道，辞典是规范语言、明晰语义的标准和依据；专业辞典是专业发展的结果，也是专业趋于独立和成熟的标志。

高祥生教授非常坦然："编写辞典对我来说也是一个考验，也是一种拓展。因为辞典中的一些概念和定义有任何不妥，都会引起巨大的争议。但我对每一个概念、定义都做了充分的考虑，能经得起行家推敲。"

翻看《室内建筑师辞典》小样，共收录词汇 4300 多条，知情的人悄悄计算了一下，高祥生教授一人就完成了 1000 多条。2007 年 3 月，辞典终于完稿。欢庆之余，参加编写的工作人员猛然发现，高祥生教授的"座驾"——一把座椅的铁管都被他坐得变形弯曲了。如果说，这本辞典是他的心血与汗水凝聚起的结晶，那这些结晶更是撑起了早期室内设计行业发展的一片天。

2002 年 11 月起，"非典"开始在我国流行，疫情逐渐向全国扩散，人们谈"非"色变，许多学校纷纷提前给学生放假。上不了讲台，做不了工程，怎么办？高祥生教授另辟蹊径，闭门回家，一门心思投入了《室内陈设设计》一书的编撰中。两个多月过去了，他足不出户，迎来了 2003 年春节，也迎来了他编撰完稿的那一天。

《室内陈设设计》一书从 1992 年起笔，到 2004 年出版，倾注了高祥生教授

10 多年的心血，集中体现了他对于室内陈设的想法和理论思考。目前，不肯停歇的高祥生教授致力于这本书的修订工作。他认为："书里的观点和理论随着时间的变化，需要不停地更新、修订。""十年来，对于书中的很多问题我也有了新的思考。至少我现在研究的问题要比当初深入了。所以说，一本书的不断修订、不断完善是必然的趋势。"

面对已经出版的各种专著、标准规范，高祥生教授很自豪："我写的书可以接受专业人士，包括有丰富工程经验的设计师的咨询。原因是我还是懂工程，知道工程怎么做的。我所写的东西不是天马行空的胡写乱画，也不是脱离实际的纸上谈兵……"

十二、他对社会责任有着担当的坚守

高祥生教授在我国建筑室内装饰装修行业有着极高的声誉，是德高望重、造诣深厚的知名专家学者，具有丰富的理论知识和实践经验。为此，他还应邀担任了江苏省人民政府参事、北京大学出版社《中文核心期刊要目总览》评审专家、中国建筑文化研究会陈设艺术专业委员会主任、中国室内装饰协会设计专业委员会副主任、南京市室内设计学会会长等职务。

十三、倾尽学识　建言献策

2006 年 12 月，高祥生教授接受江苏省省长罗志军的聘任，担任江苏省人民政府参事。参事一职虽然不具有领导的职能，却需要围绕党和政府的中心工作展开调查研究，提出意见和建议；对重要法律法规草案及其他重要文件草案提出意见和建议。同时，要密切联系社会各界，及时反映社情民意。事实上，参事就是省政府顶层设计的智囊团之一。

高祥生教授深知："作为一名中国的公民，有着承担社会责任的义务，更有着担当这些义务的坚守。国家把自己培养成为一名资深专家和知名学者，发挥建筑行业丰富的理论知识和实践经验，是对国家的一种回报，是履行社会责任的体现。"

从高祥生教授担任省政府参事 10 年来的轨迹不难看出，他心中始终履行着自己的目标："履职敬业，针对经济社会发展中的突出矛盾和政府工作存在的问题，积极建言献策，每年必须有上报的成果和建议。审时度势，从全省大局和工作重点看建筑领域、城市环境、文化教育等方向，弘扬中华优秀传统文化，认真听取、及时反映社情民意，在协调关系、凝聚人心、促进和谐方面做好工作，增进民生幸福。”

2016年4月，高祥生教授针对国家经济“供给侧改革”倒逼高等教育转型发展这一现实，从培养方式、专业部署、课程设置、考试评价、就业指导等方面向省政府提出“强化高校转型发展与培育社会实用人才结合”的建议。他表示：“国家和高校应重视对应用型人才的培养，以校企合作等形式培育出社会所需的人才。”而对于刚步入社会的大学生，他也希望社会各界的前辈，能为他们提供多一点的帮助，从而带动刚踏上社会的大学生更快更好地成长。

2014年，高祥生教授结合汉语热在国际上持续升温，而在国内却出现国民的汉语词汇量急剧减少，许多的汉语知识分子沦落为不谙汉语的无根者，大学校长读错字，研究生只能写出残缺、破碎、毫无美感的句子等现象，向省政府提交《关于倡导汉母语学习的几点建议》。对此谏言，副省长曹卫星做出批示，要求有关部门研究、采纳相关建议。

2009年，高祥生教授结合江苏省“建设文化强省”的规划目标，从重视历史文化的宣传和知识的普及，增加文化研究科研经费，举办主题性历史文化节，建立反映地方文化的博物馆，加强非物质文化遗产和文化建筑的申报等方面，提交《关于弘扬江苏区域文化建设文化强省的建议》。常务副省长赵克志对建议作了批示，他认为，高祥生教授的建议对弘扬江苏区域文化，建设文化强省具有重要的参考价值，应认真研究，注意吸收采纳。

高祥生教授认为：“江苏省历来是我国的文化大省，江苏文化由历史文化、现代文化、自然文化等形态构成，其历史文化资源尤为丰富。”在担任省政府参事后的几年中，他加快了在建筑、文化领域的谏言力度，一批“提升南京城市外部文化形象”“南京市颐和路民国建筑保护与开发”“促进商品住宅装修一次到位”等建议搁在了主管副省长桌上，得到了省领导的肯定。

十四、横向思维　取长补短

履职省政府参事不但使高祥生教授的学识得到了充分施展，也为他打开了一扇扇新知识的窗户，更使他结识了各行各业许多的新朋友。

“我把这些作为学习其他行业的知识、拓展自己视野的好机会。同时，也希望成为看待其他行业事物的另外一只眼，有助于顶层设计的分析、决策。”为此，高祥生教授一面恶补相关行业的知识，一面积极参与工业、水利、环境、粮食等多个行业的调研工作。

江苏省污水处理厂的建设和运营情况走在了全国前列，但污水处理能力与群众对改善水环境的需求之间还存在一定差距，表现在建制镇和乡村的生活污水处理尚无良策，已建污水处理厂的投资效益亟待提高等等，这些问题成为各级政府环保治理工作的难点。2008 年，省政府参事室抓住这一重点，提出了“部分地区污水处理厂建设和运营情况”调研课题。高祥生教授主动请缨，与其他参事不辞辛苦，深入部分城市、工厂进行调研，向省政府呈报了调研成果和建议，受到省政府的重视。

2008 年 12 月，高祥生还与金之庆、赵铨、徐元明等参事参加了省政府重点交通水利项目视察检查活动，对洪泽湖流域、太湖流域等的环保、建设、交通、水利等方面进行了重点督查，提出了“推进湖水水质环境整治”“水利工程建设应注意尽量节约耕地”等建议。

2013 年上半年，高祥生教授还与宋林飞、刘立仁、包宗顺等参事组成调研组，对溧水农业生物硅谷开展调研活动，向省政府提出了加大对项目开发建设的协调，支持设施建设，在土地上给予重点倾斜等建议。

2014 年，他又与刘立仁、陆兆新参事就“种粮补贴”开展了调研，提出了“按实际粮食播种面积补贴，要稳定存量、用好增量，补贴资金要面向种粮大户，要与良种推广应用相结合”等建议。

特别值得一提的是：2010 年，高祥生教授从低碳经济思考环境污染治理问题，通过深入多个城市和重工业企业实地走访、调研后，提交《关于建立江苏省碳交易市场机制的建议》。高屋建瓴、预判先期地对省政府乃至国家进一步做好环境保护工作，强制规范高能耗、高污染企业的行为提出了建设性的新思路。

高祥生教授是著名的环境艺术专家，虽然他对低碳、环保等方面的知识比较陌生，但是从他非常严肃的态度中，可以体会到他心系祖国的拳拳之心：

国家“十二五”规划提出，到 2015 年实现单位国内生产总值二氧化碳排放比 2010 年下降 17%的目标，强调要更多发挥市场机制对实现减排目标的作用。

通过建立碳交易市场，鼓励企业自愿参与碳减排交易，不仅可以培育与提升企业及个人减排的社会责任意识，而且可以激励企业加快技术改造，推进绿色低碳转型，从而有助于我国节能减排目标的实现。

就是这样，十年来，高祥生教授时刻不忘肩负的重大职责和光荣使命，在处理好教学、设计、科研等方面工作与事务后，发挥自身专业和社会联系广泛、影响力较大等优势，每年挤出大量时间，深入调查研究，积极参政议政、体察民情和建言献策，提出了很多有分量、有价值的意见和建议，为政府适应新常态、践行新理念、引领新发展的科学决策提供了重要参考和决策依据。

十五、学会凝聚精英学术提升素质

南京是一座充满活力的国际化大都市，目前从事室内装饰装修设计的专业人员众多。为了联系、凝聚、引导室内装饰产业人员并提升其专业素质，南京市室内设计学会应运而生。作为中国室内装饰设计领军人物，2008 年，高祥生教授被推举为学会会长。

履职后，高祥生教授带领全体会员负重前行。针对南京地区文化的特点，他把学术性放在突出位置，从多个方面开展建筑室内装饰设计专题研讨。包括举办南京地域文化与建筑设计的课题研讨；针对国家建筑环保要求，举办“低碳环保和绿色设计舒适生活”的学术研讨；结合设计师设计专业需求，举办“灯光与空间设计、设计管理与品牌战略论坛”等系列学术性讲座；拓宽设计师视野，举办“国际大师对话中国”论坛；为让设计师提高实战本领，选准课题，由学会设计精英走上讲台，“现身说设计”等活动赢得了众多学会会员的一片喝彩。

进行学术研究是高祥生教授的强项，他鼓励学会会员加强室内装饰装修设计的研究和理论探索。近 10 年来，有 60 多名学会会员放弃业余休息时间，撰写了 60 余部专业著作和教材，其中由学会组织编写的有 10 多部，高祥生教授一人撰写了 20 多部。

“建筑室内工程设计需要不断实践和积累”是多年来高祥生教授的口头禅。每年，他坚持在学会举办室内设计大奖赛，有策划、有布置、有步骤、有考核、有成果，不但培育了一批批室内装饰设计精英，还带动了区域室内装饰装修业的不断发展。在此基础上，他组织评优活动，依据公平、公开、公正的原则，组织专家和学会评委两个层次的评审，使一批金牌设计师、杰出室内设计师和优秀设计师崭露头角。

2015年,高祥生教授还与学会领导成员们商讨如何拓宽培训思路。他们与市总工会、市人社局和团市委联合,成功举办了室内装饰装修行业的技能比赛,使一批优秀设计师脱颖而出,获得了高等级的资格认证。

看到学会人才辈出,高祥生教授非常欣慰:“这些利会、利民的好事,学会将持续开展下去。长此以往,必能助推室内装饰设计业的蓬勃发展,也为实现‘强富美高’新南京做出积极贡献。”

十六、尾声

高祥生教授长期执教于母校——东南大学建筑学院,在40余年的教学、践行中不忘初心,卓有贡献,著作颇丰,桃李满天下。在学生的眼里,他是一个令人尊敬和爱戴的严师和长辈;在同事眼里,他是一位治学严谨、勤奋而又谦虚的学者;在室内设计领域,他又是一位对我国室内装饰装修行业做出开拓性贡献的专家、学者。即便是到了现在,他还在为室内陈设设计领域的健康发展笔耕不辍,也许这就是高祥生教授这一辈子五彩斑斓的情结和坚忍不拔的担当吧!

我的老师高祥生教授

东南大学建筑学博士、南京财经大学艺术设计学院副教授　马丽旻

2003 年，我进入东南大学建筑学院攻读硕士学位，那是我第一次认识高老师，面相温和、语调舒缓，这便是我对高老师的第一印象，因此面试环节时原本紧张的我安心了些许。入学后，容我自己导师的应允，我也跟随高老师参与了大量的工程项目实践，这一经历为我学习环境设计尤其是室内设计提供了很大的帮助。读研前，我已具备了四年社会工作经验，这期间是理论与实践的再一次加强学习，为我之后的教学研究和学术思考都奠定了良好的基础。

2012 年，我再次考入东南大学建筑学院攻读博士学位，师从高祥生教授，当时自己已经拖家带口，并同时在高校任专业课教师，这一段读博的经历也就愈发百转千回，历时七年，终成正果。高老师在这一期间给予我的极大的理解和支持，成为我能够完成学业最重要的因素。记得自己的博士论文后记中曾经写下过这样的句子：感谢我的导师高祥生教授，一路包容不催促，给我时间和理解；一路支持不强求，给我选择和后盾；一路帮助不坐视，给我机会和资源；一路坚守不放弃，给我榜样和力量。而这，也确是我发自内心的感慨与感激。

近十年的相处，点点滴滴，高老师对我的影响很大。

我考博的那年，东南大学已经开始了对在职博士招生的收紧，能在职读博的名额非常紧张。我知道形势逼人，也确实非常认真努力地为考试做了准备，最终也获得了非常理想的成绩，但面对寥寥无几的招生名额，是高老师据理力争，最终助力我获得了这次机会。入学后不久，我又怀上了二宝，不可避免地对读博期间

注：文章内容结合对高祥生老师的认识和已有印象而写。

的研究工作造成了拖沓，也是高老师本着体谅的原则，在各种工作安排上尽可能照顾到我的实际情况。记得高老师经常说：“凡事要量力而为，尽力而行！”不知不觉间这句话就成了我长期以来的行事准则，遇到事情先思考自己的实际情况能否应对，如果能力不够就先提升能力，一旦决定做了，就义无反顾，勇往直前。作为两个孩子的母亲，自己的时间分崩离析，很长一个阶段都难以真正安静下来思考，博士论文久久难以推进。在我最艰难的时刻，也是高老师的安慰和鼓励，给了我巨大的力量，让我最终顺利毕业，还获得了优异的成绩。那段时间，自己有时候不得已会带着孩子去工作室，高老师几乎每次都会安排助理去给小朋友买各种小零食，在孩子们眼里，他是最最和蔼可亲的“高爷爷”。

事实上，我的同门兄弟姐妹都对高老师在我们学业和生活上的照拂深有同感。博士阶段毕竟不同于以往的求学，导师对学生并没有一定要扶持成长的义务，加上身为博导，是行业翘楚，自身工作往往都极其繁忙，再分出这么多精力来关注博士生的个人发展是非常难能可贵的。我和当时同在高老师门下的同届同学也有了同甘共苦的革命友谊，我们经常私下里聊天，都有一种被高老师“收容”的庆幸感，看到有些其他老师门下的博士有时候连跟导师见上一面都困难，都忍不住感喟：幸好我们是高老师呐！我们一位师兄，因为自身工作和家庭的缘故，实在无力完成博士论文这样巨大的工作量，连自己都做好了放弃的准备，高老师依然不离不弃，硬是一步步将其推向毕业，并提供了良好的再就业渠道。毕业聚餐宴上，师兄感激涕零，我们也都感慨良多。高老师温厚的性格营造了和谐的门下关系，在我们眼里，他是德高望重的长辈。

高老师的学术成果丰硕，但让我印象最深刻的是高老师对待学术孜孜不倦的追求和那份虚怀若谷的谦逊。他常常说：“我没有什么学术建树，我就是喜欢思考那些问题，不停地思考。”老实说，自从自己博士毕业之后，仿佛很快被生活裹挟并淹没于其中了，但是高老师退休后，却仿佛再一次开辟了研究的新天地，竟然自己办起了公众号，并常年在上面发布自己对于学科领域的所思所想，甚至还有系列论文，如果将其进行汇编的话，真正又是好几套著作了。如果说，在职期间写论文或许还有对职称、学术地位和名声的考量，那退休后仍以这样高度饱满的热情投入这件事，单纯就是基于一种对科研的情怀了，正如他所说：我就是喜欢！正是这样一份简单的“喜欢”，无关名利，不问东西，深深地触动了我，我想这大概才是真正的科研精神吧。作为“正当年”的科研中坚力量，我却时常以生活之名，推诿逃避自己的科研责任，相形之下，让人惭愧。而且面对这样的学术成就，高老师并没有表现出任何一点点居功自傲，眼里只关注还有哪些学术领域留有研究空白，还有哪些内容有待深化研究。他也常感遗憾，如若时光再慢些，自己精力再充沛些，还可以再开辟哪些新的研究方向。在我眼里，他是永远不知倦怠的学者。

高老师的研究领域很宽泛，几十年深耕室内设计行业，从制图规范到行业标准，从标准用词到思维手法，几乎涉及方方面面。我也有幸参与了部分工作，并受益匪浅，不过自己涉猎最深的还是高老师关于审美方面的研究。高老师初带硕士阶段我便已有了对审美进行全方位深化研究的设想，后期想法日渐成熟，在部分硕士论文的选题和研究上也逐步有了积淀。至博士参与研究开始，这方面的思考和探索愈加深化，高老师认为审美有其差异性的同时也具备趋同性特征，这是高老师关于审美的基本认知，也是“审美”这一课题得以成立的前提条件。

以下关于审美属性特点的阐述，是结合高老师的部分课程笔记和日常谈话的相关记录整理而成的。

审美上的差异，是客观存在的，审美的观念也是因人而异的。不同的民族、不同的年龄、不同的性别，对于审美的认识、审美的辨别是不一样的。诸如中国人和外国人、南方人和北方人、接受过高等教育和没接受过高等教育的人的审美观念都是不一样的，男人和女人、大人和小孩，其审美也都是不一样的。所有的社会经历，决定着你对一个事物的看法，经历不一样，看法也就不一样。

毛主席曾在《中国社会各阶级的分析》中说过一句话：“每个人都在一定的阶级地位中生活，各种思想无不打上阶级的烙印。”这也说明了一个观点，随着阶级地位的不同，所受的教育、接触的人不一样，每个人最后形成的世界观也是不一样的。一般来说，世界观在三十多岁前就已经形成了，是不会随意改变的。所以说，有些东西，我们不必追究其对与错。

高老师曾讲过一件事，大致内容是：梁思成家里墙上挂了一个牛头的骨骼，有一天吴良镛到他家里去，说“梁先生，我觉得这个牛头挂在家里不好看”，梁先生回答他：“过两年你再来看看吧，当你觉得好看的时候，你大概也就毕业了。”这说明梁先生认为吴良镛在审美上还有提升的空间。在建筑学里面，或是其他艺术学校也有讲到，艺术的美观与否，是靠一个人去悟出来的，不是听别人说是什么样子就是什么样子的，所以梁先生采取的办法就是让吴良镛在毕业时去他家再看一下这个牛头。毕业时吴良镛来到了梁先生家里，看的时候，吴良镛说“梁先生你家挂的这个牛头骨骼很有味道”，梁先生回答说“你的建筑学可以毕业了”。

高老师上大学时和一些同学讨论各自最喜欢《红楼梦》中的哪个人物，大多数人都没有提起林黛玉，反而说的是薛宝钗。当时说喜欢林黛玉的男生只有一两个，这也说明那时候虽然绝大多数文艺评论里面都认为林黛玉和贾宝玉是美丽的化身，但大家已经基本形成了各自不同的判断和观点，而不是被小说故事引导着。当然，不能评价人们形成这种不同认识的对错，只能分析各自的家庭、社会和成长背景，人与人各自的背景不一样，产生的认识自然也不一样。

李剑晨先生曾说过，“红色、翠绿色、柠檬黄都是光波比较长的颜色，所以在绘画时要慎用、少用”，但是现在的大街上，穿着大红色、翠绿色衣服的大有人在，所谓“萝卜白菜，各有所爱”，其实这就是审美和文化的差异所在。

过去高老师给很多领导家、老板家都做过家装设计，针对不同的家庭，设计的方案也不一样。当时大家都认为高老师设计得很好，其中一位领导还在屋里走来走去，左看右看，最后和妻子说道，“高祥生还是有本事的”。

相反地，做给老板家的设计，对方笑着说“高老师，您设计得很好，我们稍微改了下，基本都是按照原方案设计的”，后来高老师去看了看，结果设计都被改了。其实是老板不能接受他的观点，但又碍于面子不好意思说。实际上是高老师的设计过于文雅了，这就与家庭教育背景和社会经历分不开。一个喜欢直入，一个喜欢含蓄。对高老师来说，他接受的教育更加含蓄一点，当然有时也追求相对直入的东西，但是他再追求直入，做出来的设计也是讲法度的。在设计歌厅时，追求它的刺激性、时尚感，但一看还是觉得其中有规制的味道在。

以前高老师经常帮助其他公司投标。投标就是要投其所好，要中标。其实中标和不中标，倒是没有对错，实质在于投标的对象是否中意。20 世纪 90 年代有一家装饰公司的老总曾说过，“在投标之前你把方案给我们看大门的，或是我们的清洁工、工人等看一看，他们若是认为好，基本上就可以中标；你认为好的，不一定中标”。这就说明一个问题，中标的不意味着好，不中标也不意味着不好，只是人的感觉存在差异，也说明了人的审美的差异性。

高老师曾做过夫子庙香君酒楼的设计，当时是和何俊与曹卓一起完成的。大家都觉得贝聿铭的装饰设计和造型做得不错，就学习了一下，尤其是墙面上的做法，做出来很雅气。当时从专业角度来说，做得还算是好的。但是过段时间，高老师又到店里面去，老板很客气地寒暄之后，告诉高老师把之前的方案稍稍改了一下，高老师也回答说好。后来高老师一看，面目全非，改动很多，差别很大，已经不是原来的样子了。老板说实在是不好意思，我必须改一下。因为之前的方案，我们也都认为很好，但是来这里的消费者不是很喜欢，顾客不是很喜欢，就不乐意到这里消费。后来我们究其原因，发现是顾客觉得这里的环境不气派、不豪华。所以，老板之后就迎合着消费者的需要往豪华气派的方向进行了再设计。之后高老师也在反思，是自己的设计做得太过于文雅了，文雅的另一个说法就是太清冷了。中国的设计，从宋代以后，尤其是苏东坡以后，就一直在强调文雅，追求文雅，审美的标准是文气。后来也有人解释说，中国人绘画六法中最根本的东西就在于气韵生动，气韵生动是需要人去感受的，高老师既不赞同也不反对这些说法。

高老师觉得在设计的过程中，同样应该考虑审美的差异性，而审美的差异主要体现在三方面。

第一，明白是为谁而设计。要明白是为谁做的设计，对象是客户，或是老板，要考虑他们的审美，考虑他们的态度。高老师在做设计之前经常询问对方："您最喜欢什么东西，可以拿自己喜欢的东西的图片给我看看。或是说，你曾去过哪些地方，你认为最好看的是哪里……"通过这些细致的询问，可以大致清楚对方的喜好，针对对方的偏好再做对应的设计。

第二，要考虑消费者的看法。所有的设计，无论是餐厅、酒店，还是商场等，最终都是为消费者服务的。了解客户群体的需求和审美是空间在使用过程中被大家接受和欣赏的关键所在，通常大家对这个不是很明确。

第三，要坚守自己的原则和审美标准。帮人做设计，不能别人说怎样就怎样。作为一个专业人员，要有自己的审美标准，坚守自己的设计原则，再考虑审美的大众化。

很多时候，大家习惯了在学校里做事处事的方式，比如，在学校里接受的是形式美的教育，大多数人习惯将形式美的东西拿来套在社会的所有事情上，这是不对的。更不能将这种形式美的东西拿来做工程，这样做注定是要失败的。比如做家装设计时，给教授家做的和给老板家做的，就不能采取相同的做法；给老板看的和给消费者看的，也是不一样的。消费品是给消费者用的，必须满足大众对于气派、豪华的追求。之后又出现贵气，当然不能因为一个人不喜欢贵气，就让所有人都不喜欢。后来高老师终于明白了什么是贵气，你所做的东西，是要体现出贵气的，豪华里面也要有章法，一点章法都没有的话，就不能称之为专业人员了。

审美的趋同性，换句话讲就是审美的规律性。由于所处的环境相同，审美的感受也是类同的，所以会产生地域性的文化特征，如产生的流行色、流行的风格等。趋同性还与时代相关，在某一个时段里，流行的某种式样或某种色彩，都是有共性的。一个群体、一个阶层也都有某种审美的趋同性。

审美是人们通过知觉对周围事物的美感形成的特殊的心理感受，是人们在长期的生产和生活实践中形成的，是在人对周围事物的审美活动中实现的。趋同性既源于一种生物本能，又具备一种世界属性，这是大家普遍能感知到的。

杨振宁在某次科技论坛的观众提问环节，被问是否相信有鬼神或者上帝的存在。当时他回答说："我作为一个唯物主义者，是不相信有什么鬼神的，也不相信有一个长得像人形一样的神的存在。但是，我们这个奇妙无穷的世界里，有好多客观存在的现象，用现有的科学是无法解释的，我想应该会有一个造物主来创造这一切，只不过目前由于科学技术水平的局限性还无法对其做出合理的解释。"

高老师也赞同杨老先生的说法，他认为在宇宙中，有白天就有黑夜，有天空就有大地，有太阳就有月亮，一切都是对应着的，有规律地运行着。因此而产生的一种审美特征，也应该是符合这种变化规律的，符合客观存在的就是美的，是对立统一的。

高老师始终觉得审美是有规律的，这种规律是一种客观存在，客观存在着审美上的一种趋同性，这种趋同性来源于宇宙的运行规律。对于形式美的基本法则：尺度与比例、对比与统一、对称与均衡、节奏与韵律，高老师都有着自己的见解。

我们生下来的第一眼，看到的是母亲，母亲的脸就是对称的。哪个小孩如果第一眼看到他母亲的脸是不对称的，可能就会形成与现在不一样的审美感觉。人本身也是对称的，若是少个胳膊或是少只眼睛，那就是不对称的，那也就颠覆了我们对"对称"这种形式的感受。高老师认为这就是我们看待事物的观点和视角，即对称是美的。

另说节奏是怎么产生的。我们要进行劳动,劳动的时候一定是有节奏的活动才会比较省力,鲁迅曾说"最早的音乐产生于劳动",从号角中体会节奏和韵律,从劳动中认识美感。高老师对节奏也有一些自己的观点和看法,对于什么是节奏,什么是韵律,高老师对其下了定义。他觉得节奏即物象或时间等距离、等比例的有组织的反复,简单来说节奏就是有规律的重复,韵律就是有组织的变化。韵律是在节奏的基础上的强弱起伏、悠扬急缓的变化,韵律是赋予节奏一定情调的一种组合关系,给人井然有序又不失活泼的感觉。节奏会引发变化,也就是说节奏会转换成韵律,这种变化在什么时段,在重复了多少次以后才会产生变化和韵律,值得深入探究。譬如塔的收峰,它是有组织的变化,它的运行也是有机制存在的,一层一层的节奏感,同时它每一层的长短又是不一样的,这就是一种有组织的变化。

高老师觉得前人和学者大多说过节奏和韵律是如何产生的相关理论,但是关于节奏在什么情况下会发生变化这一方面,没有相关的言论和理论。根据高老师的实践,如果重复出现了 7 次,那么这个节奏就应该变化了。重复能创造整整齐齐、井然有序的形式美感,但是节奏不变化,一直重复下去的话,就会变得单调、呆板。"重复 7 次就会转换",高老师的这个观点,可能不那么准确,也不那么科学,但是,高老师始终相信将来肯定有学者或研究人员会量化这个问题。

高老师针对审美也提出了自己的想法,他觉得目前存在的短板是,审美基本上是定性的,没有从定量的角度来分析审美的研究,研究这方面的问题可能需要花费一段时间。高老师曾经想要带自己的研究生和博士生做这个工作,由于工程量太大,高老师觉得自己这辈子可能完不成了,但是他现在要把问题和自己的观点提出来。

审美在定性上就是大家认为好看,但是在数据上如何表现,就涉及对称和节奏问题,两者都源于客观存在。高老师是唯物主义者,认为万物是客观存在的。对称是这样,韵律也是这样。对称要求两边大小一样,距离对等;节奏和韵律也是这样一种情况,渐变也是慢慢地变化,是一种有规律的变化。

高老师对渐变也曾下过定义,渐变是指元素在量上作一种逐步、不显著的连续改变,它展示的是有秩序、有规律性的程度均等的变化过程。人们总是认为渐变是好看的,比如说一石激起千层浪,将石头投到水里面以后,激起的水花会慢慢放大，随后渐渐消散，都是有规律的，这就是渐变的规律。

谈及对比，只有对比，事物才可以被更加明确地感觉到存在。对比指通过不同的形象、形状、形式、色彩、质感、方向、位置等对立因素的比较来强化各自的存在。对比和统一之间存在着一个度的把握，过分的对比会让人觉得在心理上无法接受。但如果对比不够强烈，又会给人软弱无力的感觉。在艺术作品中，没有对比的艺术品，是没有生气的，所以绘画里边会有明暗色调、冷暖色调，有形态变化。所有的因素必须要达到一个高度统一，如果没有高度统一的话，这个世界就混乱了。

渐变、对比、统一都是客观存在的。当然还有一些其他规律，这些规律都源于整个世界的存在，这个世界本身是对比的，但是这个世界又是需要平衡的，所以我们要讲究和谐，只有和谐才使得这个世界更美好。

在艺术中同样既需要对比，也需要和谐。单纯地讲和谐的话，可能会引发枯燥。所以高老师当时问过自己的一个博士，研究现代主义时为何要强调对比，他回答说过去老的东西很多，一直强调着统一，时间长了使人厌烦，所以他就想打破它。高老师觉得他这个话讲得还比较通俗，容易让人接受，若是打破了统一，就可能产生一些新的理论，新的东西就是不要求对称的。高老师觉得他的话有一定道理，但是依然认为这个世界总体上是要求对比的，同时也必然要求和谐与统一。

以上是高老师基于对形式美法则的理解而提出的有关审美的个人见解，正是在这样的理论基础上，我在博士阶段对审美的量化研究产生了强烈的兴趣，并最终以“建筑装饰装修形态视知觉感知中‘度’的研究”为题完成了我的博士论文。

高祥生老师与书的不解之缘

东南大学成贤学院建筑与艺术设计学院党总支副书记　邵叶鑫

东南大学成贤学院党政办公室主任助理　谢静娴

南京市室内设计学会秘书长　顾耀宁

高尔基曾说:“书籍是人类进步的阶梯。”人类创造出的丰富知识财富,如同浩瀚的海洋,博大精深。人只有不断地阅读和学习,通过读书提升自己的认识水平,才能不断创新、与时俱进,才能不断发展进步,达到更好、更高的境界。

作为东南大学建筑学院的一名教师,高祥生老师十分热爱阅读,他认为书籍是人们获取知识和信息的重要手段,是人类汲取精神能量的重要途径,通过阅读可以拓宽眼界,提高知识水平,不断充实和提升自己。

一、听书看图,启爱国之志

高老师与书籍之间的缘分,是自少年时期听说书开始的。由于高老师的爷爷和父亲在上海工作,在寒暑假或是农忙假时,高老师会和小叔结伴去上海,在上海时听说书、看小人书的经历为他日后的思想发展奠定了良好的基础。

那时,高老师在上海的主要活动就是白天看小人书,晚上听说书。白天有时间的时候,高老师会到黄浦区山东南路附近的一家小人书出租屋租借、阅览小人书,一次租书的押金是一毛钱,每次至少可以租三本,高老师较为紧巴的零花钱几乎都花费在租借小人书上了。

当时的小人书,也叫连环画,很受孩子们的喜欢。除了《西游记》《三国演义》,

注:文章内容根据与高祥生老师的谈话记录和相关活动资讯整理而成,经高祥生老师审阅后定稿。

高老师当年还读了《三毛流浪记》《鸡毛信》《哪吒闹海》《山乡巨变》《白毛女》《地道战》《铁道游击队》《交通站的故事》《小兵张嘎》，还看过高玉宝的《半夜鸡叫》，读过高尔基的《童年》《我的大学》《在人间》等。直至小学毕业，高老师每年都会回到上海去租书、借书、读书。在这小人书出租屋里，高老师几乎读完了书屋里所有的书籍。通过阅读一本本小人书，他感悟到浓厚的爱国思想，学会了为人处事的方式，知道了何为公平和正义，这为其世界观、人生观和价值观的形成奠定了基础。

说书是在晚上才有的活动，主要受老年人欢迎，高老师的爷爷也经常去听，所以高老师往往会在傍晚之后跟着爷爷一起去听说书。当时说书的内容主要是一些正统的思想教育和惩恶扬善的人物故事，比如《岳飞传》《杨家将》《杨乃武与小白菜》，还有《薛仁贵征东》《岳母刺字》《穆桂英挂帅》《铡美案》《窦娥冤》等。

通过听说书，高老师了解到了岳飞从士兵成长为抗金军事统帅，率领岳家军同金军作战，所向披靡的英雄形象；杨家四代人戍守北疆、精忠报国的动人事迹；杨乃武刚直不阿，敢于替百姓说话的勇气和担当；唐代杰出英雄人物薛仁贵所取得的赫赫战功和他的传奇一生；穆桂英作为杨家女将中的杰出人物，担负抗敌的重任，临危受命、保家卫国的担当；秦香莲勇于与封建统治阶级做斗争，陈世美的忘恩负义、喜新厌旧；包公的廉洁公正、不附权贵、铁面无私、主持正义……

尽管年少的高老师还不能完全理解说书中的全部内容，但通过说书人的讲解可以体会到岳飞等人是如何热爱国家的，了解英雄的故事，明白伸张正义、精忠报国的重要性，心中的爱国思想也逐渐生根发芽，对于正义感、民族大义、爱国情怀等都有了自己的认知。

当时，除了在上海听说书，高老师在老家南通市二甲镇也经常去听说书。那时，高老师经常和叔爷爷去小镇上的一个茶馆，在茶馆里的台上，说书人抑扬顿挫地讲着《杨家将》的桥段。台下，年少的高老师站在叔爷爷身旁，听得聚精会神。那个年代缺少精美的画册，更缺少精致的视频，说书人口中的杨家将、岳家军等故事便成了高老师获得知识的源泉，也使爱国主义思想和民族情结在他幼小的心灵中扎下了根。

看小人书、听说书是阅读的不同形式，深受广大儿童和少年的喜欢。高老师小学阶段在课堂上所接受的教育，让他学会了基本的识字读书，对一些事物有了简单的认识，而在上海期间听说书、看小人书的经历，以及从中汲取的知识比课堂上学来的更为丰富、生动、形象，这是他接受教育的另一种重要形式。这种形式不仅对他的启蒙教育发挥了极为重要的作用，而且对他的爱国思想的形成和发展、崇拜英雄和关心百姓疾苦等情怀的产生都有着很大的影响。正是听说书、看小人书使得高老师与书有了深厚的情谊，与书结下了一生的缘分。

二、读书写书，开人生心智

由于高老师在小学时期爱读书，读书多，之后便有了手不释卷的习惯。进入中学，高老师的一位语文老师家中有许多藏书，他就经常去这位老师家中翻看图书，时间久了，或许是因为他的勤奋好学、孜孜不倦，语文老师也很乐意将家中的图书借给他阅读。

那时的高老师“求书如命”，学习热情高涨，读书如饥似渴。在物资匮乏的年代，书籍尤为珍贵。有时，高老师向朋友借阅一本期刊都很困难；有时，为了看名著的插画，需要骑自行车来回骑行五十多里路。虽然很辛苦，但他心里还是很高兴。即使有时候不能把书借回家阅读，哪怕只是看上几眼，或是做一点笔记，他的心中便觉得十分满足。

在南京工学院建筑系上学时，除文学作品外，高老师十分喜欢去建筑系的图书室借阅图书，当时那里藏有大量的建筑设计类图书。高老师如饥似渴，只要有空余时间，便会前往学院图书馆。他在那里阅读了大量有关建筑设计专业的书籍，如《建筑十书》《实用建筑装修手册》《国外建筑装修图例》《装潢》《室内设计资料集》《外国装饰集锦》，以及各种专业杂志等。有时，若是图书馆中没有所需的图书，高老师就会自己去买一些建筑学相关的书，满足自己的阅读和学习需要。

此外，那时高老师也阅读了不少美学类的书籍，如车尔尼雪夫斯基的《怎么办》，李泽厚的《美的历程》《华夏美学》《美学四讲》，宗白华的《美学散步》，高尔泰的《美是自由的象征》，朱光潜的《谈美书简》《西方美学史》，王朝闻的《美学概论》，徐复观《中国艺术精神》等。

在诸多的美学、哲学思想中，高老师个人十分认同现实主义美学的思想，并以此为自己学习、创作的一座灯塔。直到现在，无论是教学方面的指导，还是工程上的设计创作，这座灯塔的光依旧清晰明确，没有让他迷失方向。

大学的生活艰苦而快乐，虽然高老师那时的助学金每月只有 8 元，但为了读书求知，他经常毅然拿出 4～5 元去购置和借阅图书。虽然那时经济上较为贫乏，但是精神上却十分富足。

毕业后，在诸多老师的建议下，高老师选择从事教育事业，将自己的一生奉献给国家和社会。作为一名教师，他默默地无私奉献，将自己的所知传授给一代又一代学生，以实际行动践行“教书育人”的初心和信念。工作之后高老师也读过很多书，类别也各有不同，诸如《人间词话》《巴黎圣母院》《安娜·卡列尼娜》《红与黑》《古代汉语》《修辞学发凡》等。尽管经济条件并不宽裕，但高老师的每一份工资、设计费中，都有相当一部分被用来买书。由于图书方面的花销占比过大，手中可用的钱有限，高老师有时会和其他老师交换着看书，双方通过图书的交换，既弥补了缺钱买书的不足，又可以丰富阅读体验，保持阅读的连续性。就这样，高老师一直对阅读保持着高度的热忱。

20 世纪 80 年代初，受益于改革开放，建筑室内装饰设计快速发展。高老师结合国外的研究情况和学识分析，洞察到这一专业将对未来国内建筑设计行业有较大影响。高老师倾尽不多的储蓄，购置了大量国外室内设计书籍和图册，孜孜不倦地学习室内设计理论。之后他又将目标瞄向国外，捕捉室内设计大师的杰作，丰富自己的设计理论与创作。高老师认为，如果缺乏理念的指导、严格的规范，只是一味地趋附潮流、模仿他人，最终所产出的只能是一个会随时被淘汰的普通品。只有不断学习，与时俱进，才会有广阔的发展空间。

20 世纪 90 年代，室内设计风靡中国，那时高老师已经意识到，室内设计在教育上将会得到大力普及。但 21 世纪以后，高老师发现中国的室内设计最缺乏的不是资料性的教育，而是专业基础和方法论的教育。因此在 2003 年，高老师改写早期出版的《室内陈设设计》，在书中增加了大量关于方法论的内容。

高老师强调，在阅读、学习外国有关室内设计的知识内容时要根据中国的国情，消化后再进行吸收和借鉴，一定要合理引用，从实际出发。因为国情、文化、审美的不同，很多源于国外的资料、数据并不一定适合中国。不管是公共建筑还是房屋设计，终究是要为人类服务的，设计的实用性尤为重要，而不能一味地注重其美观性。所以，高老师认为：不仅要看国内外的各种设计，还要看与设计相关的规范手册；不仅要想这些设计是否美观，更要去想其是否具有较高的实用价值，是否真正地能为消费者提供便捷。这样一来，不仅让自己的知识得到了补充完善，还让设计作品更加规范，这也是对消费者的负责。所以之后高老师主持撰写的《室内设计师手册》《室内建筑师辞典》《室内陈设设计教程》等，既强调了室内设计的方法论，又强调了室内设计的基础教育。

在四十余年的时间里，高老师在工作和学习总结的基础上完成了 50 本专业书籍的撰写，在建筑与环境设计领域取得了丰硕成果。每当人们问起高老师成功的奥秘，他总是那句话："理论的探索和实践的检验。"熟悉的人都知道，高老师是注重实践的教师，他认为实践是检验教学理论和获取教学实际经验的途径。他把工程经验、做法归纳整理成为新知识、新信息，不断扩大传播知识的广度和深度。

褪去专家、权威人士的外衣，站在讲台上的高老师不仅认真听取每一个学生的意见，还积极为学科建设出谋划策。在几十年的教学中，高老师发现，随着设计等相关专业的增多，很多工科类院校的师资队伍中加入了越来越多的年轻教师，这些年轻教师存在着重理论、轻实践的问题，部分年轻教师忙于论文、项目获奖等工作，从而忽视了实践经验的补缺或积累。他们教出的学生也只能从书本中来，到书本中去，最终无法满足社会的实际需求。

作为博士生导师，高老师不仅强调术业有专攻，更重视实践知识的积累，他尽可能地让学生参加工程设计实践。在教学过程中，高老师带领学生开展装饰审美领域的研究，希望可以改变过去在审美方面仅仅是定性的研究方法，而开始注意定量的研究。他指导博士生通过仪器精准地测算出人们对于形态的反应，得出定量的数据，这对于开展相关研究是极有利的。

在阅读方面，高老师教育学生读书要选读经典，看权威书籍，成贤学院的学生读书要秉承东南大学建筑学院"严、实、活、透、硬"的精神。工作、生活是最好的教科书，高老师强调，不能止步于图书的阅读，在阅读之后要学会理论联系实际，认真思索，不断探究。正如建筑大师杨廷宝先生所说，处处留心皆学问。

高老师提出中国人的审美与外国人不同，中国人的生活习惯也与外国人不同，即使是中国范围内，南北方之间也有差异。所以，高老师建议同学们在理解和吸收书本知识的同时，一定要处处留心，多问几个为什么。外国的书籍需要看，更重要的是要能看懂、看透，要能应用。

高老师除了强调学生对实践知识的积累外，还希望社会关心学校的教育。为此，高老师作为省政府参事，还特意向省政府领导提出"关于培育社会应用型人才"的建议。其中明确表示，希望国家和高校能重视对应用型人才的培养，以校企合作等形式培育出社会所需的人才。而对于刚步入社会的大学生，高老师也希望社会各界的前辈能为他们多多提供帮助，从而带动他们更快更好地成长。

众所周知，高老师的百余项设计工程和五十本著作不仅是业界设计师的参考范本，甚至成为消费者维权的依据。诸如《钢笔画技法》《住宅室内装饰装修设计规范》《装饰材料与构造》《室内建筑师辞典》《室内设计师手册》《室内陈设设计教程》《西方古典建筑样式》《装饰构造图集》《装饰装修材料与构造》《室内装饰装修构造图集》等。每一本书的创作都需要付出长时间的努力，有时一本书要花费四到五年的时间。

记得高老师在主编《室内建筑师辞典》时，连续四年坐一张椅子，最后钢构架的椅子都被他坐弯了。在编写辞典时，有时为了给一个简单的专业名词下定义，就要花两三天的时间，不仅需要多方面参考其他书籍，还要听取他人的意见，每一项编写工作都要付出很多的心血和汗水。

习近平总书记喜爱读书，阅读也是他长期坚持的事，他曾说过："读书可以让人保持思想活力，让人得到智慧启发，让人滋养浩然之气。"也就是说，读书是积累知识、沉淀底蕴的过程。读书就像是和一位品德高尚的人谈话，常常能够使人迸发出思想的火花。西汉大文学家刘向一生与书为伴，将书视为一剂"良药"，他曾在《说苑》中写道："书犹药也，善读之可以医愚。"

从上中学到大学毕业这段时间，是高老师读书学习的黄金时期，也是高老师获得知识的辉煌岁月。在这段岁月中，高老师博览群书，对图书如饥似渴。那时的他偏爱文科内容，尤其是中国古代的诗词歌赋，也喜欢阅读外国的著名小说和散文，阅读十分广泛。读书使高老师明白了许多做人做事的道理，读书使高老师的世界更加广阔。

书是一把钥匙，能够开启人的智慧；书是一剂良药，善读之能够治愚。如今高老师已成为名满全国的室内设计前辈和领军人物，他所取得的如此不菲的成绩，与他热爱读书、严谨写书是分不开的。

三、捐献藏书，行教育义举

在中学时期，高老师经常去一位语文老师家中，他第一次进语文老师的家门时，就被眼前房间里整整一面墙的书籍震撼到。慢慢地，高老师的第一个人生梦想诞生了，即长大后也要像语文老师那样，拥有一整面墙的藏书。正因为此，高老师平时就很注重对书籍的收藏和整理。

集腋成裘，到 20 世纪 90 年代，高老师的藏书就已经不少了，工作室的屋子里几乎堆满了书籍，差不多有 8000 余册。如果有机会走进高老师的工作室，你就会发现，整个工作室中除了设计图纸、论文报告，余下最多的就是国内外的专业书籍。工作室书架上的这些书，高老师基本上都阅读过，书中的很多内容都已经深深地刻在他的脑海中了。

有时同事、朋友或是老师会来高老师这里借书，几本至几十本不等。有时借书的时间过了许久不见对方归还，高老师也不便再去催促，这引发了高老师的另一个思考。高老师觉得，自己收藏了大量的图书，基本都已经阅读和学习过，将这些图书一直放置在书架上也是学习资源的浪费，既然大家都相继来借阅这些书，说明它们是有价值的，是可以帮助到他人的。

高老师觉得读书的作用可以分为三类：一是为了修身养性；二是为了学以致用；三则是为了消遣娱乐。无论是出于什么目的读书，都是一件好事。在高老师看来，书是给人读的。只要所读的书能为己所用，能为实践提供帮助，便能体现出读书的价值所在。尤其是这些书中有不少是专业基础方向的资料，对教师、学生的专业学习和论文写作都能发挥一定的作用，所以高老师决定将书赠给更需要的人。

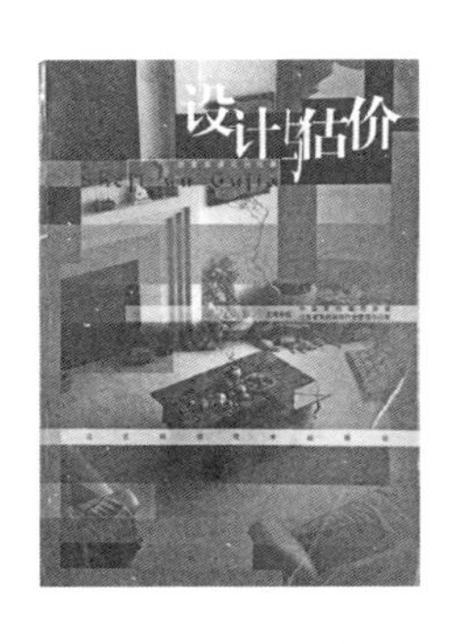

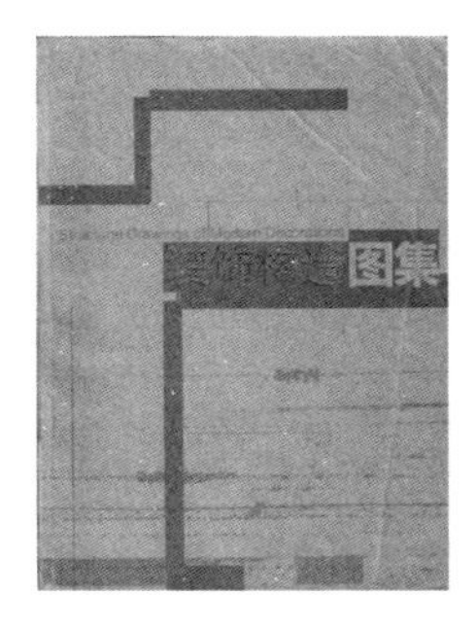

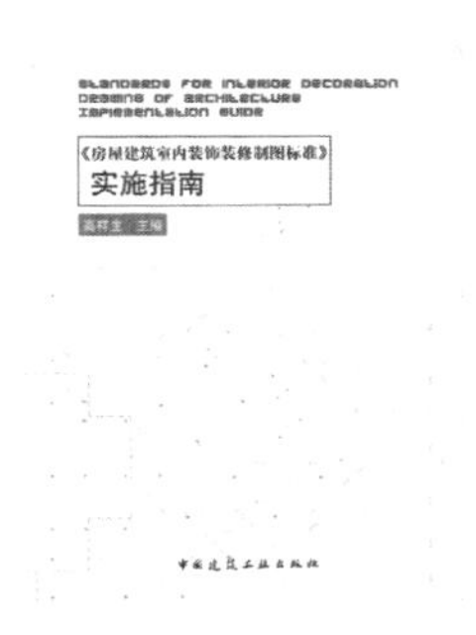

将一批心爱的专业书籍捐给成贤学院图书馆

2022年12月16日,高老师慷慨地向学院图书馆捐赠5000余册珍贵藏书和文献资料。高祥生老师始终秉承立德树人、力行至善的教育思想,本次捐赠是他第三次向成贤学院捐赠图书,是向学校捐赠书籍数量最多的一次。每一次的捐书、赠书,都饱含着高老师的育人初心,也寄托了他对师生的殷切期望。

高老师之所以向学校图书馆捐赠这么多藏书,是因为他希望将书作为一种精神能量存续下去。高老师对师生们(特别是成贤学院的师生)有着非常深厚的感情,他希望这些图书对相关专业师生的教学、科研有所帮助。把图书捐给学校的图书馆,也可以使这些书得到更好的保存和利用,发挥更大的作用。高老师很高兴自己做了这样一件有意义的事。

此前,高老师曾给东南大学图书馆、东南大学建筑学院捐赠过两次图书,他捐给成贤学院的一些专业书籍和专业资料,这些年来一直被师生们很好地保存、阅览。给成贤学院捐赠的书主要是高老师本人撰写的室内设计、建筑设计、平面设计、风景园林方面的书籍以及多年积累的专业资料和文学作品。这些书籍和资料一方面可以加深学院图书馆的馆藏深度,为相应专业的学科建设奠定坚实的基础,另一方面能服务更多的人,让更多的人可以读到这些书。

郑家茂副书记与高教授在捐书会上

邢继红副书记与高教授在捐书会上

成贤学院程明山书记与高教授在捐书会上

成贤学院许映秋院长在捐书会上

高老师从藏书到捐书，是一个从无到有、从有到无的过程。藏书，是一个学习的过程，是一个知识积累的过程。在藏书的过程中，随着书籍不断增多，知识也在不断地积累。高老师藏书是一个从无到有的过程，更是一个知识积累与丰富的过程。捐书，是思想的飞跃，是知识的延续，更是人生的总结。捐书，意味着对书的认识发生了变化，是思想的进阶。通过捐书，高老师希望可以使更多的读者借助这些图书，实现知识和思想的飞跃，也希望通过自身努力，让广大读者将知识文化和藏书精神永远传承下去，让文化、知识在年轻人身上存续。

书或许无法改变人生的起点，但可以改变人生的终点；书或许无法改变人生的长度，但可以改变人生的宽度。就这样，从小到大，从无到有，书籍作为高老师的最佳搭档，陪伴着他走过几十年的春夏秋冬，不断丰富着高老师的人生世界，滋养着高老师一步步改变人生的宽度，增加人生的厚度。高老师把“行万里路”作为一本更大的书，徜徉在知识的海洋中，这五彩缤纷的世界是他再次学习的课堂，而万里行程则是他不断攀登的阶梯。

他对室内陈设设计理论的拓展

东南大学艺术学院博士、常熟理工学院教授　赵　澄

高祥生教授是国内较早深入研究"陈设设计"的学者，出于学术敏感与自身学习绘画的兴趣与专业优势，他在室内陈设设计研究领域投入了近半个世纪的时光。他详细考证了关于"陈设"的记载并深入研究了"陈设品"在中国的历史渊源，率先提出了富有创新性理论的"陈设"概念，以及"陈设设计"的研究方法与思路，业界都称他是当前"陈设理论研究第一人"。他在国内最早撰写了《室内陈设设计》与《室内陈设设计教程》等书籍，并编撰了《室内陈设设计规范》。他深研陈设设计理论，投入陈设设计实践，制定陈设工程施工规范，填补了中国陈设设计研究领域的理论与研究空白。

一、针对陈设设计理论发展脉络的梳理

高祥生教授上大学时，就开始关注陈设设计。他对建筑学院资料室里收集的很多关于古代家具、装饰品的书籍十分感兴趣，时常到资料室里查阅。后来听说学院里有老师在北京人民大会堂、中南海参与了布置室内字画等工作，他感到十分佩服。此后，他开始有意识地关注陈设的发展动向。

20 世纪 90 年代末，高教授开始撰写《室内陈设设计》，中国建筑学会室内设计分会的老会长曾坚为此书作序言，称该书是对室内设计理论的一大贡献。高教授对此感到过誉，自觉汗颜，但也备受鼓舞，心中暗下决心，将继续对"陈设设计"进行深入研究。

注：文章节选高祥生老师著《室内陈设设计教程》部分内容，经高祥生老师审阅后定稿。

书籍公开发布后在业内引起广泛关注，它突破了传统书籍中的理论，新增了陈设布置的作用等内容。但美中不足的是，由于没有考虑到知识产权问题，该书在当时没有申请版权，被许多人在他处引用，却未标注参考出处信息，导致高教授个人的研究成果没有得到有效保护。随着多年研究的不断深入，高教授深感书中的图片和文字都有必要重新梳理，于是他下决心要重新出版这本书。经过两年的重新撰写，终于诞生了《室内陈设设计教程》这本书，该书也实现了高教授对原有书籍全方位的超越，体现了他精益求精、科学求真的钻研精神。

我认真拜读过此书，认为书中有许多具有创新性的内容和观点，对于室内设计研究具有开拓性的意义，具体体现在如下方面。

1．关于“陈设”概念的明晰

高教授通过查阅相关文献，多方面考证了“陈设设计”的出处，几经周折印证了两个问题：其一，“陈设”这个词出于中国，是中国固有的名词，在中国古代就有记载。其二，“陈设”一词可追溯到汉代。

经查，“陈设”一词早期出现在《后汉书・阳球传》中：“权门闻之，莫不屏气。诸奢饰之物，皆各缄滕，不敢陈设。”后来，“陈设”一词又在东汉应劭的《风俗通・声音・琴》中出现：“然君子所常御者，琴最亲密，不离于身，非必陈设于宗庙乡党，非若钟鼓罗列于虡悬也。”文中“陈设”意指“摆设”“陈列”或“摆设”“陈列”的物品。之后，历朝历代的文献中也时有“陈设”一词出现，其意都与《风俗通・声音・琴》文中的含义相似（摘自高祥生著《室内陈设设计教程》）。

高教授在《室内陈设设计教程》一书中进一步明确阐述了“陈设”的基本概念，并且经过仔细研究《说文解字》，发现其中“陈”的主要解释为陈列、布置，“设”的主要解释为设立、设施、设置。“设”字拆开为“言”字与“殳”字，“言”意为说，“殳”为劳作（摘自高祥生著《室内陈设设计教程》）。高教授认为陈设应解释为：设计、摆动物品。可以说，高教授对“陈设”一词作了较权威的解释。

除此之外，高教授两次到国外去专门询问建筑学的留学生，试图了解国外是否开设有陈设课程。中国留学生们均回答没有“陈设”这个提法，只有“装饰”这个名词，国外通常有“装饰设计”的相关课程。因此，高教授再次认为“陈设”的说法是中国的。

其实“陈设”与“装饰”的内涵比较相近，但在中国相对于“装饰”而言，更多是指“装修”。中国古代对于“装饰”“装修”两词的解释并无大的差别，都是修饰、美化的意思。“装饰”原指中国古代妇女的打扮和书画的装裱、装帧，后来引申为对生活环境的修饰、装扮。另外还有一个外来词是“装置”。装置与陈设的内涵基本一致，都是为了美化空间，表达文化意义（摘自高祥生著《室内陈设设计教程》）。

此外，高教授又查阅了《辞海》，发现其对“陈设”的解释为“放置，陈列；也指陈列、摆设的物品”。在《新华字典》中，“陈”和“设”的解释分别为：“布置、安放”；“布置、安排”（摘自高祥生著《室内陈设设计教程》）。

综上所述，高教授认为“陈设”可被理解为陈列品、摆设品，也可理解为对物品的陈列、摆设及布置。

2. 关于“陈设品”概念的明晰

在书中，高教授对陈设品也下了明确的定义。

高教授认为：传统的“陈设品”通常指艺术品、工艺品等。但在现代装饰装修业不断发展的背景下，陈设品的内容不断丰富。从广义上讲，陈设品是指可美化或强化视觉环境，具有观赏价值或文化意义，可移动或可与主体结构脱离并可以布置的物品。在过去是完全没有这个说法的，可以说，高教授对“陈设品”所下的定义，是系统的、完整的，突破了以往的传统说法，大胆创新，也称得上是一创举。

高教授认为：在室内空间中，除了围护空间的建筑界面以及建筑构件、设备等之外，凡可移动、可陈列、可影响和改善室内空间视觉效果和精神文化氛围的物品，都可以作为室内陈设品。换一种角度说，只有当一件物品既具有观赏价值、文化意义，又具备被摆设和观赏条件时，才能称为陈设品。

另外，高教授在编写《室内陈设设计规范》时，将陈设品的术语解释为：具有文化内涵、历史意义和视觉审美的，可与主体结构相剥离的物品。在以往的相关论著中，“陈设品”指的是可以在室内空间中“移动”的物品。一个是可与主体结构“剥离”，而另一个是可以在室内空间中“移动”，虽然字数上差别不大，但各自触及的陈设品的内容却有着很大的差异。高教授之所以如此定义，是因为随着时代的发展，陈设品的范围开始向装置拓展。现在的室内环境中如果具有审美效果、文化意义、历史意义的物品离开了装置，那么陈设的内容就会明显减少。而装置有一部分可以固定在主体结构品上，因而呈现出一种附属关系，这也是时代与社会发展的必然趋势。

高教授提出:装置与传统的陈设品是有区别的,二者的界限在于,陈设品在表现的意义上是独立的。换句话说,陈设品是可以移动的,它可以被置于迥异的空间,而装置只能放置在某一特定空间,具有附属关系,它是专为某一空间而设计的,一旦移动到其他空间,其尺度、形态、意义都将发生改变,因而可能不再适合。

陈设品的核心内涵是具有审美价值、文化意义和历史意义。而这些属性装置完全具备,有所不同的是,原先陈设品是可以移动的,现在的定义将其拓展到与主体结构之间可以剥离。从这一点上来说,陈设品就可以包含装置。装置既可以与主体结构连接,也可以与主体结构剥离(摘自高祥生著《室内陈设设计教程》)。

高教授认为陈设品可以包含装置,而装置却无法包含陈设品,他将陈设品的范围拓展到装置艺术领域,这很显然扩展了陈设品的范围。对陈设进行外延和拓展,是陈设艺术设计的发展,也是高教授陈设艺术理论的完善,这对陈设设计的理论研究、教学内容的组织安排提出了新的课题,这一鲜明的主张具有重要的现实意义。

3. 关于"陈设设计"概念的明晰

在《室内陈设设计教程》一书中,高教授也对"陈设设计"作了详细介绍。"陈设设计"是指在室内空间中,根据空间形态、功能属性、环境特征、审美情趣、文化内涵等因素,将可移动或可与主体结构脱离的物品按照形式美的规律进行设计布置,以提升室内空间的审美价值,强化室内空间的风格特征,增加室内空间的人文气质,最终达到营造富有特点的室内场所精神的目的。

高教授认为,"陈设设计"是室内设计的重要组成部分,因为室内设计包括了三个基本步骤:一是空间的设计,也即对原建筑空间进行合理的利用和改善,以得到符合功能要求的空间形态;二是空间界面的装修,即对室内顶棚、墙面、地面的修饰、铺装以及水、电、气的管线预埋、安装,厨房、卫生间设备的定位、安装;三是室内陈设设计,包括对艺术品、工艺品、家具、灯具、电器、绿植、织物等物品的选择与布置。在室内陈设设计中更多地包括与室内设计有关的功能和美观问题(摘自高祥生著《室内陈设设计教程》)。

"陈设设计"包含对陈设品的内容、形状、尺度、色彩、肌理等因素的选择与设计,并运用形式美的法则将这些陈设品恰当地布置、安装在室内空间中。但是万万不能将陈设设计与设计的辅助因素混为一谈。陈设设计的主体是物品,而其他只能是陈设设计的辅助元素。例如在营造室内的环境气氛时，可借助于听觉、触觉、嗅觉、味觉进行辅助表达。可以运用专业的知识将人们所看到的色彩、听到的声音、摸到的肌理、闻到的气味、尝到的味道整合在陈设设计中，共同营造独特的空间气质和精神内涵，反映空间的品质。因此，高教授认为陈设品就是实体，而一切非视觉范畴的内容不应作为陈设品，只能作为陈设设计的辅助因素。

综上所述，陈设设计是在室内设计的整体创意下进行的深入具体的设计工作，其宗旨是营造一种更加合理、舒适、美观的室内环境，并进一步完善和深化室内设计创意。

二、关于研究陈设设计的方法

1. 陈设品的分类方法

陈设品的品种非常丰富，高教授在书中进一步对陈设品进行了详细的分类。

高教授认为传统陈设品包括工艺品、玉雕、木雕、油画、绘画、艺术品等类别，若是按照这种逻辑划分下去则会无穷无尽。明代文震亨在《长物志》中介绍了十二类物品，其中大多属于陈设品，书中也介绍了几种陈设布置的方法和若干案例。文震亨所说的陈设显然是有限的，这主要与他所处时代物质的匮乏有关，也不排除时代对其认识的限制。在 20 世纪 80 年代时，也有人曾按照实用性和非实用性两大类的方法来划分陈设品。

高教授关注到近些年业内有论著将陈设品分为六类，他也曾在旧著《室内陈设设计》中将陈设品分为八种类型。但他认为这些分类方法都不科学也不全面，随着时代的发展，陈设品的种类一定也会不断发展变化。

目前，高教授认为较合理的分法只能是根据陈设品的概念进行归纳，并分成五大类，分别是纯观赏性的陈设品、具有功能性的陈设品、既无观赏性又无功能性的陈设品组织、具有文化内涵的陈设品、淡化使用功能的物品。

第一，纯观赏性的陈设品。纯观赏性物品不具备使用功能，仅作为观赏用，它们或具有审美和装饰的作用，或具有浓厚的艺术特质，或具有人文气息，如艺术品、部分高档工艺品等。

第二，具有功能性的陈设品。这类陈设品既有特定的使用价值，又有良好的装饰效果，如造型优美的家具、灯具、家电、器皿等。

第三，既无观赏性又无功能性的陈设品组织。该类陈设品经过艺术加工或精心布置后就可以成为富有形式感的陈设设计作品，如部分装置艺术。

第四，具有文化内涵的陈设品。文化是指人类发展进程中一切精神和物质的结晶。有些物品随着时间的推移和地域的变迁，使用功能逐渐丧失，但它们的文化价值得到不断提升。例如美术馆中的古代器皿展品，当它们被布置在陈列框中，加上灯光的作用，就会成为精致的陈设品。

第五，淡化使用功能的物品。将具有使用功能的物品放大、缩小或变形，使其丧失使用功能，进而提升它们的展示和审美功能。

综上，高教授将陈设品分为五大类，打破以往的两大分类方法。现今的分类方法显然更加全面、系统，这一分类方法在当今国内也是最系统的一种分类和表述方法，是陈设品分类方法的一大创新之举。

2. 陈设品的布置方法

高教授在《室内陈设设计教程》中对陈设品的布置，也作了非常明确的解释。

过去的一些有关陈设设计的书籍和文献大多是讲陈设的作用、效果，对于具体布置的空间等内容，只有只言片语，并没有进行系统、全面的论述。在“三言二拍”《红楼梦》《金瓶梅》中也有很多关于传统陈设设计的内容，关于陈设布置的位置等内容较少，也只是在强调设计时具体应该怎么做，并没有上升至理论的高度，因此也是不系统的。

高教授提出在陈设布置中应了解、掌握视知觉中的心理特点，并在陈设布置中运用视知觉的心理特点，使室内陈设品的布置更加符合视觉观赏的规律，从而发挥陈设品在室内空间中的艺术魅力。

高教授综合陈设设计、陈设品的布置方位等问题，对陈设品布置的空间因素进行完善、归纳和梳理，将其分为十几种，包括布置在平面入口处、视线的汇聚处、平面轴线的交会处、规则平面的中心、平面的中轴线上、平面中轴线的端点、平面中轴线的两侧、内凹立面上、外凸立面上、贯穿空间的顶棚、前后对应的空间中等等(摘自高祥生著《室内陈设设计教程》)。

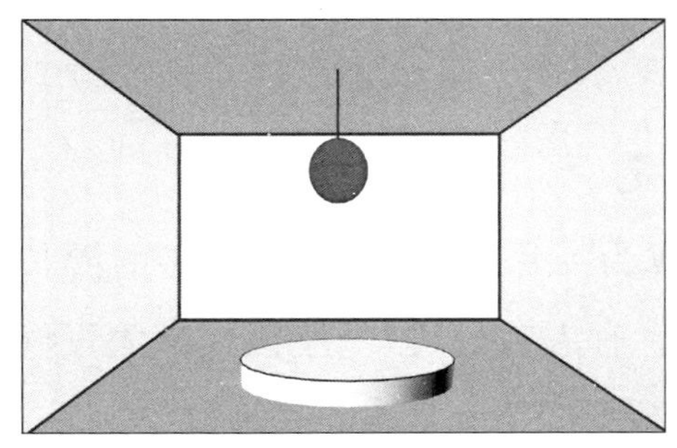

布置在上下对应的空间中(高祥生工作室绘制)

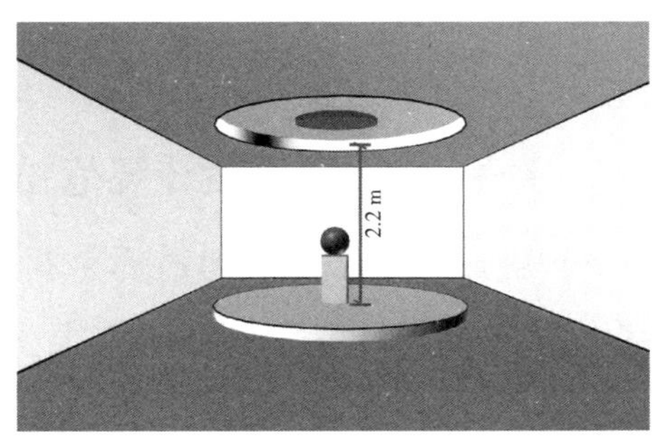

净高较低的顶棚处理(高祥生工作室绘制)

布置在空间节点处的方法(高祥生工作室绘制)

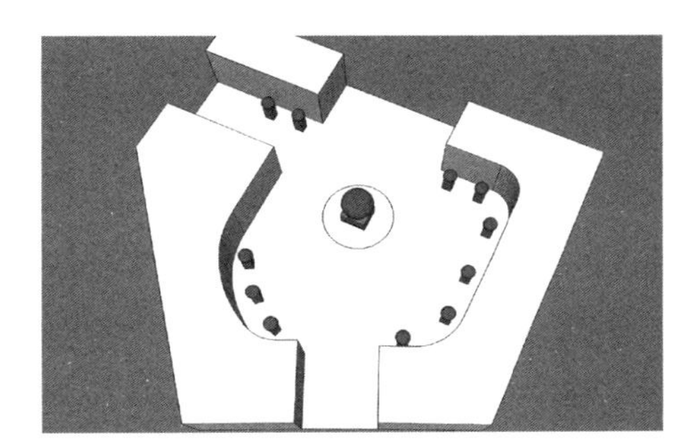

布置在异形空间中的方法(高祥生工作室绘制)

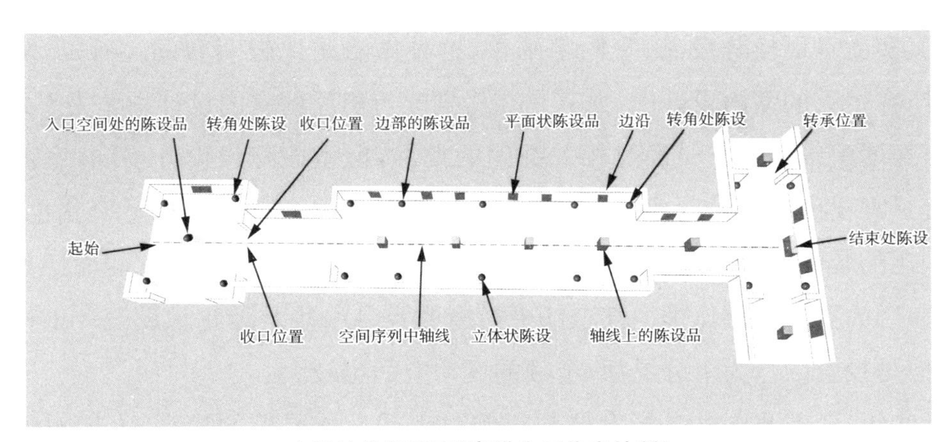

布置的常规序列(高祥生工作室绘制)

同时,高教授在论证过程中运用了大量的图例来说明自己的观点,这使表述的内容更加清晰明了。经过深入的理论剖析与大量设计实践,高教授对陈设设计做了科学、全面的表述。应该说,这是目前国内外论述陈设最全面、最完整、最系统的一本书。

高祥生教授始终强调当前中国的理论教学,应该侧重于方法论教育。而这本《室内陈设设计教程》的成功之处,就在于它较为具体、全面地讲述了陈设设计的方法。一方面这本书为国家的陈设设计提供了理论基础研究，另一方面它对陈设设计应用也有开拓性的贡献。

三、关于《室内陈设设计规范》的制定

一栋房子从建设之初到最后被拆除成为一片废墟，在其所经历的漫长岁月中，室内空间的样式一般都会调整很多次。有人曾说过，一座比较高大贵气的酒店，从建成到停止使用的几十年时间里，大概要经历十多次的装修设计。

装修设计是对建筑界面的一种维修，主要是对面层的替换和重新修饰设计。建筑面层上的饰品，主要是指陈设品，陈设品有各种各样的式样，重新装修就意味着将旧的陈设品换成新的陈设品。把建筑面层上的一些饰品更换掉，是较为聪明的做法。

从工程的角度来说，装修比较容易，尤其是家庭装修，不过在家庭装修时常常会出现意料之外的情况。比如一套房子原来是父辈的，之后传给下一代的子孙，或者房子被转卖给其他人，房屋的户主发生了变化。不同的户主对装饰装修风格的要求是不一样的，对于房间、客厅的设计要求也是不一样的。这也就意味着，只要户主对于房屋的装饰装修风格不满意，就需要重新进行修饰。重新修饰的最好途径，其实就是更换陈设品、室内字画等，这种做法是比较明智的。所以，陈设品的设计，在今天的室内设计中，尤其是在后期改造房屋的室内设计中尤为平常。

对房屋建筑投资需要经过相关部门的批准，但室内陈设设计不同，室内陈设的改变只需要房屋户主同意就可以进行，而且投资的金额相比之下变化也较大。对于酒店的装饰装修，一般来说，如果是一般性的建筑，只需要将它的面层换掉就可以了，因为更换面层比把内部全部更换掉要容易一些。因此陈设设计工作的范围大，但是投资的行为十分灵活，金额的变动空间也较大。

近些年，随着我国社会的发展和人们对生活品质要求的提高，人们对于居住空间的要求也更为严格。除了要求居住得舒适之外，还要求居住空间要美观，因此室内空间中的陈设艺术逐渐得到人们的高度重视。目前，室内陈设设计已快速发展为新型产业，形成了数十万人的设计队伍，在不少高等院校中也都开设了陈设设计的课程。

根据中国建筑文化研究会陈设艺术专业委员会的社会调查：在进行家庭装修时，人们在陈设艺术上的支出与基础装修的费用通常各占50%；在高档酒店的装

修中，陈设艺术的花费大都高于基础装修，占总投资费用的60%以上。据有关部门统计，室内装饰装修行业的产值应在2.5万亿元以上，陈设行业的产值占其一半以上。无可非议，陈设行业已成为一个庞大的行业。

在行业发展初期，由于陈设是一个新型行业，尚缺少相应的标准、规范、导则，陈设设计和陈设工程都无标准可依，这就导致陈设设计的水平参差不齐，不少陈设工程质量低下，陈设工程的安全问题和环保问题突出，室内的审美品质更是难以得到提高。

当时，国内室内陈设设计和建筑设计在流程和内容上大多是分开的。与建筑设计相比，陈设设计缺少相应的规范和标准。当下陈设市场百花齐放，但尚未达到百家争鸣的态势。所谓讲师、培训师、设计师，不少都局限于技术与经验的外化表现，而能给出准确定义和思维认知的专家却寥寥无几。因此，提高陈设设计的理论水平，编制相关规范、标准是行业发展初期的当务之急。

起初，学界普遍认为陈设的好与不好都是可以定性的，如何从定量的角度分析和评判尚未有论断，做起来定是不容易的。但是高祥生教授认为陈设存在环保、结构安全、视觉感受等的量化问题，因此他开始思考在结构上如何处理以及如何做到环保等。高祥生教授较早地发现了其中存在的问题，并觉得应该为社会制定一份有关陈设设计的规范。正是在这样的社会现实需要的推动下，高教授率先提出要建立陈设设计的标准和规范，以顺应和满足社会发展的需要。

高祥生教授是《室内陈设设计规范》的主要起草人，其编制的目的旨在普及和提高我国的陈设文化，使得陈设设计和陈设工程有法可依，并帮助人们创造更加舒适、安全、环保和美观的工作环境和生活环境，进而提高人们的工作效率和生活质量。同时也是为了规范我国陈设设计市场，提高陈设设计的文化品质，满足人们对室内环境的物质和精神需要。

高祥生教授特别指出，《室内陈设设计规范》在配合住建部相关建筑设计、室内设计规范的基础上增加了陈设设计独立和原创的部分，从理论高度和实践经验等方面深化了对陈设设计的特有设计要求，拟通过理论及实践验证的方式将部分与形式美、设计方法有关的条文要求从“宜”提升为“应”。

在规范大纲中还体现了全面性、针对性和动态性三大原则，阐明了安全、环保、审美、功能等不同方向的设计需求，如大纲中对陈设布置后剩余空间、高度、宽度等的数据化规范，对陈设品材料防火安全的设计要求，对陈设布置中的无障碍设计要求等。大纲还针对陈设设计特点，提出陈设设计深度的规定，包括概念设计、方案设计、施工图设计、项目实施等，这都是区别于建筑设计图纸的深度要求而独立存在的。

高教授还指出，将对全国范围内的陈设设计单位及相关企业展开调查研究，广泛收集资料和征求意见，让规范编写更适应时代发展需要，体现出现阶段以及将来一段时间内陈设设计行业发展的特点、要求和趋势，使《室内陈设设计规范》更具实用性和应用价值。

2019 年，经过审核，专家组一致认为，《室内陈设设计规范》中编写体例规范、术语和定义界定准确，符合我国室内陈设设计的实际情况，对规范我国室内陈设设计市场、提升室内陈设设计水平有重要的意义。该规范具有科学性、合理性，对室外环境设计和城市空间设计也具有一定的借鉴和参考价值。专家组建议该规范发布后，应向所有从事陈设设计工作的相关人员推荐执行，并一致同意该规范通过审查，报中国建筑文化研究会批准发布。

由国家文旅部、住建部批准成立，民政部批准注册的中国建筑文化研究会陈设艺术专业委员会制定，东南大学博士生导师高祥生教授领衔主持编写的我国第一部《室内陈设设计规范》圆满完成，该规范的制定无疑填补了中国陈设设计标准的空白。在编写过程中高教授得到了文旅部和建筑文化研究会名誉会长金凯生的支持，同时也得到了相关企业和学者的参与和支持。

从 20 世纪 80 年代至今，高祥生教授投入陈设设计研究，已有 40 多个春秋。他数十年如一日，集教学、科学研究、设计实践于一身，富有开创性精神，大胆提出个人真知灼见。高祥生教授是中国陈设设计的践行者，他将理论研究与实践结合起来，投身室内设计的具体实践中，为陈设设计提供鲜活案例，并详细制定中国室内陈设设计规范，为中国陈设设计研究作出了开拓性的贡献。

实践·创作

——工程实践与艺术创作的道路

东南大学建筑设计研究院中级工程师、室内专业项目负责人　沙勐贤

东南大学建筑学院硕士、副高级工程师、室内设计师　李如佳

东南大学建筑学院硕士、中级工程师、室内设计师　李　桢

西安建筑科技大学艺术学院硕士　张佳誉

我们都是高祥生老师的学生，根据教学安排，得以有机会前往高老师的工作室实习。在实习过程中，高老师传授给我们许多在课本之外才能习得的知识与经验，也指出了我们各自需要改进的地方。在此期间，我们断断续续地听了高老师对艺术设计、建筑和工程设计的一些见解，这对我们有很大启发，也对我们之后的学习和研究产生了重要影响。

对于艺术作品和建筑与工程制图的创作及最后的完成工作，高老师讲得比较多，我们也从他的主要观点中认识到工程实践与建筑设计中最后收尾工作的重要性。

高老师说，意大利文艺复兴时期的著名画家拉斐尔有很多徒弟，徒弟们经常将完成或是未完成的画拿给拉斐尔修改，拉斐尔在画上作出修改并署上自己的名字。拉斐尔往往只是简单修改和勾勒，但这简单的几笔却是非常关键的，起到画龙点睛的作用，可以把画面中最重要、最关键的神态体现出来。

另外，李剑晨先生曾说过："我画水彩画，不会一下子画完，一般来说画到90%以后我就不再画了，放一段时间之后再回过头看一看，感觉就又不一样了。在这

注：文章内容参考高祥生老师日常授课内容与个人上课记录的笔记，经高祥生老师审阅后定稿。

时继续作画,整体感觉是敏锐的。”李剑晨先生把这一项工作叫做“收笔”,他认为收笔工作对于一张画的好坏、完善程度,发挥着关键作用。所以作品后期的工作是非常重要的。高老师反复说过,做设计、画画的后期,实际上是作品优劣与成败的关键。前期如果画得不好,后期可以把它纠正过来;前期如果设计得不好,后面也可以进行补救。但是一旦一头扎进去做到底,最后有可能成功,但也经常会失败。

高老师一直强调做设计一定要做透,一定要做到底。我们跟着高老师学画画时,他曾经说过:“如果是修改一张素描写作,没有必要换纸,即使是把纸画破了,也要坚持用原来的纸把它画到底。我们的目的是学到知识,知道该怎样画,而不是拿它去参赛,不必单纯追求好看,关键是一定要把最后的东西表现好。”每次绘制完成的图纸,我们都会交给高老师审查,高老师会有针对性地提出修改意见。在高老师一次次的指导下,我们在一张图纸上反复擦拭、修改,只要图纸没有擦破,就在上面继续修改,不断地画,直至把纸画透。当时我们对高老师的这一做法不是很理解,但后来我们慢慢明白若是单纯地重新换一张纸作画,制图水平仍是一直在原地踏步,水平也无法提高。只有把存在的问题彻底搞清楚、画透彻,才能有所提升。

围绕着把纸张画透、把工程做到底,高老师从另一个角度进行了阐释,即要注重实践与经验的积累。高老师曾说学习重在积累,做设计也一样。就像放在桌子上的纸张,一两张的厚度可能看不出来,十张、二十张的厚度也不那么显眼,但是五十张、一百张成沓放在桌面上,厚度达到了一定程度,存在感就会十分明显。学习也是如此,仅学一两天感觉不到什么,二三十天后可能勉强会有些收获,但百余天过后,会明显地感觉到有所长进,这都说明了积累的重要性。

在工程实践方面,高老师也谈得比较多,多数是结合实例加以说明。人们常说的鲁班尺是建造房宅时所用的测量工具,也有着区分吉凶的意义,它是鲁班在长期木工制造、木具生产实践中的经验总结。鲁班尺使用口诀更是流传至今,被人们广泛使用。据说报考某美院的学生很多,评审老师挑选作品有一定难度,但其中有位老师的识别标准很特别,他主要看纸张边部所留出空间的宽窄,留出 5 mm、8 mm 或是 1 cm 的距离所代表的艺术修养都不同,便以此来判断学生艺术水平的高低。

在实际的建筑与工程设计中，高老师认为地砖缝隙、门缝、服务台留缝的宽窄基本也能反映设计者的设计水平。举例来说，5 cm 的留缝看上去较“野”，4 cm 的相对秀气，3 cm 则会显得精致。实际上留边也好，留缝也好，宽度与窄度都是设计者或施工者在多年的工程实践中积累起来的，其中蕴含着什么道理大家可能讲不太明白，到目前为止还没有人可以用数字来证明它的正确性。也正因为没有人可以做到，这种感觉上的经验便显得愈发珍贵。“当在形成数据性的总结之前所形成的大家普遍认同的一种规律反作用于生产实践的时候，我们只能高度重视这种感觉上的事情。”高老师的这句话意味深长，很值得反复思考。

在工程设计方面，高老师强烈主张要把施工图画完。施工图是基础，是把握设计效果的关键。高老师给我们总结出两个需要引起注意的地方。首先，做工程设计肯定要把施工图画出来，但有些设计者认为施工图太过烦琐，不会画或是不想画。高老师认为如果不画施工图，就没有可参考的依据，施工就会放任自由，会无所适从，最终无法评价设计的好坏，更无法开展施工工作。

以作图的比例来说，最开始作图的尺寸可能会稍微大一些，之后将细部节点分尺寸整合起来会有一个总尺寸，只有将施工图画完整，才能将分尺寸与分尺寸的关系、分尺寸与大尺寸的关系、大尺寸与大尺寸之间的关系搞清楚，才能判断分尺寸、大尺寸与总尺寸是否吻合。最后的施工图，往往在尺寸、材料品种上表现得最全面，只有在尺寸完整、材料全面的前提下，设计图所展现的设计效果才是最完整的。因此，高老师强调在工程设计中一定要有施工图，要在施工图画好以后按图施工。

另外，高老师强调设计者一定要看到自己所做的设计的最终效果。要结合施工实际情况来检验实体物品面积、大小是否合适，设计与所处的环境是否合适等。如果一个设计师不将自己设计的东西跟踪到底，不亲眼看到它的落地和实施结果，实际上所做的设计是空的。这里高老师还以之前指导学生的故事为例，和我们讲了许多。

在进行工程设计时，许多学生都可以遵照高老师的指导进行施工图的设计、修改和完善，顺利完成施工图。但在之后，当要深入实际开展工程时，许多学生就不再继续了。面对学生大多都止步于图纸设计这一步，高老师很不支持。他认为，只是进行图纸的设计，却不亲自走进工地，不去亲眼看看工地是什么样子，不看看工程是如何开展的，不去了解实际工程与自己所画设计图的差别，怎么能做好工程呢？说到这里，高老师深深地叹了口气。也正是由于自己在工程设计方面接触得较多，自身的经验丰富，高老师才更明白制图与工地实地勘探的重要性。

以前，高老师指导自己的两位研究生做工程设计，学生觉得施工图太复杂，尤其是装饰设计的施工节点图，学生搞不明白材料与材料之间是如何衔接的，图纸中的来龙去脉也画不清楚，因此未能完整地做过工程。虽然这些学生如今已是高校的教授或副教授，但几十年以来，他们没有真正画过施工图。高老师一直认为这是不妥的，这样做出来的设计是不够深入的，只能停滞在画些方案的层面。所做的方案可能实施得很好，也很可能不能实施，或者是明明能够实施，但工地的工人有意地为难他们说方案做不起来。没有深入施工现场就无法学会如何应对。

因此，这种情况下，施工的经验就显得格外重要。施工经验的积累是重要的，其作用主要发挥在施工的后期，而不是在画施工图阶段。施工的后期需要对材料体积、颜色、材质、大小、尺寸等落地情况了如指掌，作为设计者应该做到心里有数。若是不去工地看一看，不了解真实的施工情况，则无法真正深入工程中。高老师一直坚持认为，做工程、做设计，一定要完整地亲历一遍一项工程的全过程。所以在指导学生做工程或是完成科研项目时，他一直强调学生除了要认认真真地画施工图，还要到工地实地探查，要在研究阶段完整、全面地做一次工程，而不是只停留在做方案这一层面。

谈到这里，高老师也和我们介绍了过去的一类人，他们被老一辈设计者称作“赤脚”建筑师，其实是测距建筑师，那时设计师都是要亲自到工地现场进行实测的，但现在的年轻人都做不到这些。还记得东南大学在改造工院的时候要把老房子拆掉，当时一位张教授和学生说：“同学们，这节课不上了，大家赶快去工地现场，去看窗户与墙、楼梯与建筑的关系，看看它们之间是如何搭建的。”张教授非常注重建筑的构造，以及实物和图纸的对比，他认为这是一个很好的教材。杨廷宝先生也非常注重实地测量，他身上时常装着一把尺子，走到哪儿都量一下，看合适不合适。所以只有到实地了解工程情况之后，才能更好地还原原本图纸上所表达的内容。无论如何，高老师都觉得学生应该到工地去，去亲自对比工程图纸上的尺寸与实际的差距等，去了解工程的实际情况。

高老师曾经要求学生每年至少要下两次工地，不下工地是无法了解施工实际的，也无法深入工程设计中。高老师也指出教授设计课程的老师都应该每年参加两次工程实践，每次都应过问最后的用材情况和施工方向。现在的教学大多只是在教室里讲解，不利于开展工程实际。多年来高老师一直坚持，做设计要把施工图画到底，一定要到工地去。作为教授，他虽然可以指导别人完成设计工作，但还是坚持经常到工地去，去看看所用的材料、施工的状况等。如此一来，不但可以对相关工作进行把关，还有助于之后在进行设计时做到有的放矢。

时过境迁，二十多年过去了，高老师还是会遇到许多只注重画图却不结合工地实际的学生，高老师表示很无奈。但他还是一直坚持认为，一个设计者设计的图纸，不但要画得出来，更要做得出来，要能做得下去，这样才是有用的，否则只是白费功夫。高老师还谈道，做设计应该保持一定的更新速度，设计者最好能以每两三年为阶段完成一个工程设计，因为在某一时间跨度内，建筑材料、工程设计等都会更新和发展，只有设计也随之更新，才能适应和满足社会的快速发展。

高老师指导我们不断改进、揣摩，强调要加强实践与经验的积累。参与实际工程让我们从理论深入实践，有效转变了我们的思维，也让我们更直观、高效地进行工程设计。在高老师的指导之下，我们明白了对建筑制图细节的把握的重要性，认识到完整做一项工程的重要性，更体会到深入工程工地的必要性，我们十分感谢高老师一直以来的指导和教育。

慢工出细活，技高出精品

苏州金螳螂建筑装饰股份有限公司原副总经理　郁建忠

南京理工大学设计艺术与传媒学院副教授　徐耀东

有一次和一位领导一起吃饭，他和高祥生老师说，现在烧制这道菜的是一位宫廷厨师，他花费了半天多时间才做出这道菜来。真正的宫廷菜，例如宫廷菜系中的红烧肉，是经过一天时间焖煮，全程用文火烧制而成的。正是由于慢工精细熬制，做出来的红烧肉味道是极好的。

又有一次和朋友们聊天，谈及齐白石的绘画，大家都认为类似齐白石的画作有很多，尤其是他女儿所作的画，就与其很是相似，但是两者之间还是有着明显不同的。相比之下，齐白石的功力，透过其笔下的任何一个线条都可以看出来，而他女儿的绘画技艺，与他相比还是有很大差距的，其中还是差点火候。

为了达到那一点点与众不同，使作品能更加精细，齐白石开始了“衰年变法”，用他自己的话说，就是“扫除凡格实难能，十载关门始变更”。他花费了十年时间，关起门来谢绝所有的朋友，自己通过一步步艰难探索，终于“扫除凡格”，“变更”了面貌。正如十年磨一剑，为了提升那一点点，为了实现这一点点的追求，艰苦磨炼了十年时间。正是在这样的精益求精之下，齐白石的绘画技巧达到了高峰；也正是这一点点，最终成就了齐白石。

高老师的导师李剑晨先生曾说，“绘制水彩画时的水分很重要，水粘在笔上多少，在心里面应感受得到”。高老师听了之后觉得很惊讶，虽然一时无法感受到（毕竟自己还没有到达这个高度），但他相信这是真的。假如让高老师去临摹李剑晨先

注：文章内容结合与高祥生老师的谈话记录而写，经高祥生老师审阅后定稿。

生的水彩画,他虽然可以画得有百分之七八十相像,但是若想达到百分之九十以上,是做不到的,可能这辈子都无法做到。而在这两者之间的距离,在一笔一画中,都可以感受到——就差那么一点点,就那么一点点。

这一点点的差距,不仅仅体现在绘画、设计等艺术领域,其实在日常生活中,也是不少见的。高老师记得电视里面讲过,中国曾制作出一款手表,当时卖价很低,几乎都被德国人买走了。对方买走之后,对手表进行重新加工,其实重新加工要比最初制作手表时花费的时间和精力更多,而德国人所做的工作,就是这最后的“一点点”。如今,德国钟表行业发展得十分出色,这离不开德国人严肃认真的态度和孜孜以求的精神,他们正是通过完成这一点点,来彰显精品的价值,最终也得以攀登制表业的高峰。

高老师做装修时曾认识一位油漆工,是做清水漆工程的,他说好的清水工程,一般都需要刷三十遍左右。但是据高老师所知,南京的酒店一般刷八遍十遍就很不错了,但他是做五星级酒店的,要刷三十多遍,而且他说若是现在被要求去刷二十几遍或是十几遍,自己可能反倒还会觉得不习惯。另外,挑选音响时,精品音响和较好的音响,价格差别很大,人们听起来好像没差什么,但是两者之间是不同的,就是因为那么一点点的差别,致使价格上的悬殊。

据说,光绪皇帝的老师翁同龢家里有一个圆桌,他找来了两个盲人,让他们每天打磨桌子,历经三年时间,这个圆桌的桌面被打磨得光滑又亮堂。这是不是事实,高老师不清楚,这个行为甚至让高老师觉得有点夸张,但这件事恰好也说明了一个问题,那就是慢工出细活,慢工出精品。

现如今已经进入信息化的时代,有些工作无需再通过人力手工操作完成,更无需再去花费三年时间打磨桌面。但是卫星和飞船要上天,所需的精密仪器与零件,不能出一丝一毫的差错,它们都需要精雕细刻,需要始终高标准、严要求追求精准度。

所谓做精做细,需要的是一种慢工,所以,工程中经常讲“退火候”,火候过大容易出次品。只有不急于求成,精益求精,才能做出完美的作品。

精品与较好的东西,在感觉上就不同,它们之间或许只差一点点,但是就是这一点点,需要花费巨大的功夫。我们应更多地保持一种“工匠精神”,不断地雕琢自己的作品,保持心平气和,最终才能慢工出细活。

高祥生老师对住宅室内设计的认识

著名室内设计师、南京市室内设计学会执行会长　裴晓军

从20世纪80年代开始，我和高老师有相当长的一段时间都是在做家装设计工作，在交流时我与高老师总会不约而同地谈起一些共同的话题。我赞同高老师对家装设计的一些理解和想法，特别是家庭装修设计需要满足人的居住需要，要让人们住得舒服、健康、安全这一点。

一、审美的差异性

在住宅装修设计中，人们对于设计的要求是各不相同的。民间有一个说法是"百姓，百姓，百条心"，这句话虽有些夸张但也不是没有道理的。每个人的不同经历、社会阅历、文化背景，会形成对装修设计的要求和审美观念的差别。而对家庭装修的样式的选择又与人们各自的生活背景、文化阅历、审美要求等密切相关。

高老师曾谈起过，在做家庭装修设计时，遇到的大多数家庭对于住宅的审美要求、功能要求各不一样，有的业主会要求设计成现代的，有的业主又要求设计成现代中式的，也有的要求设计成欧式的，甚至一个家庭不同成员的要求也各不相同。有的会要求将室内的空间设计为运动风格，作为健身房来使用；有的会要求设计为音乐房，作为娱乐空间来使用；还有会要求设计为书房，作为办公和收藏图书的场所……五花八门，真的是"百条心"。

高老师做家装好多年，业主大多是知识分子家庭、干部家庭，大家对于高老师的设计方案一般都是满意的。有一次，高老师给学校领导家做家装设计，做好后

注：文章结合与高祥生老师的谈话内容编写而成，经高祥生老师审阅后定稿。

领导很满意，但是他的爱人却很不满意，两人也因此争执起来，后来领导说“方案是高老师设计定下来的”，领导的爱人便回答说“既然是高老师定的，那就这样吧”。高老师是搞专业设计的，业主便能够在心理上接受设计的方案，倘若不是专业做设计的，估计双方的争吵还会继续下去。高老师笑着说道“这种事情不稀奇，经常出现”。

在给很多商户做设计时，做完以后对方往往会说“我们在你的设计方案基础上稍做了一些修改”等，最后却面目全非。这些反映出人们对美的看法不同，对功能要求也是不一样的。有时还会遇到更为复杂的情况，即使已经按照业主的要求对住宅空间中的客厅、厨房、卫生间等细部做好设计方案，业主大多还是会要求设计者根据自己的想法再次进行后续的修改，有时做出的改动和调整比较大，甚至有时还会违反国家和行业规范。

高老师在其他文章中曾说过，自己的老师李剑晨先生与朱自清先生有过这样一段对话，李先生到朱自清先生的家中，发现朱自清先生把自己的卧室全部刷成了黑色，李先生询问朱自清先生为什么都刷成了黑色，朱自清先生回答说刷成黑色以后在室内能体会到星空的感觉，李先生还是觉得很奇怪。高老师对此笑而不语，这种情况在设计时常会遇到的，毕竟人的认识不同，各自的经历不同，对审美的看法也不一样。作为一名设计师，在不违反国家设计标准和规范的前提下，应该尽量满足用户的个性化需求。

二、整体观的把握

虽然室内空间形态、功能各不一样，但家庭装修时公共空间的风格应是统一的、整体的。装修风格有中式、西式、传统、现代、现代中式、现代欧式等。在一个家庭的公共空间中，一般都强调风格的统一，倘若需要加以区分也应注意各个空间之间的呼应。

如今人们的思想和观念都在不断变化，人们的认识是多元的，各自的喜好也不同，选择的装修风格也大相径庭，所以在装修时需要将各种各样的风格协调好、整合好。

颜色是进行协调的一个很重要的手段。高老师也提到在住宅室内的装修设计中，色彩只有被恰如其分地运用，才能营造出理想的空间氛围，人们才能住得舒适。把所有空间装修成一个统一的色调是一种做法，在不同空间采取不同的色彩搭配，让空间的氛围更加丰富，也是一种做法。

如果同一个空间的风格不太一样，或者一个空间与另一个空间的风格不一样，设计时就可以从颜色方面着手。同一个空间，整体色彩风格是一样的，若想要满足不同人的喜好和要求，高老师认为可以借助陈设品来实现。陈设品在表达个人喜好、风格倾向上有很好的效果。所以在不同的空间选择不同的陈设品，可以起到画龙点睛的作用，也可以使空间明确表达设计的风格倾向。

在进行室内的色调设计时，可以根据业主的喜好来制定方案，而各功能房间可以根据相应的特征来确定色调。需要注意的是，无论进行什么风格的装修设计，怎样进行个性化的设计，都一定要注重把握整体的效果，从而达到整体的协调统一。总之，要注意整体感，给人一种整体的感觉。或是地面，或是墙面，或是顶面，或是公共空间，都是统一的，变化的个体是有限的。整体倾向，或是色彩，或是风格，都不应有较大差异。

三、尺寸的合理、精确

住宅设计的出发点是满足人们对舒适生活空间的需求，要让人们住得舒服，用得得心应手，设计中很多具体的尺寸就要符合人体工程学原理。室内设计师要熟知人体的不同部位的尺寸，对于建筑室内家具的尺寸、厨房的尺寸、卧室空间的尺寸、走道的宽窄等，都要了如指掌。如室内放置的写字台，国家标准规定的高度是 72～76 cm，这主要是根据人体的基本尺寸、人的活动要求来决定的。若是设计的高度过高，则容易使人疲劳，同时拉近了眼睛和桌面的距离，影响人的视力。又如厨房台面的高度，基本上是根据人的身高而设定的，基本的高度有 800 mm 和 820 mm 两个尺寸。不同的人群所使用的高度会有所差别，在南方地区和北方地区之间也会有明显的差异。

高老师特别强调，规范中规定的厨房窗户开口面积最小不能低于 0.6 m^2，这里指的是装修完成后的面积，而不是原有的土坯建筑。以往人们容易混淆规范中规定的数据，会误将装修完工后的尺寸当做最原始的尺寸，如此一来，两者之间就会产生数据差，后续也会出现很多矛盾。这种现象在设计中是常有的。以室内走道的标准尺寸来说，规定需在 1 m 以上，要能满足两人相对行走可以通过的要求。若是低于这个尺寸，人们在行走时就容易出现拥挤、碰撞的现象，从而影响居室的舒适感。在玄关处的过道，其宽度应设在 1 m 以上，这样人们在更换鞋子时，或是在出入家门时会比较方便；但不能宽于 1.5 m，否则就失去了玄关的意义。而且要注意，规定走道的尺寸是 1.2 m，而 1.2 m 指的是装修完以后的尺寸，而不是装修前在建筑上的尺寸，两者是不同的，一旦混淆，可能会给人的出入带来不便。

室内空间及不同位置的大小、高低、宽窄等基本的尺寸一旦出现错误，后续可能就不能很好地满足人们的使用和生活需要。因此在进行装修设计时，设计师要重点关注各个部件的尺寸设置，慎重对待。

四、设计的实用性

住宅装修的设计实质上是各种物体和空间的叠加，通过设计使人们的生活体验更加舒适、美好。

以书架为例，书架的主要用途是藏书、放书，所以架深尺寸需要按照书籍的规格进行设定。一方面是书架的宽度，需要根据书柜门的大小而定。另一方面是书架的高度，可以根据书柜顶部的最高原则来设计，以成人可以够到最上面的隔板为宜。设计师在设计时也需要综合考虑高度和宽度，以免书籍放不进去或是显得过分空洞。

衣柜的尺寸标准都是根据人体工程学原理及空间利用率进行设计的。一般来说，常规设计的衣柜深度是 0.6 m，成人的衣柜高度应该在 2 m 左右。这样的尺寸可以满足人们日常的收纳需求，同时也可以节约空间。又如椅子的高度基本是在 42 cm 左右，这与人的膝盖的高度是有关系的，如果高度设计得过高，坐下来时人的双腿是悬空的，因此过高的椅子是不方便人使用的。

一些家具的具体设计尺寸，设计师都是需要牢牢记住的，否则就容易出差错。当然，有时在设计中为了整体的美观，实际尺寸与原尺寸的要求会有些许出入和差别，但总体上是相差不大的。但高老师也指出，设计师的责任在于所设计的内容可以为人们的生活服务，设计出来的东西需要紧贴人们的生活，若是远离人们的生活实际，必然给人们的生活造成不便。

五、设计的安全性

住宅装修设计一方面要注重美观，另一方面也要注重设计的安全性。

就栏杆的高度来讲，《住宅设计规范》规定，阳台栏杆需要具有抗侧向力的能力，其高度应满足防止坠落的安全要求，低层、多层住宅栏杆高度不应低于

1.05 m,中高层、高层住宅栏杆高度不应低于 1.10 m。同时,栏杆的设计应防止儿童攀爬,垂直杆件净距不应大于 0.11 m,以防止儿童钻出。

很多家庭在装修厨房时会安装吊柜,这样可以增加储物空间,一般吊柜的承重为 35 kg,品质厨柜约有 70 kg 承重,因此吊柜的安装一定要注意,以免发生吊柜脱落的问题。棚顶不应该悬挂 3 kg 以上的重物,一旦掉下来是十分危险的。

六、室内设计的时代性

通过室内设计的装修材料、样式、细部就可以直接辨别房屋装修的时期,尤其是装修的细部,它是分辨房屋装修年代的关键。

在装修材料方面,20 世纪 80 年代中后期,家庭装修大都流行采用水曲柳材料,颜色呈现黄棕色,有着清晰的木纹和良好的稳定性。发展至 90 年代,家庭装修中常常使用红榉木,由于红榉是偏黄色的,所以一时间形成了“全国装修一片黄”的局面,包括浅黄、米色、橘黄和一些处于黄色、白色之间的颜色。进入 21 世纪,国内开始广泛地使用黑胡桃木,随之就出现了“全国家装一片黑”的现象,颜色逐渐向着深色系发展。因此通过装修材料之间的区别,就可以判断装修所体现的时代特征。

从装修的地板来看,在水泥地板面涂上红、绿油漆是地面装饰发展初期的地面装饰形式。20 世纪 80 年代开始主要以实木地板为主,在 90 年代中后期地板油漆线定型,进入“漆板时代”。之后地板朝着精品化、品牌化发展。在当下消费者的观念中,实木地板、实木复合地板、强化复合地板这三类地板依次形成了从高到低的消费档次。有时为了提升档次,也会在室内设计时采用西班牙米黄地板作为主材,更有欧式韵味。之后仿红木地板逐渐发展起来,并得到了广泛应用。

在室内设计中,阴角线、踢脚线发挥着视觉平衡的作用,它们的线形感觉、材质、色彩等可与室内环境相互呼应,美化装饰效果。随着建筑材料的不断丰富,室内阴角线的样式也逐渐多样化,早期主要是木质的,之后在取材上选用石材、石膏、PVC(聚氯乙烯)等多种材料。工艺也是多种多样的,早期主要是在各种颜色的实木上刷清漆,之后选取喷漆工艺,粉刷乳胶漆也得到广泛应用。另外,踢脚线要经过 45°角的裁切后才能拼接、安装。早年的踢脚线高是 12～15 cm,之后出现有 12 cm 以下的,甚至还有 8 cm 以下的。踢脚线的材质种类也非常多,有陶瓷、玻璃、实木板、铝合金等。又如过去设计卫生间时都会有一个浴缸,而现在的装修中很少出现浴缸。早期门套的宽度在 12 cm 左右，之后门套有 6 cm 宽的，甚至还出现 4 cm 宽的。从这些数据的差异上也可以看出装修的年代。

总的来说，装修材料的变化更迭、装修样式的变化、细部设计的多样化，都反映着人们审美观念的变化，体现着时代的烙印。

当然，在住宅设计中还有许多需要格外值得注意的问题，高老师和我交谈时也谈过许多，在此不作过多的阐述。我至今仍印象深刻的是，高老师曾和我说过：在室内设计的实践中，要怀着为人服务的态度去做，要使设计能够满足人们的需要；单纯追求美观和个性，或许能得到少数人的称赞，但这样的发展是不能长久的。对此我深表赞同。

高祥生老师谈中国传统建筑的形态特征

江苏省文联副主席、江苏省民间文艺家协会主席、高级工艺美术师　陈国欢

自20世纪80年代以来，中国的改革开放和外来文化的涌入，对中国的设计文化产生了较大影响，对中国的室内设计更是产生了广泛影响。在建筑室内装饰设计行业，我们可以发现：一方面多种设计风格并存；另一方面具有中国传统文化特征的装饰风格日益盛行，民族的、区域的文化以一种新的面貌出现在大众视野中，凸显自身的个性。设计领域在国际化、多元化的文化影响下也体现出民族文化回归的趋势。

2010年，高祥生老师应中国建筑装饰协会的邀请前往北京国家会议中心主会堂做主题演讲，演讲的主题是对中国建筑文化的探讨。当时参与这场讲座的设计师有2000多人，高老师是最后一位演讲的嘉宾，在高老师演讲结束时，全场爆发了热烈的掌声。

高老师演讲结束走到台下时，装饰协会的领导直接跑过来和高老师说，"外国人讲的东西我们都没听懂，你讲的东西大家都听懂了"。还有一个其他公司的老总老远就给高老师鼓掌，意在称赞高老师讲得好。这场讲座之所以讲得好，能得到大家的认可，关键在于所讲主题内容的深度。

高老师以"中国文化与建筑文化"为题，在演讲时重点阐述了装饰设计中要强调弘扬优秀的中国文化，提出要注重中国传统装饰文化中的含蓄性、平面感、程式

注：文章根据高祥生老师2010年在中国建筑装饰协会举办的活动上的讲话内容编写。

化等特征,演讲主旨明确,条理清晰,逻辑性强。在场的人们不仅能听得懂,更能产生共鸣。虽然在场的其他国家演讲者也阐述了关于中华文化的内容,但是相比之下,只有中国人自己讲的才更有中国味道,只有中国人自己才更能讲好中国文化。

会议结束后,高老师接受了采访。令高老师印象最深刻的是,一位记者问道:“现场有许多外国人在,您当着那么多外国人的面,为什么会提出这些既敏感又会遭到他们反对的意见?”高老师十分自信地回答说:“我是在中国的主会堂讲中国文化,有什么可害怕的。我的背后有那么多的中国听众,有那么多人在支持我,我为什么要胆怯?”

之后还有一位记者问高老师觉得 2010 年最有意义的事情是什么。高老师说:其一是自己被邀请到清华大学讲课,其二是被邀请到国家会议中心主会堂做主题演讲。

高老师在会上演讲

北京国家会议中心主会堂演讲现场

北京国家会议中心主会堂演讲嘉宾

世界上不同民族、不同区域具有不同的文化特征。一方面,民族或地域的文化形成后都具有延续性,在文化的延续中,文化形态保持了原有的特征;另一方面,文化在历史进程中都会发展,在发展中文化形态随之发生演变。民族文化、区域文化不可避免地会受到外来文化的影响,它会吸纳外来文化,表现出文化包容性的特点。同时,本民族文化、本地域文化又会随着社会、经济的发展而产生新的文化形态。所以民族文化、地域文化在发展过程中,需要在保持其自身的原有文化形态的基础上,不断地改造落后的文化形态,最后形成具有新内涵和活力的民族文化、地域文化形态。

不难看出，一个民族、一个地域的文化一方面受自身因素的制约，另一方面受到外来文化的影响，而表现在具体的文化发展过程中就是地域文化的传承与革新的关系。从装饰设计的角度看，就是区域化设计文化与全球化设计文化交融后形成新的文化特征。中国近几十年来社会经济发展迅猛，由于经济的发展，人们的生活形态、思想观念都发生了巨大的变化。而新的生活方式又要求产生适应这种新生活方式的新的物质形态，包括要求有新的室内空间和装饰形式。

高老师在会上针对“如何做到中国传统建筑文化与装饰文化之间的传承、革新与交融”的问题，提出以下几个方面的建议：

一是在传承基础上的革新。中国传统建筑文化、中国传统装饰艺术中的很多东西是可以继承的，例如无论怎样革新都必须了解中国传统建筑的形态、用材等，都必须了解中国传统装饰文化中包含的含蓄性、平面感、程式化等特征。只有这样才能掌握最根本的文化因素，之后才能对其进行提炼和整合。而经提炼整合后的作品，就是基于传承基础上的革新。

二是传承形式在功能方面的革新、完善。从室内设计的角度来看，无论怎样继承或革新，都应该以满足现代人的生活需求为出发点。西方设计中重视功能的规划，这一点是我们要借鉴的。

三是在设计创作中体现传统文化的神韵。中国传统建筑中的室内装饰设计常常呈现出意象化、平面感、程式化和含蓄的特点，所以在现代建筑或艺术创作中，仍将其视为本质的要素，如装饰形态的二维感、强调色彩的装饰感等。传统建筑中的许多工艺已无法适应全球化文化背景下的现代审美观和现代工艺的要求，所以对传统文化的表现不必拘泥于形态的一致，可以抓住最本质的内容，对形态进行提炼、强化、变形，这一点是应该深入研究的。

这次演讲体现了高老师对于中国传统建筑文化、装饰文化的认识，有一定的深度和广度，有着极大的指导和启示意义，也使得人们对中国建筑文化、装饰文化有了更多面、更丰富、更有深度的认识。

针对中国传统装饰文化的平面感、意象化、程式化等特征，高老师以小见大，有着自己的见解，见解如下：

首先，是中国传统文化中的平面感。

林语堂曾在一篇文章中阐述中国文化与书法有很大关系。书法的实质是线条的运用，人们可以将各种情感蕴含在线条里，再用书法的形式表现出来，所有的明暗关系都可以集中通过线条的浓淡来表现。高老师很赞同这种说法，也认为中国文化与书法是相关联的，中国文化讲究线条的造型，而线条是平面的、二维的，是抽象的、模糊的。而西方文化则与雕塑有很大关系，西方文化的表现形式是立体的、三维的，是具体的、清晰的，其表现形式与希腊诸多和雕塑相关的因素有关系。比如中国的建筑讲究平面感，希腊的建筑讲究体积感，前者是二维关系，后者是三维关系。

在中国的戏剧、小说、诗歌中，对于人物的描写，其实也都是二维的。戏剧舞台上，一个背景幕布就是一个场景，故事与场景的切换实际上就是幕布的更换，幕布作为一个平面单位，用来表示所要表演的场景与环境，向人们构建起故事的脉络。如京剧《智取威虎山》中的主人公杨子荣，智取威虎山，活捉座山雕，一个人劝降400多名土匪，成为战斗模范，这是故事中的杨子荣。而在舞台上，杨子荣骑着马的样子，都是通过动作来表现的，人们并不能看到真实的马，而仅仅是通过人物甩马鞭的动作明白人物的活动内容。戏剧中演员的行为和所在的场景基本上都是需要依靠人们自己的想象来实现的。

《红楼梦》中的林黛玉，书中对其外貌的描述是："两弯似蹙非蹙罥烟眉，一双似泣非泣含露目。态生两靥之愁，娇袭一身之病。泪光点点，娇喘微微。闲静时如娇花照水，行动处似弱柳扶风。心较比干多一窍，病如西子胜三分。"实际上这些话语的描述也是平面的，是二维的。对杨贵妃"回眸一笑百媚生，六宫粉黛无颜色"倾国倾城之貌的描写，也是在强调二维关系。文中所言的"倾国倾城"具体是什么样子，单纯的文字并不能表达清楚，因此人们只能透过文字进行想象。

陶渊明所写的"采菊东篱下，悠然见南山"，语言十分优美，表现出陶渊明向往自然、追求自由平静的思想和境界，但实际上其内容是空泛的。人们虽然可以从一词一句中体会到作者的情感，但对于东篱之下采菊的情景、远处的南山等都是不清楚的，都需要借助想象。"床前明月光，疑是地上霜。举头望明月，低头思故乡。"月色朦胧到什么程度？明月究竟是十五的月亮，还是平时的月亮？它的描写是不具体的。又如"增之一分则太长，减之一分则太短"，高度到底是多少也没有具体的标准。因此，中国文化的表现形式是平面的，是需要人们想象的。

而在西方文学中，描写安娜·卡列尼娜出席晚会的时候，文中写道："安娜……穿着黑色的、敞胸的天鹅绒衣裙……衣裳上镶满威尼斯花边。在她头上，在她那乌黑的头发中间，有一个小小的三色紫罗兰花环，在白色花边之间的黑缎带上也有着同样的花。"安娜所穿的礼服、佩戴的胸花和紫罗兰花环等，书中都描写得十分具体，有时甚至连人物的胖瘦也交代得很清楚。

在绘画方面，中西方也有很大的差别。西方的绘画讲究三维关系、透视、明暗层次，而中国则追求平面的效果。中国绘画中对人物、环境的描写等，与西方是有区别的，两者在根本上是不一样的。如达·芬奇《最后的晚餐》，画中描绘出耶稣和他的十二门徒坐在餐桌旁共进一顿晚餐的场景。在餐桌上，耶稣突然告诉大家在座的其中一个人出卖了他，这幅画表现的就是耶稣说出这句话的那个瞬间，画中十三个人各异的表情，或是平静，或是气愤，还有惊诧与害怕。在绘画中，人物的表情、动作都被细致地描绘出来了，心理状态也描绘得十分细致，这与中国绘画的文化表现是有极大差异的。

对比之下，可以看出，西方文化非常讲究具体化、立体感，对物体、人物的描写都是实在而又具体的。西方艺术中强调的"这一个"，正是西方看待问题从三维的角度出发的体现，是从立体的角度来考证的。而中国文化的主要特征是平面感，这就是文化与文化之间的巨大差别。

李剑晨先生从西方留学归国后，曾说过西方的文艺思想与我们国家的截然不同，我们国家是不可能完全照搬西方文化的，中国人主要依靠老祖宗给我们留下的文化遗产来表现属于我们自己的中华文化。高老师始终认为，要继承优秀的民族文化，要弘扬优秀的民族文化。

其次，中国传统文化中的意象化。

关于意象是如何发展来的，有着各种各样的说法。毋庸置疑的是，意象是由"意"与"象"两方面组成的。"意"是指主体在审美时的意图、意志、意念和意欲，表达的思想情感、人生体验、审美理想和艺术追求等。"象"则是指由想象创造出来的，能体现主体之意，并能让感官直接感受、体验到的非现实的表现。"意"由"象"来负载，"象"由"意"来充实，二者合而为一便是"意象"。但两者之间不是简单的相加，而是主体与客体在特定状态下的碰撞与融合，是一个动态的过程。在意象生成过程中，想象发挥着重大的作用。

有一种说法，历史上周文王被关到牢狱之中，关押期间，他用自己的顽强意志活了下来，并且在监狱中不断学习。在牢狱之中画了很多符号性的文字，记录传达了自己的想法。在这段漫长的岁月中，他通过对八卦的演算和推敲，研究出辩证法的观点，用七年时间写出惊天大作《周易》。该书流传到后代，成为大家心中最经典最具有智慧的作品，甚至有些人认为它存在的意义十分重大，对后人影响深远。人们普遍认为正是这本书让大家能够拥有无穷的想象和能力，从此中国的文化开始走向意象化。虽然高老师也不清楚意象化究竟是如何发展来的，但只能暂时按照这个说法来理解。

还有一种说法，《庄子·齐物论》中说："不知周之梦为蝴蝶与？蝴蝶之梦为周与？周与蝴蝶则必有分矣。此之谓物化。"庄子在梦中变成了蝴蝶，生活十分快活适意，全然忘记自己是庄周，待醒后才惊讶自己原来是庄周。不知是庄周梦中变成了蝴蝶，还是蝴蝶梦中变成了庄周，但是庄周与蝴蝶一定是有分别的。这里便有意向化特征的体现，变化同为一体，不分彼此，消除物我差别。

意象化重在想象，在这方面中西方之间也有着显著的差别。以插画为例，外国的插画与中国的插画是不一样的。中国、日本以及东南亚国家的插画中都有一个主题，内容是意象化的表达。而西方文化重在具体化，所以西方的插画十分讲究色调，构图是丰满的或是青涩的，注重给人的感觉。就像黄山有两处奇石风景，名为猴子观海和仙女弹琴。原本，所见之处只是一块石头，但石头的外观样式被人们意象化之后，便被称为"猴子观海"，"猴子""云海"这些都是意象。再如迎客松，一棵松树的一侧枝丫伸出，像一个人伸出一只手臂欢迎远道而来的客人，而另一只手则优雅地斜插在裤兜里，雍容大度，姿态优美。就这样，在人们将其意象化之后，"迎客松"便产生了，这就是中国文化中意象化的体现。

高老师曾主持河南信阳鄂豫皖革命纪念馆的广场的环境设计，在设计中，当地的领导曾和高老师沟通，提出革命纪念馆的外部设计要使纪念馆的讲解员对所设计的广场有话可说，设计要突出故事感。高老师认为对革命故事的讲述应是在馆内进行的，而广场的设计讲求一种感觉，应是一种意象化的体现。

中国文化所表现的意象化在社会生活中很常见。比如家里挂着的福禄寿壁画，是典型的意象化的体现，人们借此表达对幸福、吉利和长寿的向往。意象化在建筑设计中的表现和应用也有很多。例如金陵图书馆的设计，整体的建筑设计突出表现“琢石成玉，点石成金”的主题，用全新的设计手法演绎出极富时代气息的现代文化建筑。尤其是公共大厅中“滴水穿石”的设计，意在告诫人们，读书时要贯彻滴水穿石的精神理念。此设计不但突出了图书馆的功能，更让大厅成为富有文化意味的空间，与“琢石成玉，点石成金”遥相呼应。

最后，还有中国传统文化中的程式化。

中国传统文化具有程式化，程式化是指按照一定的规律进行表达。

以中国传统线描的绘画技法为例，线描归纳为十八描，如柳叶描、竹叶描、铁线描等。《芥子园画谱》中也体现着诸多规律：石头有两块、三块、四块，石头的位置都有一定的构图规律，不同的布置式样就是不同规律的应用。

戏剧舞台上的武生、老将与小将，服装、面容、动作、指令等各不一样，色彩表现得更为明显。在戏剧舞台上，根据角色的不同，脸谱也不一样。脸谱的主要特点是与角色的性格关系密切，其图案是程式化的。如齐桓公的白脸、青面虎的绿脸、乌成黑的黑脸，都是色彩各异且人物形象各异的。

戏剧中不同人物的招式和动作，也是根据不同人物的身份、环境等进行设计的，如敲门的动作，老旦与丫鬟、须生与女性之间会有不同的动作特点，各个表现形式不一，各自都有特定的规矩。

诗歌中也体现着文化的程式化特点。平仄是格律诗重要的因素，平仄声律是格律诗坚持的原则。在七言律诗中贯彻“平平仄仄平平仄，仄仄平平仄仄平，仄仄平平平仄仄，平平仄仄仄平平”的基础规律；而在五言律诗中则是“仄仄平平仄，平平仄仄平，平平平仄仄，仄仄仄平平”。同时在联内讲求平仄相对，在联间讲求平仄相粘。

另外，在中国的医学文化中，同一种药剂，对于不同的病症，治疗效果、用量是不同的。不同的患者虽然同样患有感冒，但是医生需要确定病因，才能对症下药。因此，在规律之中存在着无限的变量。

在中国文化的平面感、意象化和程式化之外，高老师认为中国文化也是讲究等级化的。例如中国的传统彩画，和玺彩画是清代皇家专用的，而旋子彩画在等级上次于和玺彩画，广泛用于宫廷、公卿府邸。而青绿彩画则主要流行于江南一带，并大多用于民间府邸。比如在机场会设有贵宾候机室和普通候机室，高铁会分为商务座和一、二等座，学生的考试成绩分为优秀、良好等不同层次，工作中的职级也分为高级、初级和一级、二级等。诸如此类，都是文化中等级化的体现。

文化是一个国家、一个民族的灵魂，高老师始终坚持继承和弘扬中华优秀的传统文化。中华文化博大精深，既是中华民族生存发展的脉络，也是中国特色社会主义植根的沃土。随着社会的不断发展，民族文化、中华优秀传统文化的内涵也在不断丰富和发展，文化自身的特点也得到新时代的滋养而焕发出新的活力。高老师相信，无论是建筑文化、装饰文化，还是民族文化、中华文化，一定会生生不息地流传下去，滋养人们。

他对《住宅室内装饰装修设计规范》的推进

东南大学成贤学院建筑与艺术设计学院副教授　潘　瑜
陆军工程大学副教授　沈　宁

《住宅室内装饰装修设计规范》(JGJ 367—2015)，于 2015 年 6 月 3 日由住房和城乡建设部发布，并于 2015 年 12 月 1 日开始在全国实施。

《住宅室内装饰装修设计规范》是根据住房和城乡建设部《关于印发〈2012 年工程建设标准规范制订、修订计划〉的通知》的要求，由东南大学和永升建设集团有限公司牵头，组织浙江亚厦装饰股份有限公司、深圳市晶宫设计装饰工程有限公司、苏州金螳螂建筑装饰股份有限公司、万科企业股份有限公司、南京盛旺装饰设计研究所、江苏广宇建设集团有限公司、浙江中财管道科技股份有限公司的 20 多位专家编写而成的。

《住宅室内装饰装修设计规范》的主编是我的导师——东南大学建筑学院高祥生老师。该规范适用于城镇住宅的室内装饰装修设计。高老师在规范中对住宅室内空间、共用部分、地下室和半地下室、无障碍设计、建筑设备、安全防范等装饰装修设计的内容都作了规定，也对住宅室内装饰装修的设计深度作了规定。设计深度明确了设计各阶段中需要的图纸及图纸表达的深度。

《住宅室内装饰装修设计规范》作为全国首个室内装修设计的行业标准和规范室内装修的具体细则，关系到我国千家万户的住房装修和我国住宅产业化的一

注：文章参考《住宅室内装饰装修设计规范》及相关采访内容，经高祥生老师审阅后定稿。

系列问题，高老师在编写过程中倾注了大量的心血。

高老师之所以组织众人编写住宅室内装饰装修的设计规范，是因为我国住宅室内装饰装修的工程量非常大，但一直缺少设计规范。由于没有规范的约束，社会中的各设计单位只能根据需要和各自的理解，制定各自的设计标准和方法，从而造成了设计内容、深度不一致，制图不规范，图纸不完整、不系统等问题，给住宅的结构安全、环保、质量、施工、监理等造成诸多缺陷。所以，高老师旨在通过编写、发布、实施本规范，填补这些方面的不足，使我国的住宅室内装饰装修设计有法可依，有章可循。

《住宅室内装饰装修设计规范》的成功编写与实施，得益于高老师及其团队成员编写规范的决心和持之以恒的精神。

二十世纪八九十年代，国内的室内装饰装修发展得如火如荼。短期内从业人员队伍不断壮大，从 20 万、40 万、60 万，增长至上百万，但其中大多数从业人员没有受过专业的制图训练，制作的图纸出现线型不规范，剖断面与投形线不明，图纸大小不一、字体等级无序，符号与文字指代意义不统一等问题，对人们的读图识图产生了很大影响。

中国幅员辽阔，各地出现作图符号、图块不一的现象，甚至在国内图纸上出现国外的标注方法，还出现了一些公司自创却又不能为广大设计、施工人员所接受的图例和画法。另外，由于相关规范的缺失，社会上关于装饰装修方面的纠纷也不断产生。

高老师指出，当时住宅装饰装修主要存在两方面的问题：一是在设计阶段缺乏相关的规范、标准及审图机制；二是部分设计、施工人员安全意识淡薄。在这种情况下，高老师认为十分有必要建立一部符合我国国情、实际情况的规范，对住宅室内装饰装修如何做、怎样进行加以规范。同时，对安全问题、环保问题等也应该加以规范。

虽然住建部已经出台了几千部有关建筑设计方面的规范，但还没有装饰装修方面的规范。早期制定的住宅设计规范，都围绕建筑设计而制定，而且原有规范有的已不能满足当下行业的发展需要。高老师认为装饰装修的设计规范应该是微观层面的，相比于已有的住宅规范内容会更加复杂，因此制定时各个条例应该更加具体，更加细致，应该围绕着“怎样使用户用得舒服、用得合理、用得环保”这个核心观念展开。

于是，2011 年，高老师向江苏省住建厅提出针对住宅室内的装饰装修制定规范和标准的申请。那时正好住建部标准定额司的司长要到南京来，江苏省住建厅的厅长指出可以同住建部标准定额司的司长汇报、交流一下编写规范的想法，高老师便和司长交流了制定规范的初心和想法，最后司长建议高老师去北京与制定相关标准的工作人员进行洽谈。随后，高老师便和潘瑜、安婳娟一起去了北京，在那里与四五位负责制图标准编写的主编进行了交流。

当时双方交流得很不愉快，主要是由于对方的主编及多位副主编一直声称相关标准已经有了，没有必要再编写新的规范。对方讲话也很尖锐，但高老师一直坚持自己的观点，认为现代社会人们的生活越来越具体化、细致化，室内装饰装修从开始设计，到买装修材料再到施工以及最后的验收，环环相扣，任一环节出现问题，都会导致设计、施工等工作无法进行。因为没有相关规范，便有可能出现各种民事纠纷，还有很多说不清、断不明的问题。另外，已有的室内设计相关规范所包含的内容已无法满足现实的需要，很多条款都没有详细的说明；同时当下国内存在行业、制图不规范等问题，编写住宅室内装饰装修相关规范是当务之急，完善健全相应的规定也是规避各种矛盾的必要手段。

但是双方仍僵持不下，最终不欢而散。会后，高老师觉得这件事情可能没有希望了，在坐车去火车站的路上，突然接到对方打来的电话说建设部领导同意了，他们也认为住宅设计已有的规范条例无法涵盖装饰装修设计的全部内容，因此有必要重新制定一个规范。于是，之后在建设部领导的支持下，高老师组织大家开始了规范的编写工作。

《住宅室内装饰装修设计规范》的编写历时 4 年多，这期间高老师和 20 多位专家对国内近百家家装企业进行调研，征求了数千名设计师的意见。也曾两次在全国范围内征求多个著名装修企业和装修设计院的意见，5 次召开编制组会议，8 次大幅度修改内容。在规范形成初稿后，由住房和城乡建设部标准定额司组织的来自北京、上海、南京、武汉、苏州、重庆等地的 11 位建筑、装修、结构、设备领域的顶级专家进行了审查，最后成文、发布、实施。可以说，整个编写过程中的所有工作都是认真、细致开展的。由于国家标准、国家行业规范和地方标准是解决各种纠纷的法律依据，因此对它的审查也是极严格的。

在《住宅室内装饰装修设计规范》中，对住宅室内装饰装修有可能出现的安全问题都作了明确规定，对防止破坏建筑结构，影响房屋安全和装修后影响人身安全的问题作了强制性规定。例如，规定“住宅室内装饰装修时，不应在梁、柱、板、墙上开洞或扩大洞口尺寸，不应凿掉钢筋混凝土结构中梁、柱、板、墙的钢筋保护层，不应在预应力楼板上切凿开洞或加建楼梯”。另外规定“无论在墙体或楼地板下敷设都需要开槽、打洞，都有可能破坏建筑结构和其他设备管线，并且完工后还会影响后期的维护、检修”。还有“不宜拆除框架结构、框剪结构或剪力墙结构的填充墙，不得拆除混合结构住宅的墙体，不宜拆除阳台与相邻房间之间的窗下坎墙”。

高老师及其团队成员在走访全国各地的装修家庭时，发现不少家庭为了格局更美观、使用面积更大，就对房屋结构进行改造，甚至不惜砸梁拆柱。高老师认为，“很多设计师在用户要求下，或者自作聪明主动对用户家的房屋结构进行盲目改动。比如为了增加客厅面积，就把客厅和阳台之间的墙壁打掉，这对房屋结构有很大的危害”。此外，在调研中还发现，有设计师为了实用的需要，甚至将承重墙掏空了做壁橱。高老师认为一旦房屋出现质量问题，那么设计师将难辞其咎，这时规范就是很好的维权依据。

规范对住宅装饰装修选用材料的环保，如有害物质的含量也做了量化的限定。高老师举例介绍，吊灯重量不宜超过 3 kg，且规定“顶棚上悬挂自重 3 kg 以上或有振动荷载的设施，应采取与建筑主体连接牢固的构造基础”。对于高层住宅而言，阳台栏杆的高度要在 1.1 m 以上，栏杆下不能再设计会降低有效高度的可踏面。在装修施工工艺及材料环保性要符合什么标准上，也有明确规范。“这就能让家装的用户直接算出来，自己哪项需要多少钱，一目了然。”高老师说，“中途可能有一些小调整，这是被允许的。”

特别需要强调的是《住宅室内装饰装修设计规范》在文件深度中规定了各阶段（如方案阶段、施工图阶段）应出哪些图，各阶段图纸上应绘制哪些图样，标注哪些文字说明，文字说明又应含哪些内容。比如规范中对设计图进行了明确规定，不仅要有平面图，还要有顶面图、立面图、透视图等。“图纸就像设计师的语言，不能只用效果图或者最后的竣工图来说话。图纸不全，造价多少就扯不清。”高老师还表示：单平面图就应包括原始平面图、设计布局平面图；地面的铺装图要具体到哪个房间是地板，哪个房间是地砖；顶面图，要详细到灯的位置在哪里，灯槽怎么做，开口多少，距离多少；图纸还应该标注起伏的地方哪里高，哪里低。

当下，很多住宅装修为了满足功能、舒适等需求，在装修过程中往往忽视结构的整体性、耐久性及抗震能力要求，拆墙砸柱、超重装修、改变原有房屋用途等现象也是频频发生。诸如在承重墙上掏壁橱，将阳台与客厅间的隔墙拆除，为增加采光、通风或美观等擅自扩大原有门窗的洞口尺寸等，这些行为都可能对结构安全产生影响，由此导致安全隐患产生。高老师认为这是非常不规范的行为，这一点在《住宅室内装饰装修设计规范》中也都有强调。

除了以上简要列举的规定之外，高老师在规范中对客厅、卧室、厨房、卫生间等都作出了详细规定。如：从床头到电视机柜、从客厅到饭厅之间的距离；走廊的距离设置，楼梯栏杆的高度和可踩踏面的面积；厨房卫生间的开窗面积，各种厨卫设备安装后的剩余活动空间；各种类型的门的尺寸，不同功能房套内的面积和净高尺寸；玄关处的宽度设置；装修材料对防火、防滑、防潮的要求；新建的住房隔音问题如何解决；儿童用房、老人用房的细部怎么样做到人性化；装修中的防火、防水等安全问题如何处理；建筑完成后的装修设备与前期建筑中的设备如何衔接……

所有的细则，都是高老师量化统计得出的科学数据。编写规范时，为了保证数据的精准，高老师和自己的几位学生一起，反复测量、实践、统计、归纳，将所有人体自由活动空间进行量化分析，最终得出相应的数据。

对住宅装修设计师来说，规范是一个严格的要求，同时也是设计师提高设计水平的重要依据。高老师指出由于我国的住宅室内装饰装修面广而量大，因此这部设计规范广泛参考了与建设、结构、防火、热工、节能、隔声、采光、照明、给排水、暖通空调、电气等相关的专业规范。

《住宅室内装饰装修设计规范》对住宅室内装饰装修中的绿色环保、节能、节水、节材的措施，对新技术、新工艺、新材料、新产品的采用都提出了新的要求和规定。《住宅室内装饰装修设计规范》对住宅室内装饰装修设计水平的提高起到了促进作用，是促使住宅室内装饰装修工程质量优化的有力措施，更是广大业主在住宅装饰装修中解决设计问题、安全问题、环保问题、造价问题等的依据。

作为全国首个室内装修设计的行业标准，《住宅室内装饰装修设计规范》也必将推动行业的规范和发展。这份规范的编制、出台标志着我国住宅室内装饰装修工程的设计、建造、监理都将有法可依，改变了装饰装修无规范的现状，我国的住宅建设水平也将得到进一步提高，同时也弥补了这方面的空白和缺陷，实现了一次质的飞跃。

除此之外，高老师还主持完成了住房和城乡建设部的行业标准——《房屋建筑室内装饰装修制图标准》(JGJ/T 244—2011)的编制；参加住房和城乡建设部标准——《装配式住宅建筑设计规程》的编制；参加国家技术标准图集——《木结构建筑》的编制；主持完成江苏省住房和城乡建设厅下达的 7 部标准，即《江苏省建筑装饰装修工程设计文件编制深度规定》(2007 年版)、《建筑墙体、柱子装饰构造图集》(苏 J/T 29—2007)、《室内照明装饰构造》(苏 J 34—2009)、《住房室内装修构造》(苏 J 41—2010)、《公共建筑室内装饰装修构造》(苏 J 49—2013)、《建筑装饰装修制图标准》(DGJ32/TJ 20—2015)、《公共建筑室内装修构造》(苏 J49—2022)；编制完成江苏省住房和城乡建设厅标准《住宅室内装饰装修设计深度图样》(苏 J 55—2020)；主持完成多部团体标准的编撰工作。

从行业到专业，再到标准规范，在推动行业、专业的规范化、标准化发展方面，高老师作出了骄人的成绩和突出贡献。

他对《房屋建筑室内装饰装修制图标准》的推进

江苏泰州广宇建筑有限公司总经理　刘荣君
宁波大学潘天寿建筑与艺术设计学院建筑系主任、副教授　安婳娟
金陵有木品牌创始人　吴永成
东南大学成贤学院建筑与艺术设计学院副教授　潘　瑜

随着社会、产业的发展，建筑领域的分工越来越细，向宏观拓展就是现在的城市设计，向微观深入就是室内设计。在 20 世纪 70 年代末、80 年代初，国民经济好转，人们越来越追求生活环境的舒适性和美观性，因而室内设计得以快速发展。

中国香港、台湾的室内设计发展得早，也发展得较快。随后，内地（大陆）也开始做室内设计，出现了一些专门的符号，如表现家具的、植物的，比建筑设计、园林里面运用的图形更丰富、具体、多样化。

室内设计实际上是建筑设计的延续。以前的建筑设计的专业中是不包含装饰设计的，装饰设计是发展到现代社会才出现的，而且刚开始只是用建筑设计的方法来表现室内的一些内容。室内设计很多表现室内空间的内容比建筑空间所表现的内容更加繁多，有些图例是自创的，有些是国外传过来的。

另外，室内出现很多异形的图案，通过网格图的形式来表达异形图案，这是一种新的形态，需要另外一种形式来表现。所有这些在建筑设计里面，在规划设计和其他的设计图里都会出现。做室内设计是需要这些图样的，若是总以建筑的画

注：文章参考《房屋建筑室内装饰装修制图标准》以及与高祥生老师的谈话内容，经高祥生老师审阅后定稿。

法来表现是不可行的。

装饰装修的很多做法比建筑设计更加具体，更加细化。高祥生老师曾看过建筑设计师画的图纸，它表达的内容和室内设计师所画图纸表达的内容是不一样的。在这种情况下，建筑设计的很多表现方法是不能满足室内设计的需要的，这就要求我们用另外一种更加细致的形式来表现室内设计。

另外，室内顶棚的画法采用的是一种镜像投影的方法，就是把镜面放在形体的下面，代替水平投影面，在镜面中得到形体的图像。如此一来，图纸不够用，不仅无法表达一些很细致的内容，而且表达方法也不一样。比如有一个立面，从里往外看，可能是一个北立面，但是从外往里看的话，它就是一个南立面。在这种情况下，容易产生歧义和纠纷，因此高老师认为必须建立一个统一的标准。

装饰业在20世纪80年代以后发展很快，随着几十年来的不断发展，现在装饰业的人员增加了很多，正因为此，也出现了一些问题。

之前高老师也提过这个问题，室内设计是仓促上马的。行业中绝大多数人没有受过正规的制图训练，没有学过建筑制图和家具制作，不知道怎么制图，如此便只能按照美术的方法来画图。用美术的方法，表达的审美观念和意思是对的，但是所展现的内容与装饰设计所展现的理性的东西是不一样的。仓促上马的绝大多数人都需要补课。不仅从业人员要补充专业知识，更需要建立、完善相关标准和规范，否则就会引起矛盾和混乱，因此高老师想要统一制图标准。

随着经济的发展，最开始室内设计专业发展很快，但基础教育的发展跟不上它的发展速度，很多规范也不能跟上专业的发展进度，不能满足现实需要。高老师认为最主要的是要加强相关从业人员的专业教育，因为从事室内设计的人员里面真正受过专业训练的人很少，而专业训练中的制图规范是很重要的一方面。现在有的室内设计师学了两年就出去工作，高老师认为这是不成熟的，他们的专业基础是不够的。

室内设计所画的图是按照建筑的方法来画的，并没有按照室内设计的特征来画。画出来的图大多表达不清楚，所以高老师觉得非常有必要建立一套室内设计方面的制图标准。

记得20世纪90年代后期，装饰装修界经常发生一些矛盾，有法院的同志跟高老师说，法院几乎每天都能收到装饰设计纠纷的案子。这说明，没有条文条例，没有统一的标准和规范，大家不知道怎么处理，非常混乱。也是在这样的情况下，高老师想要建立一套标准，建立一套专业领域的条文，若是产生纠纷就可以按照这个条文来判断。

所有专业的发展，都是以建筑学为基础，然后向外围拓展、向内部深入的。制图规范也是，有宏观的，有微观的。若是都没有，就容易发生纠纷。设计的语言没有表达清楚，工人不明白就无从下手，也容易出现误差，包括对材料的选择等，都应该在装饰制图中体现出来。

江苏省在2006年就已经实行了《建筑装饰装修制图标准》，高老师有意愿编写一个全国性的规范，因此高老师就向住建部提出申请，同时也得到了江苏省住建厅的支持。恰逢当时的住建部部长到江苏调研，高老师就向他反映了这件事和想法，后来这件事也得到同意，之后就开始了一个全国性的国家行业标准——《房屋建筑室内装饰装修制图标准》的编写工作。

将这个标准定为房屋建筑，是由于原来有7个标准，这7个标准是在20世纪50年代编制的，是建筑学基础的房屋建筑标准，既然住建部原有的标准叫房屋建筑标准，那么高老师认为理所应当继续称为房屋建筑标准。

编制标准的原则是从建筑本身出发，与三视图基本原理保持一致，同时要与相关专业例如室内专业、建筑专业的语言相同，不能有冲突。这就要求高祥生老师等人在主持编制规范时要注意统一编写的内容和语言。

比如，制图标准中的装饰制图标准、室内设计制图标准的图幅与园林、规划、建筑的都不一样，它有时候很小，图比也很特殊。在规划设计中1∶100的图比都是很小的，基本都是1∶500、1∶1000的比例，而在装饰设计中会出现1∶1、1∶5、1∶10的图比，这是由它的特殊性所导致的。

在制图标准中，图中线条的粗细与建筑设计中的基本上是一致的，但图幅可能会出现需要加长的情况，还有一些竖向的图幅，比如3号图、4号图，这是由其自身的特点所决定的。

最终，在多方的努力协作之下，《房屋建筑室内装饰装修制图标准》问世。

似真似假，神韵为准；亦雅亦俗，酌情而定

东南大学建筑学博士，南京理工大学设计艺术与传媒学院教授　曹　莹

高祥生老师是我的硕士生和博士生导师，他倡导弘扬优秀传统文化。读博期间，我曾参与过两栋中式建筑的设计工作，对现代建筑设计中的中式建筑风格有所了解。由于自己的博士论文是研究“中国传统建筑装修文化的传承与创新”的课题，高老师和我谈过诸多关于传统文化的观点，这让我深入了解了高老师对传统文化现代化和传统建筑装修文化的传承表现方面的认识。

我认识到：文化的现代化主要受到四个因素的制约。

第一，工艺因素的制约。传统建筑以源于农耕文化的手工艺为主要建筑方式，采用砌筑、粉刷等方法垒筑建筑，具有手工技术含量高和工艺制作细致等优点。经过几千年的传承，传统建筑工艺娴熟并产生与之相匹配的审美形式。随着人们生活节奏加快，生活观念发生变化，现代建筑技术和装饰工艺不断发展，取而代之的是机械制作的批量化生产，建筑装饰工程大规模地工厂化、模数化和装配化，具有制作周期短、工艺简化、多使用合成材料等优势，速度和效率虽大幅提升，但细致程度不如以前。当下面临着传统匠人的手工艺失传的可能，旧时雕梁画栋等传统工艺在建筑工业化生产背景下也将改变制作模式。

第二，材料因素的制约。随着建筑技术的进步，建筑材料更加丰富多样，促使新的建筑形式不断出现。如今，越来越多的可再生或可循环利用的人工合成材料

注：节选自作者已发表的文章并参考《高祥生环境艺术设计作品集》。

开始被广泛运用于建筑的建造活动中。它在促进改变地域建筑原有的形制和样式的同时，凭借优良性能，拓展了建筑在形态创新方面的可能性。如金属类钢材的运用加大了建筑空间的跨度，各种玻璃的运用使建筑带有工业化时代感的烙印等。局限于使用以前的砖石、天然木材等来表现建筑则显得不合时宜。钢、玻璃以及各种仿真材料的应用，促使建筑形式和装饰形式的更新日趋频繁。因此，设计的创新发展是社会经济发展、社会形态和生活理念改变、物质产品不断丰富的必然结果。

第三，生活形态的制约。社会在发展，社会经济水平在提高，人们的生活节奏不断加快，社会的形态、人们的思想观念、审美情趣等都在发生变化。随着人的现代化意识越来越强，追求完全符合中国传统的形式和样式是不可能的。因此，为了满足社会和人们生活的需求，新的建筑作品、环境艺术作品也随之发生变化，而在表现这些新建筑和新功能的作品中，必然会产生与之相适应的新的表现形式。当代社会的生活形态使人们的生活方式更加合理化，人们对传统建筑原有空间和形式等方面进行改造，以适应更复杂的现代功能要求。同时生活方式的新颖化，推动建筑不断衍生出新的功能，必然也会随之产生与之相适应的建筑形态。

第四，时代因素的制约。当今社会物质形态在变化，人的思想意识在变化，人的审美观念在变化。这种意识和观念的变化反映在设计领域就是对中国文化认知的差异。同样是中国的建筑、艺术，处于不同时代的人们对于建筑形态和艺术风格的认识各有不同，现代人自然不会像前人那般对彩画作品的等级、形式、位置等过分关注。比如清代官式等级最高、为皇家所用的和玺彩画，现今在苏州地区广泛使用，这说明人们的意识受时代影响而逐渐现代化，不再关注过去彩画对于阶层、地位的划分和其象征意义。

高老师坚持尊重、弘扬中华优秀传统文化。随着经济的发展，中华优秀传统文化的复兴，民族意识的强化，中国人必须认同、寻求、梳理、发扬光大自己的文化。同时，中华优秀传统文化的传承一定要进行现代化的表现，要创新，要适应社会的需要。

优秀传统文化的现代化受工艺、材料、时代与思想等因素的影响。过去和玺彩画、旋子彩画不能混杂在一起，而现在人们的思想和关注点发生变化，将旋子彩画、和玺彩画或是其他彩画放在一起，可以根据喜好进行调整。再说无锡古韵轩酒店的建筑，其按照南长街老建筑的样子建造，但用现代工艺无法建造出传统南长街建筑的神韵。今天的钢结构和水泥建造方式与传统的在木质材料上做建造是不一样的，即使是完全仿真，也做不出传统的韵味。虽然人们依旧可以在混凝土上画彩画，设计传统的顶棚、墙面，但都是不地道的，给人的感觉与传统木质所给予的相差甚远。

所以，现代装修无论如何追求复古和传统，最多只能做到表达空间的意象性，满足人们对传统文化的尊重和青睐。没有必要复制传统形式和审美表达，更没有必要强行要求现代装修与传统完全一致。因此，对于传统文化、建筑文化的传承和发展，都应以满足现代人的生活方式为出发点。

以无锡古韵轩酒店装饰设计为例，将古韵轩定位为中式装饰风格，主要考虑两个方面：一是装饰设计的环境要素。古韵轩酒店原建筑为仿明清建筑，且与它毗邻的建筑均为仿明清建筑，因此，装饰设计采用中式风格可取得与原建筑内外环境和谐一致的效果。二是该酒店经营中式菜肴，装饰设计采用中式风格符合餐厅的业态性质。

由于现阶段装饰材料和工艺的发展，现代审美观念的变化，对传统装饰样式的表述已不可能完全“真”。同时，就存在价值而言，其承载的“原真性”历史价值已然消失，设计也没有必要做到完全“真”，只需把握其中的“神韵”即可。在当代绝大多数装饰设计中，不可能也没有必要完全按照传统形制、结构、材料和工艺来复建出一个表现传统装饰样式的“真古董”。那么，根据功能需求，注重“神韵”的驾驭，使用现代结构、材料和工艺重复演绎传统建筑装饰样式的“假古董”便顺理成章。

无锡古韵轩酒店门头立面

当前，中式装饰设计的作品主要有三类：第一类作品尽可能地贴近传统建筑装饰样式的原貌；第二类作品致力于对传统建筑装饰样式进行适度的变形转化；第三类作品则更偏向于使用现代的装饰手法和形式来展现传统建筑装饰的深层精神内涵和审美意向。上述三类表现传统装饰样式的装饰设计作品，有着各自的价值和意义。就古韵轩酒店而言，既要表现中式的传统风格，又不能完全拷贝一个传统中式的建筑。装饰设计做得“太真”或“太假”都不会受到绝大多数消费者的青睐，唯有掌握风格的“神韵”，方可表现出其中的味道。因此，设计中在对传统建筑装饰样式进行提炼、简化、适度变形后，采用新材料、新工艺和新的审美理念来表现是适合的。

就本工程而言，不需要也无法做得“太真”：一是由于本建筑是钢筋混凝土结构，空间不符合传统建筑空间的形制、大小和功能；二是因为当代人对传统建筑装饰形制认知的表面化、装饰风格认知的模糊性和装饰构件认知的混淆性等，到此酒店消费的人群显然不会追究设计是否与传统建筑装饰样式形制一致，更不会要求必须使用传统的结构、材料和工艺。同时，也不能做得“太假”，如果装饰设计做得过分现代，难以与建筑环境和庭院的园林气氛相协调，就不符合大多数消费者对中式风格的认知。古韵轩酒店的消费对象既有文人和商务人士，又有普通民众，这些消费群体在审美情趣上有差异，因此，古韵轩酒店的装饰设计要兼顾雅俗共赏。

在古韵轩酒店的装饰设计中，何谓“俗”？如何表现“俗”？主要表现在两个方面：一是部分空间的装饰设计尽可能反映传统建筑装饰样式的原型，迎合大多数人对于传统装饰约定俗成的认知。设计中将部分包间表现为明清时期的中式装饰样式，运用彩画、彻上明造、太师壁、圆光罩、博古架、几腿罩、太师椅、官帽椅和插屏等来表现明清时期繁复而精致的装饰风格，给人以雍容华贵之感。二是根据酒店的经营性质和大众的消费取向，努力营造古韵轩酒店餐饮空间热闹豪华的就餐氛围，创造出符合消费经济作用下大众审美意识的装饰文化，避免使用晦涩难懂的传统装饰语言和清淡寡冷的装饰色彩，尽量采用通俗易懂的传统装饰语言和热烈的装饰色彩。部分包间改变了江南传统彩画原有的以朱色和黄色等暖色调为主调，青绿色为衬色

无锡古韵轩酒店包间实景照片

的淡雅设色，而用北方彩画青绿色的冷色调为主调，与红色和金色形成艳丽的对比。

何为“雅”？如何表现“雅”？主要涵盖三个方面：一是采用符合传统建筑装饰形式的装饰样式来表现传统装饰文化的内涵，如采用符合传统装饰样式的圆光罩、几腿罩和博古架来分隔用餐区、休息区和卫生间这三大区域。二是通过传统装饰样式与家具、古玩、字画等陈设相结合，室内空间的布局与庭院环境相结合，取得审美上的情与景、情与意的交融，满足文人雅士的审美取向。如酒店的一层过道的装饰设计与二号庭院的景观设计之间取得了良好的和谐效果。三是着力简化传统样式的繁复样式，用新材料、新工艺创造一种文人雅士所喜爱的闲适安谧的休闲环境。如酒店的一层过廊和二层过道，简化江南地区“茶壶档轩”上铺望砖的传统顶面做法，一方面用纸面石膏板上刷灰色乳胶漆后勾白缝的做法来仿造望砖，另一方面简化顶部实木线条的样式。

古韵轩酒店的设计，便是在传统建筑装饰中体现中式建筑设计的风格，兼顾“雅”与“俗”，在“真”与“假”之间达到平衡。

另外，以南京德基广场二期第八层的餐饮商铺装修设计为例。作为南京新街口商业圈地标性建筑之一的德基广场，承载着南京的地方性历史文化，是打造具有南京传统建筑装修风貌的现代顶级商业品牌的重要基地。

德基广场工程的装修设计理念：

南京德基广场二期第八层餐饮商铺装修壁饰顶棚效果图(一)

其一，整合多元装修要素。将其他多元文化要素引至传统装修文化要素内，根据实际情况做设计变化，使二者相互融合。

移植明清时期传统装修的特色文化要素，总体装修形式偏向于洗练秀美的明式风格，局部装修色彩引入华贵庄重的清式风格。移植不同类型传统装修空间的文化要素，将传统园林空间的门头、漏窗、照壁与室内空间的圆光罩、八卦罩置于同一立面中进行组合，同时在室内添加壁画、彩画、梅花窗、八角隔扇门、浮雕等元素，结合栏杆、藻井等成品装饰，做到整体设计中“真”与“假”的和谐统

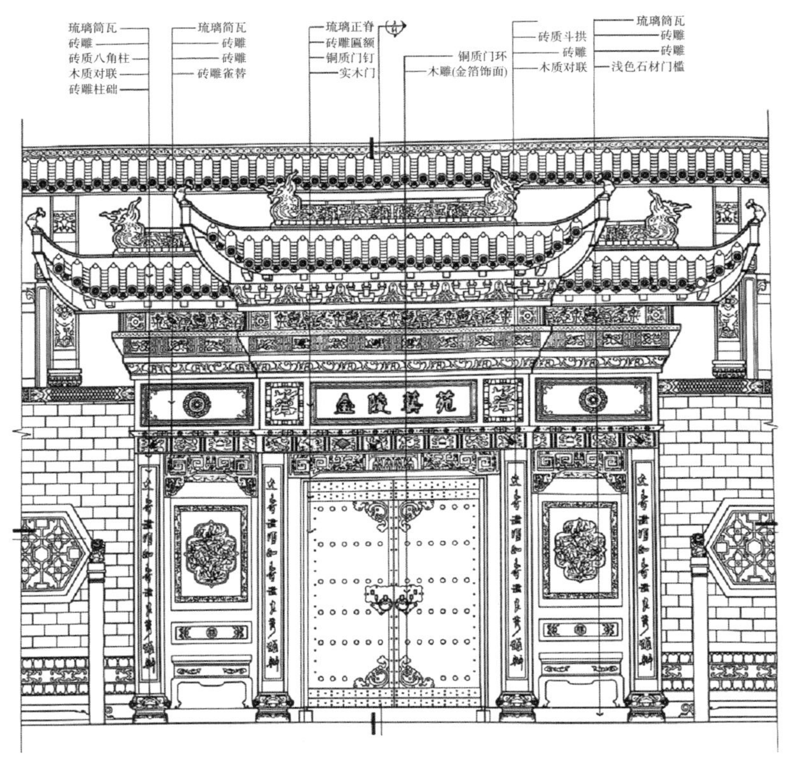

1 号门面局部立面图

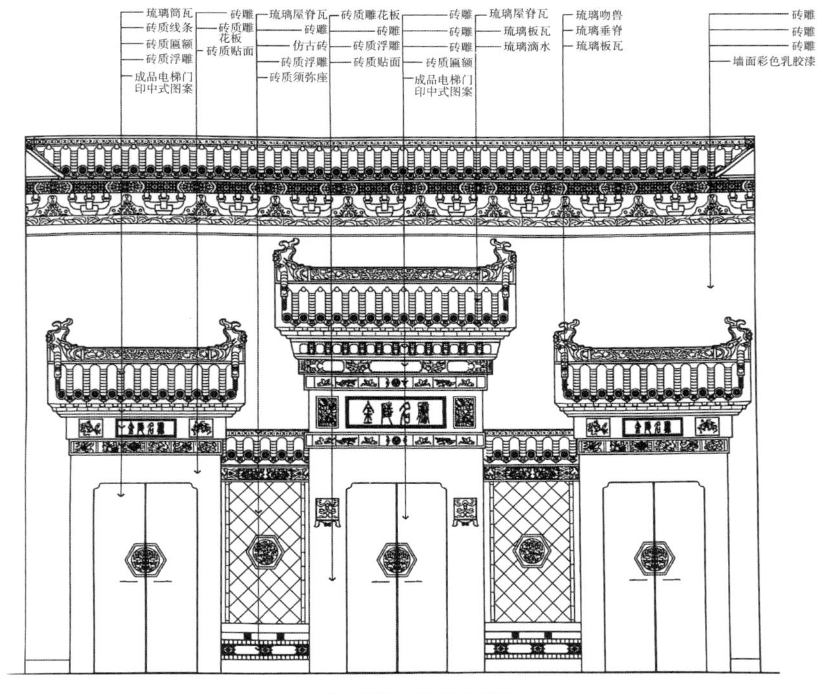

1 号电梯厅局部立面图

一。另外，移植民居与北方官式传统装修的文化要素，如将江南民居、园林中的漏窗与官式井口彩画天花的装修形式融为一体，在北方官式棂星门的门头两侧引入江南民间建筑中圆光罩和隔扇的装修样式。此外，移植传统与当代装修的文化要素，墙面设计采用传统装修形式，搭配顶棚铝板喷绘天空彩绘图案的当代装修材料与做法。

其二，依据现代建筑结构的理性传承。

德基广场工程的建筑为钢筋混凝土框架结构，与传统建筑的木框架结构相比，空间尺度放大了数十倍，无法机械地套用传统装修构件的具体尺寸，更不能简单地将其等比例放大，只能采用理性的传承措施。一是推敲各主要传统装修构件间的比例关系，以及它们与原传统空间之间的尺度关系，以求在新的结构体系中恰当运用；二是选出主要的传统构件作为参照标准，调整其他构件与其之间的比例关系。设计中以商铺 2.65 m 高的大门为参照标准，放大诸如门头、须弥座、筒瓦檐口等其他构件的尺寸，最终在 6 m 的顶部高度内取得相对协调的效果。

其三，综合装修材料与工艺的共生性。

由于装修设计混合使用传统与现代两类材料，需要解决好传统与现代装修工艺结合的问题，因而采取协调共生的手法。如门头的圆柱，以方钢构成内部结构。设计中一方面借鉴传统工艺圆柱榫卯插接的做法，用两个直径为 250 mm 的半圆形实木柱进行榫卯对接相互咬合；另一方面将实木圆柱中心掏空，立 140 mm×140 mm×6 mm 的方钢，整体用钢结构焊接。目的是以传统实木传达外部装修形态，以现代钢材和焊接工艺保证内部结构的稳定性，实现传统与现代装修工艺的共生。

其四，适应当代的装修设备。

装修设计必须统筹考虑暖通和电气设备的制约因素，因此采取的措施包含：第一，为避免破坏铝板喷绘图案的整体感，顶棚不宜设置大面积的直接光源，选用照度相对较弱、体积较小且分布范围较广的光纤灯，在靠近顶棚的立面位置上增设泛光灯作辅助照明；第二，考虑吊顶完成面的净高为 6 m，为保证风机盘管机组和新风系统的有效使用率以及天空顶棚的视觉效果，采用“侧送下回”的进出风方式，将出风口间隔地设置在墙面的凹入装修处，将回风口尽量分区域设置于顶棚的边部，以最大限度避免干扰喷绘图案。

南京德基广场第八层的装修设计方案，通过综合多元文化要素，将装修风格的现代性与传统性、民族性与文化性进行融合表达，实现传统工艺与现代装修在风格、韵味和建造上的统一。

南京德基广场二期第八层餐饮商铺装修壁饰顶棚效果图(二)

高老师认为，传统文化具有相对的稳定性、延续性、包容性和发展性。虽然传统文化在历史发展过程中会产生变化，不可避免地会受到外来文化、现代文化的影响，但会维持基本的稳定，会以一种包容的态度吸纳和接受新的文化。传统文化在发展过程中既保持着自身原有的文化形态，同时又不断地改造一切落后的、不适应现代社会的文化形态，吸纳新的文化形态，最终形成一种具有新内涵、新活力和新形式的文化形态。

力主室内建筑装饰语言的规范化

南京艺术学院博士，南京艺术学院设计学院教授、环境艺术系主任　姚翔翔

历史上，秦始皇在统一六国后，对语言进行统一，在大篆的基础上进行简化，创作了全国的统一文字——小篆。在当时，这是政治统一非常重要的象征，也说明了语言在国家政治上的重要性，只有统一规范民族的语言，才能更好地管理国家。

现在我国人民所用的《新华字典》，是新中国成立之后出版的第一部字典，毛泽东主席组织了一批新中国的文化建设者，对字典中的语言、说法重新进行梳理和统一，努力使新中国的语言统一在新时代的语言体系中。因此，语言的统一对一个国家、民族的发展发挥着重要作用，同时对任何一个专业来说也是很重要的。

从产业到专业，然后再到专业的标准化，是一个行业发展的必然规律。各专业基本都会经历一个从无序的状态，依照社会的需求不断衍生、进化，然后慢慢规范化的过程。先由产业形成了专业，有专业之后再形成专门队伍，专门的队伍需要专门化的语言。而语言的统一，往往是在专业队伍产生以后，这是高祥生教授一直坚持的观点。

专业的形成总要经过一个产业的萌发期，比如室内设计专业，最开始出现装修公司，装修公司找人画图，但作出的图大都不规范。之后慢慢地出现了室内设计公司，室内设计在20世纪80年代后期经过快速发展，已有大量的实践积累，有很多套用建筑设计、园林设计、电气设计、美术设计、结构设计、装潢设计的语言，

注：文章来源于高祥生老师的课堂和谈话内容，部分内容节选自钟训正和邹瑚莹为《室内建筑师辞典》所作的序言。

实际上这些语言是十分混乱的。再加上之后社会上一批非专业人员加入室内设计行业，致使室内设计专业队伍出现从业人员多、入门门槛低的问题。针对这种情况，提高室内设计人员的专业水平，加强室内设计专业的理论建设，就显得迫在眉睫。

高教授认为室内设计倘若没有统一的语言，就会缺乏理论指导，其整体水平就很难提高。于是，他提出室内设计必须要有自己的统一语言，应该做一本辞典，以便统一室内设计的相关术语。高教授认为只有出现统一的辞典，才能说明一个专业开始形成，若是连专业的语言都没有，就无法说明这个专业已经形成。因此，编撰专业辞典是专业发展中的十分重要的工作。

其实，室内设计在我国出现得比较早，20 世纪 20 至 30 年代中国就已经有此行业。20 世纪 50 年代末，为推动建设发展，率先做的工作就是建设十大建筑。北京的十大建筑如人民大会堂、北京火车站、中国革命历史博物馆等，在建设过程中已经有不少涉及室内设计的内容，参与建筑设计的工作组成员基本是全国各大设计院里的一些做建筑设计的老师、工艺美术师及其他专业人员，那时大多数室内设计的任务还是由建筑设计人员完成的。那时有一部分建筑师在做室内设计。如梁思成、杨廷宝、钟训正等人虽是建筑师，但也做了很多室内设计的工作。在之后相当长的一段时间内，我国的建筑设计任务少，而且建筑的造价较低，功能较简单，建筑设计中很少有请设计师专门搞室内设计的。当时不但没有专门的设计队伍，也没有形成一个独立的产业，更没有形成专业，自然也没有专门的语言。

发展到 20 世纪 60 年代初，中国的产业由于国家经济的原因，发展得不是很快，所以室内设计的形成速度也相对缓慢，但是它已经慢慢地形成了。随着社会的发展和人们需求的变化，建筑设计已经明显无法涵盖室内设计中的内容，如水、电、暖等，更无法概括陈设设计、软装设计的全部内容。于是，室内设计逐渐从建筑设计中脱离出来，同时期出现了一些专门从事室内设计的人员，也产生了由电力专业分离出来的照明设计产业，由林业方面负责的家具设计也形成了独立的家具设计产业。很多产业就这样开始慢慢形成，专业队伍也随着产业的萌发而开始形成。

20 世纪 70 年代末以后，装饰产业开始兴起，专门的公司也随之产生。比如南京装饰工程公司，最初只是做一般装修工作的小公司，日常接项目也是通过在设计院找设计人员，或是在高校中找一些教建筑设计的老师来帮助做设计工作。虽然没有专门的设计部门和设计队伍，但这是室内设计发展的雏形，也说明那时室内设计的相关工作已经开始做了。

直到20世纪80年代后，我国的经济持续发展，人们对生活环境、工作环境的要求逐步提高，建筑中的室内装饰装修任务越来越多，并出现了专门从事室内装饰装修设计的人员，也就是现在所称的室内设计师。与此同时，国内许多专科院校也纷纷开设室内设计专业。据有关部门统计：到21世纪初，我国从事室内设计的人数大约在55万，全国专科院校中有800多所学校设有室内设计专业。

随着室内设计行业不断发展，一些项目工程不再由装饰公司领衔设计，而是开始由一些专业人士去完成室内设计，逐渐地，这些人就形成了一个独立的队伍。独立队伍做独立的事情，所谓专业的人员做专业的事情，就是从那个时候开始的。但是，这些人员基本上都是设计院的设计人员和高校中的建筑设计老师，他们画图的方法，基本上是沿用美术、建筑设计、家居设计的方法，没有形成可以互相交流的语言，因此无法与专业队伍中的设计人员、施工队伍的人员交流，也无法与业主交流。长此以往，专业的设计人员逐渐意识到必须要有统一的语言，要有让大家都能看懂的、可以互相交流的语言。

那么，室内设计的语言是什么呢？那就是制图。在建筑设计中很少出现异形的物品，而在装饰上、室内设计中经常会出现异形的物品，这就需要更专业化的制图，并在制图的同时，结合专门的语言来表示，才会清晰明了。因此建立专门的语言是当下的迫切需要。

室内设计所要表述的东西很复杂，那时装饰语言基本上还是套用建筑上的一些说法，但室内设计的内容不是建筑设计的语言所能全部涵盖的。同时，高教授又注意到家具设计、结构设计、装饰设计等方面，觉得可能需要把语言独立出来，形成专属于室内设计自己的语言。只有有了专业语言之后，才能逐步成为一个专业。

随着我国装饰业的发展，专业队伍逐步形成，这个专业队伍开始只有几万人，后来有几十万人，再后来就发展到上百万人。这些人用语言交流，而交流的语言就是制图语言。在二十世纪八九十年代的时候，海峡两岸的交流增多，内地与香港的来往也更加密切，那时制图语言有来自中国香港、台湾的，还有来自其他国家

（地区）的。虽然都源于建筑设计，各地的表达方法在大方向上也差不多，但是在具体的表示上还是不一样，专业语言还有不统一的地方。因此，高教授提出必须从语言上、法规上进行统一，实行全中国从南到北、从东到西皆统一的语言。室内设计中的专业语言，应该是一致的。

在诸多因素的推动下，为更好地满足社会和专业发展需要，《室内建筑师辞典》应运而生。《室内建筑师辞典》的编写，既是为了强调室内建筑设计专业的独特性，也是为了满足室内建筑师的需要。辞典的编写要求作者既拥有渊博的知识，又富有认真负责的敬业精神。《室内建筑师辞典》的主编高祥生教授是一位治学严谨、论著丰富且富有实践经验的资深高级室内建筑师。高教授在21世纪初开始酝酿编写辞典，在人民交通出版社编辑的建议下，高教授统一组织南方地区的一些设计师，开始编写工作，历时4年最终完成。这本辞典凝聚了70多位专家、学者及专业人员的心血，大家都是各专业中成绩卓越的专家、学者，这无疑是该辞典质量的保证。

由于室内建筑设计与相关专业的知识具有相融性，因此辞典中收集了不少来源于其他专业，特别是建筑设计专业的词目。辞典中收录了与室内建筑设计相关的词条4300余条，涉及室内建筑设计、建筑设计、工艺美术、陈设设计、家具设计、

《室内建筑师辞典》（一）

《室内建筑师辞典》（二）

视觉设计、建筑结构、建筑技术、人体工程学等10余个专业的40余项内容，基本涵盖了室内建筑设计的全部内容。词目的释义准确，并具有专业性、权威性、实用性、时代性等特点。室内建筑师以及建筑领域的各类专业人员都可借以扩展知识，并从中受益。

高教授是整个辞典编写工作的组织者，将20几个专业的70多位专家、学者全部组织起来，让大家共同朝着一个方向努力。在共计4300余条的词条中，高教授一人就负责了1000余条词条的编写工作，工作量还是很大的。

另外需要强调的是，在编写辞典时，高教授注重词条解释的创新性、时代性。针对辞典中收录的一些词，高教授会结合时代进行更新调整。比如“水彩画”一词，高教授本身是学水彩的，他的老师也是教水彩的。但在编写的时候，高教授并没有照抄老师对水彩的解释，而是自己查资料，思考水彩到底是怎么回事，字斟句酌地对水彩的说法进行了微调。又如“图案”一词，一些前辈、学者对其都有解释，高教授将他们的说法结合在一起，再加上自己的认识重新定义了“图案”一词。

时代变了，有些词语的释义也许会发生变化，但基本原理还是不变的。在一些家具方面就存在这些问题，在现代的室内设计和装配设计上，过去的一些家具经常用到榫卯的基本原理，需要根据现代的一些情况进行更新，所以编写时就按照当下的装配式的方法来写家具部分的内容。在室内设计方面，有些词也是与时俱进的，比如过去装饰装修是不分开讲的，而随着行业发展，两者逐渐区分开来。这就需要结合时代现状，理清楚何为装饰，何为装修，需要做很多梳理工作。

因此，对于辞典中所有词条的编写和解释，高教授并不是把其他人的说法或解释直接拿过来就用，而是结合自己的认识和查阅诸多资料，最终综合定义。往往编写一个词，就需要花费几天的时间来查阅资料，才能确定下来。

在20世纪30年代，庞薰琹等人初涉装饰绘画领域，而装饰设计是在40年代才开始的，但是它经过了60年的演变，最终才形成规范。李铁夫、李叔同为中国现代油画的开拓者，率先开创油画专业，但专业的相关语言在长达几十年的时间都是不统一的。后来经过七八十年的时间，在20世纪中叶时才出现了涵盖油画的专业性辞典。在工艺美术方面的辞典也用了10多年时间才编写完成。而相比之下，室内设计语言统一化的《室内建筑师辞典》历时四年编写完成，在诸多辞典的编写中算是完成较快的。

社会的发展必然导致建筑功能的变化，因此，辞典中有关功能建筑以及设计规范、标准部分的词目和释义也将随着社会的发展而发生变化。高教授也指出，辞典最后虽顺利完成了，但部分内容存在匆忙编写的情况，编撰中难免出现一些疏漏，不能确保十分完美。有整体的雏形和参考在，将来其他人可以不断推敲，对其进行完善。

一个专业的理论研究和发展，需要众多专业人员和学者长期不断的努力和积累。专业辞典要对一个专业理论发展中约定俗成的，被广泛认同的词汇、用语、名称、新名词、外来词汇等进行提炼和规范。它规范一门专业的语言，明晰语义，是进行专业讨论和理论交流的基础。辞典是规范语言、明晰语义的标准和依据，专业辞典则是专业语言、语义的标准和依据。

《室内建筑师辞典》的编写，适应了我国室内建筑设计发展的迫切要求，有利于规范室内设计专业的词义，有利于相关工作者的学习、工作和交流。该辞典的产生，是专业发展的结果，也是专业趋于独立和成熟的标志。《室内建筑师辞典》的出版无疑对室内设计专业的建设和建筑装饰装修业的发展做出了重要贡献。

他在建筑与绘画之间践行

凤凰网

【导读】人们都知道高祥生教授是东南大学的知名教授、博士生导师，是我国著名的建筑环境艺术方面的专家。他先后出版了 50 本著作，其中 32 本教材、2 项国家行业标准、8 项省厅标准、2 项行业团体标准，主持完成了百余项环境艺术工程。近日，凤凰网记者、东南大学成贤学院官微记者先后有幸采访了高祥生教授。

记者：听说您自幼画画，您的一辈子都跟画画有关系吗？

高祥生：是的，我这辈子一直与绘画有关。我在高中的时候就非常喜欢画画。那会儿，初中部没有美术老师，我就去初中代课了。毕业之后，我被分配到城镇边的农村生产队，一个月后，当地政府就安排我去民办中学教书，教美术和语文。没过多久，县里相关部门找了当地政府，要办一个具有政治色彩的展览，他们缺人手。当时民办教师是不给调动的，这算是特殊情况（因为我具有绘画能力，加上展览的政治缘故）。于是，我被借调到了县文化馆。

县政府展览的主题是“井冈山会师”。大概待了 10 天，所有准备工作都做好了，突然接到通知要求就地休息。卡在那个特殊时期，展览已经不需要再办，人也就没事干了。

那时候的我如果再回学校教书，是备受欢迎的。但我问了自己的内心，更希望可以每天做着跟画画有关的工作。就这样，我最终去了当地的文化站负责美术、文体活动，我又有机会进行绘画工作了。

那时候，一个镇 7 个公社，文化站要负责 7 个公社和一个镇的文化生活、美术

注：文章摘自凤凰网 2019 年对高祥生老师的采访，高祥生老师已审核。

创作和通讯报道。我在那里一干就是3年，每天工作十五六个小时，从来都没有休息日。这样的习惯也保持到了现在。

学生时代的高祥生

工作特别勤快，加上待人和善，给我带来了不错的人际关系，我也幸运地遇上了开明的领导。于是，在可以选拔上大学的机会到来时，我得到了很多单位领导的支持和赞许。当时报名的有150多人，只有3个考试名额。大家平日里都是抬头不见低头见的，选谁不选谁，都是个问题。到最后，他们把相关单位的将近100个领导集中起来投票，经讨论后选了3个青年去县政府参加考试。我便是这3人之一。

我考的文科，听说是考了第一名，志愿选的苏大历史系。考试一结束，南京工学院的招生人员四处寻找能画画的考生。他们看了我的作品，就问我是否愿意读建筑系。问得我一脸茫然。然后对方又问我知不知道杨廷宝、李剑晨，并告诉我学建筑最好有绘画基础。

幸好，李剑晨老师的《水彩画技法》这本书，我除了经常翻阅外还会临摹。录取的老师就说："李剑晨就在我们那，你愿不愿意认识他？"我当然愿意。就这样，我开始了建筑系的学习之路。

1977年，大学毕业的我被分到北京的中国轻工业部第一设计院。临走之前，学校领导找到了我，希望我能留校。这样的话，不需要去北京远离老家，只是工作就改成教美术(建筑学基础课)。从那以后，我就再也没有去过其他地方，一直与画画相伴。我一直在建筑系的美术教研组工作。办公室里还有一位让我仰望的专业大师李剑晨老师，他当时是教研室里的主任(80年代后由我担任了10余年的教研室主任)。

因为美术基础比较好，1977年1月，我就开始做助教工作，我是南京工学院同批留校人中教书最早的少数人之一。

工作时的高祥生教授

与学生交谈的高祥生教授

与此同时，我总觉得自己的专业度还需要提高，很希望能够继续进修。几经曲折，1978年，我开始了一边去南京艺术学院进修，一边在本校教书的日子。那时我已是教师，所以进修的目的很明确，当时自己很用功，画油画经常一连几天的白天都是仅休息几小时，几个月下来眼睛都肿了。

在进修期间，该教的本校的课一节没落下，该学习的课程也没有耽误。在同龄人还在高唱着青春无悔的时候，我每一天都在为自己的理想努力着，未曾懈怠。回忆起那段日子，我觉得最大的收获就是极大地拓宽了自己的视野，同时认识了一批优秀的画家、理论家，如董欣宾、朱新建、江宏伟、邬烈炎、张友宪等。

记者：那时候会觉得辛苦吗？

高祥生：还是辛苦的，跟着李剑晨老师画画时，李先生都是先给我们布置题材，让我们先画，画完了他给我们做示范。之后，我再跟我的学生做示范。边进修边教学，一干又是几年。实际上每一天都很辛苦。冬天画水彩有时手冻得发红，水彩盒中的颜料都结冰了。

高祥生教授辅导学生的手绘表现

那时候我的老师们对我的要求就是好好学习，为单位为国家多做贡献，不要过早谈恋爱。我觉得他们说得有道理，就确实做到了安心学习、认真教学。那时候的教学跟现在差别比较大。我尽可能把自己懂的东西教给学生，多数星期天也会把学生们喊来上课、做练习，因此也结交了许多学生朋友。现在这些学生有的当了院士，有的当了厅长，有的当了教授，大多数都已是著名的设计师。

当时，指导我画画的有东南大学的李剑晨老师、崔豫章老师、梁蕴才老师，南艺的马承飚老师等，我前后两度去南艺进修，我在南艺的老师、同学身上学到了许多优秀的品质。

记者：学生们喜欢你吗？

高祥生：那时我很年轻，学生中有一些都比我年岁大，我把他们当朋友，他们现在为高级工程师、院长、厅长、市长、教授的都不少，有的还当了院士。我跟学生们的关系也是挺好的，总希望他们好好学，有个别同学稍微不用功，我就有些急躁，会跟他们说，你怎么画成这个样子！现在想想，真不应该那么急躁。有些学生形象思维能力比较强，有些学生逻辑性比较强。如果不能在建筑方面成才，肯定也能在另外一个行业成才。

记者：导师对您的影响有哪些？

高祥生：我跟李剑晨老师差了将近两代人，但我们关系非常好，经常在一起聊天，他也经常带我出去结识很多美术界的朋友。老先生到英国、法国学习过，那时候他就跟我说将来一定要出去转转拓宽视野。我把这些话听进去了。

20 世纪 70 年代末 80 年代初，我们系里边还有个老师，叫许以诚，后来到美国去了，他把中国风景画引入好莱坞影片作为背景画，他在建筑和绘画方面都很擅长。许老师告诉我，我的知识结构最好是从事室内设计。也是因为他，我才知道世上有个室内设计专业。那是 1976 年，许老师在我心里埋下了这颗种子。许老师说，室内设计必须既懂建筑又懂美术才能做得好。因为行业的发展我接触到了效果图。

记者：80 年代的效果图，一定很贵吧？

高祥生：蛮贵的，全看个人的美术功底和对建筑的理解，一开始 500 块钱一张，90 年代末就是 1000 块钱甚至更高了。我开始的工资只有 42 块 5 毛钱，后来差不多过百了。效果图的价值明显超过了工资，所以那个时候室内设计行业里面不少人是从画效果图开始的。

我觉得自己属于很正统的人，做设计不完全是为了挣钱，总是想把效果图画好。1985 年，我开始带室内设计专业的毕业设计，最早是做夫子庙的一家金店的设计。那个时候虽然有一些效果图是没有报酬的，我也照样认真画，我的想法只有一个，那就是只要能够跟专业度切合的事都认真去做。正是有了这样的动机才有了量的积累，慢慢地我觉得自己画效果图就很得心应手了，后来也出过效果图的书和写过相关的文章。

那时候，有的老师问我为什么不画水彩画了。我当时就一个想法，在建筑和绘画之间，最适合我的就是室内设计，两个专业的知识都可以用到，这种想法源自许以诚老师对我的影响。

记者：您一直都是很听话的那一类学生，对吗？

高祥生：应该是这类人，正确的我都能听进去。1988 年、1989 年前后，刚好处在评副高的时候，我在绘画和室内设计方面写了 5 本书。但是李剑晨老师的一句话给我的影响很大。他跟我说："你不要写了，你实践少，读的书也少，再写就没有了真切的体会。你应该埋下头搞实践，或者再多读一些书，然后再写。"尽管如此，因为我的成果多，副高评了 120 分，是申请副高人员中最高的。同时，我也是学校里同辈中评副高最早的一个。

听了李剑晨老师的话，我停了下来，用了整整 10 年的时间积累了大量的案例，思考了很多问题。到现在为止，我写了 40 多本书，发表了 50 多篇论文，行业里很多重要的观点是我率先提出来的。1996 年我在中央电视台做了室内设计的讲座，最后一讲我特地要求讲设计师的职业道德。我认为这个行业中很多人素质不高，如果抱着纯粹为了挣钱的想法是做不好设计的。所以设计师必须要有职业操守，有为他人服务的思想，这样才能把设计做好。

《建筑环境更新设计》

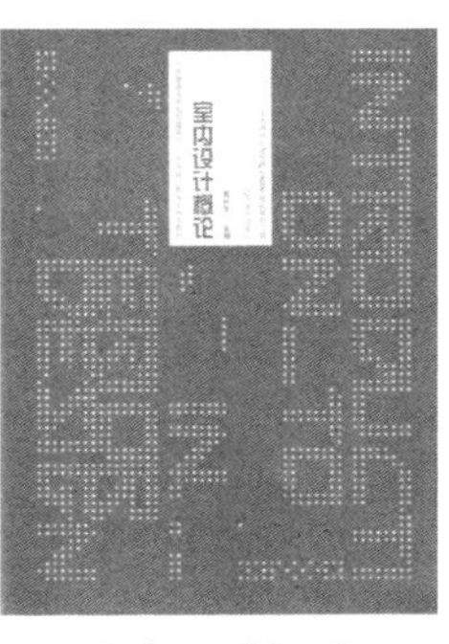

《室内设计概论》

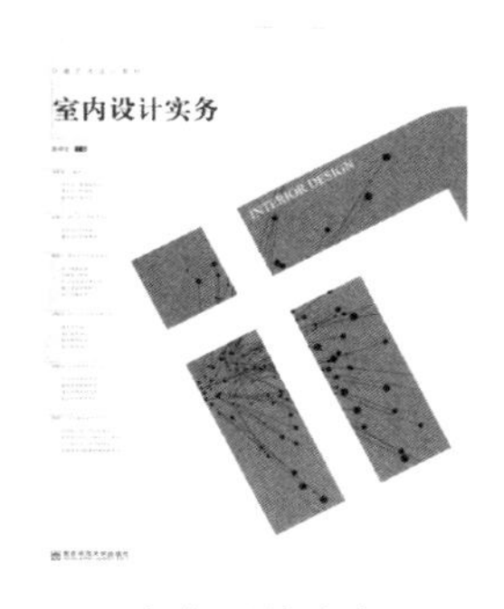

《室内设计实务》

《高祥生环境艺术设计作品集》

记者：关于甲方反复改设计方案，您是如何对待的？

高祥生：只要合理我是愿意一遍一遍地改的。很多时候，我是有理由一下子回绝甲方的要求的，但是如果真正理解甲方的纠结与不安，就不会再去在意自己的得失。

侃侃而谈的高祥生教授

例如，有一个无锡的项目，甲方的老板有一天半夜两点给我打电话，说工地上的一些问题吃不准，他就睡不着，问我能不能早点到现场拿定个主意，不然工地又要停工了。第二天上班时间，老板到现场的时候，我早就在那里了，当时我还发着高烧。他除了感动之外，第一时间把单位的医生调到了现场，给我挂水，并且一直陪我在工地。

又例如，还有一个项目是通州的城市标，临时通知第二天早上 9 点钟开会，说很急，需要解决施工中的问题。通知是晚上发的，当时我在徐州。为了不耽误会议，我夜里 12 点多赶到南京，然后从南京找了辆车直奔通州。

记者：装饰行业起步时是很不规范的，工程、设计项目从发包、承包、结算都很无序，但您在这个过程中没有出过什么问题，有什么经验可谈？

高祥生：装饰行业是很乱，据说当时南京某法院每两天就会接一个关于装饰、设计纠纷的案子。我的体会是身正不怕影子斜。第一，我的出发点跟其他人不一样，我是想把两个知识点结合起来，做出成绩；第二，这个行业为新兴行业，有很多事情可做，在这个专业中比较容易出成果。我还有个观点就是凡事不忘初心，方得始终。如我前述，我在中央电视台最后一讲是讲设计师的职业道德，数十年来我始终是按着这种方式学习、工作的。

这个行业有些有钱人挣钱不太光彩，他们的脸是黑的，总希望别人的脸与他一样黑，所以他们就喜欢往别人脸上抹黑，当时他们拉着我要做违法乱纪的事情，我都拒绝了。

人要胸有大志，20 世纪 90 年代末我和我的研究生说过：要论挣钱能力，我们远远不如商界老板，但是我们通过学习实践积累了专业知识，对行业发展起正面作用，商界老板的专业知识是不如我们的，我们必须以专业知识立足社会和行业，为行业的发展作出贡献。

记者：您是中国建筑文化研究会陈设艺术专业委员会主任，我想请您谈一谈对陈设设计的看法？

《室内陈设设计》

高祥生：我从20世纪80年代开始关注陈设设计，90年代末写了心得，2004年出版了《室内陈设设计》一书。中国建筑学会室内设计分会曾坚老会长说这是把陈设设计的概念拓展了，是对中国室内设计理论体系的一个贡献。这本书从出版到现在已经15年了，后来我看到有很多人写的书或者论文都引用了我书中的观点，甚至是原文，但多数没有标明出处。尽管人家认可，但我自己觉得有些东西老了，需要有新的内容来补充。现在社会上很多陈设设计教育培训班，介绍的其实都是陈设设计的案例。我认为当前陈设设计最缺的是陈设设计的方法论，也即设计方法论。一个行业发展到一定程度如果没有理论在支撑，最后这个行业是很难健康地往前发展的。所以最近我撰写了《室内陈设设计教程》一书，计划在今年11月份出版。

记者：请问现在流行一种说法，“建筑—装修—设备”一体化设计，您是怎么考虑的？

高祥生：我1994年提出了“整体装修”的概念，并在江阴国际大酒店的项目中落地执行。我的同学负责建筑设计，我负责室内设计，这样打包式的做法得到了当地政府和行业内广泛的认可，他们认为思路非常好。在建筑设计的早期介入室内设计，可以反过来推动建筑设计的完善。江阴市政府为此举措表彰了我们。

关于建筑设计和室内设计的关系，我曾经问过参加过人民大会堂建筑设计、北京十大建筑那些项目的老先生：那时有没有室内设计的介入？得到的回答是：没有，建筑设计师需要从头做到底，在国外也是这样，或者专门请平面公司来做后期。

1995年，我发表建筑设计与室内设计的同步设计的文章，同时详细阐明了同步设计的方法、可能会出现的问题、解决办法、工作流程。到现在国内才开始走整体化设计的路线，我觉得应该加快这种路线的发展。

记者：现在政府推广精装修房，您如何看待这个问题？

高祥生：国外交付的房子都是完整的，挂挂画、买买喜欢的装饰品，就可以入住，而我们国家目前的房子做得就比较粗糙，人们入住时必须做一些装修工作。

我国在20世纪90年代末就提出了一个菜单式装修的意见，南京也做了试点。当时我作为专家到现场参与评估，当时面对记者采访，自己也提出了观点：菜单式装修只有在人们的思想觉悟够高，物质产品极大丰富的前提下，才能顺利推进。否则，在设计的时候要什么没什么。而国外，有些部品部件的制造企业很齐全，光门就有数千种，有些国家将产品出成图册，并且标注了门在店内多少钱，运货上门多少钱，还有庭院小景等。这样的产品册一个季度出一本，包罗了各种各样的材料，因此，他们的供应链非常完整，这样才能保证菜单式装修搞得好。除此之外，还要做到品质保证，施工粗糙是做不好的。

地域差别和生产方法的不同会带来产品成本高低的悬殊，这也是国内各地区精装修房推广不平衡的因素。例如，沿海地区人工贵，现场操作价格就非常高，所以对工厂化的需求就高。而在有些地区，人工相对比较便宜，如果也同样采用工厂化生产和施工，成本反而比工人在工地上直接施工要高。所以，早期在江苏投产的老板们肯定搞不下去的。现在再看整个市场，江苏的人工也贵了，工厂化的时机也就到了。

批量化生产对设计行业带来的另一个影响是，市场上不需要很多的个体的设计师了，这就导致大量的个体设计师要转行。我在15年前在南京市的设计师群体中就说过这个观点。因为只有少数大企业才有能力承包一大片的房子，以及所有的设计和施工。这样做的话对国家、对业主都是有好处的，如投资少、污染少，房子的整体结构也得到保障。那么小公司、个体设计师必然被淘汰。

推广成品房是我们国家必须走的发展之路。只是我们当初的国情没办法提供成品房，我国首先要解决一个有无的问题，而不是好坏的问题，而现在不能再交付毛坯房给老百姓。精装修房才叫给人住的房子，毛坯房不应被称为能住的房子。

现在的问题是，很多精装修房没有做到位，也很粗糙，但大的方向肯定是对的。

目前，整个产业链还无法满足社会的需求。

根据行业发展的趋势判断，将来的设计不再是一个纵向的、“串联”的关系，建筑设计将来要跟轮船飞机有一样的设计流程，成为一个大集成组织，所有的设计都变成并联的关系，那么所有的接口就要非常精准，所有接口的材质、交付的时间都要非常精准。想要实现装配化，就要先实现标准化、精准化。将来的设计师必然要有一部分去研究标准化。那个时候，行业对从业人员的要求会更高，要懂很多东西。比如在日本及欧美的一些国家，有些家电企业除了生产电器外，还养了一大批建筑师，专门设计标准图册，研究如何在一栋建筑中整合电器产品。所以，我觉得将来的很多设计师不再是以现在的形式进行设计工作，只把精力放在效果图上，而是研究不同模块如何拼接、整合。

记者：在您看来，未来学设计的孩子还会有出路吗？

高祥生：有出路的，设计师要有本事、有创意，如果设计师只会拿材料商的“回扣”肯定是混不出来。但现在急需解决两个问题：第一个问题是，学校里面的课程设置必须革新，要与社会的需求相对接；第二个问题是，个性化的需求还会存在，但数量不会多，所以重点应放在面广、量大的老百姓的需求和国家的需求上，如精装房的设计。

记者：关于东南大学建筑学院的历史地位和赫赫有名的人物，您能作一些介绍吗？

高祥生：东南大学建筑学院的前身是国立中央大学的建筑系，创办于1927年，是国内最早创办的建筑专业学院。当时的建筑学科云集了鲍鼎、杨廷宝、刘敦桢、童寯等一批优秀的教师，他们不少都是从美国宾夕法尼亚大学建筑系毕业的。他们将宾大的教育体系搬到教学之中，这说明我国传统的建筑体系实际还是源自西方的教学体系。

东南大学大礼堂

20世纪80年代南京工学院又派出了一批青年教师，如顾大庆、贾培思、单勇、丁沃沃等到瑞士苏黎世联邦高等工业学院学习，把西方的现代建筑教育带了回来。后来，我们又请了一些欧美国家的老师来教学。应该说东南大学建筑学院在现代的建筑教育上是领先的。

记者：现在报刊、新闻媒体经常报道您的很多头衔，比如著名环境设计理论家、著名环境设计师等，请问您最喜欢或最认可的是什么？

高祥生：我最认同的是教师，我当了一辈子的教师，在大学教书，将现在我在东南大学成贤学院当建筑与艺术设计学院院长算上，应是43年了，从小伙子到老头都是在东南大学建筑学院教书。我虽然也做工程，但工程案例都是用作教学的。

记者：现在您觉得最高兴的或者最满足的事是什么？

高祥生：是学生们的成绩和荣誉。我自1977年1月开始做助教，教过的学生有当省级、厅级、市级干部的，有教师、高工，就南京而言，至少有十多所环境艺术学院的院长、副院长我都教过。有时他们来看我，有些也是老头、老太了，我感到非常满足和自豪。

有人说我桃李满天下，我也认可这种说法，但这个“天下”不仅是指中国，也包括国外诸多国家，他们大多当了设计师，也有从政、从商的。

高祥生教授在东南大学建筑系

记者：高老师，您在十多年前都不怎么接受采访或在报刊上发表文章，是出于什么考虑？

高祥生：厚积薄发。我认为一个人如果不能沉淀下来做自己的事情是很难成功的，一个人不吃苦也很难成功。1997年我成立了自己的设计事务所。看似简单的行为，在当时却引起了轩然大波，并给我带来了十多年的禁锢和煎熬。当时南京民营的设计单位就三四个，于是很多人对我指指点点，更有一些领导说我干私活挣钱去了，这一时间成了个别领导的话柄。

但我并没有跟任何人去争论，我用150%的教学工作量去证明自己并没有因为事务所而影响正常的教学。尽管如此，还是有人看不惯。于是我就提出把事务所转给学校，但是没人肯接收。沟通无果，最后学院领导下了文件，规定凡是参加校外设计工作的人一律不给评职称(这实际是针对我的)。后来,有学校领导说像高老师这样的人,有丰富的实践经验,教学又很认真,就算是社会上的人,我们也应该引进到我们学校里来,于是我的压力才小了些。

在同辈人当中最早评副高的人,却经历了 11 年才得以评正高,最主要的原因就是我成立了自己的设计事务所。当然,这中间还有一些其他原因。时任教研室主任的我,拒绝了想要进入系里的教师,理由是系里需要更适合的人。这个行为也成为日后被"禁锢"的背后原因之一。

在那十几年里,我彻底埋头做自己的事情,做笔记、写心得……一个人最默默无闻努力工作的时候,恰好是为高产做准备的最好时机。

我之所以还能在学校支撑下去,除了比别人多上一倍半的课,交给单位的钱超过同单位的人外,还有一点是给学校做了很多项目,比如整个南京火车站的室内设计。虽然钱不多,但挣回的主要经济利益都归于学校,荣耀也是。

记者:您的身体是否处于超负荷的状态?

高祥生:肯定是的。为了证明我做的事没有问题,就要加倍努力做好本职工作。甚至该我做的、不该我做的我全都做好,学校给我的任务也都超额完成了。但我谈这些问题并不要求人家效仿我。

记者:您的性格是那种不争、内向的吗?

高祥生:也不是。我明白争是没用的,最好的方法就是用事实去证明。唯一的途径是我自己不断成长。但这个过程很漫长,很痛苦,需要内化。如果内心不够强大,就无法支撑起身体。

记者:当厄运接连而至的时候,您怎么办?

高祥生:最好的方法是置之不理。最困难的时候,是一边有学校少数领导不断给压力,一边工作室出了意外。不是普通的意外,而是车毁人亡的大事。助理去外地出差,竟在途中遭遇重大事故去世。我作为事务所的负责人,得知噩耗,除了极度痛苦外,还需要处理诸多复杂的事情,同时还要继续完成未完成的工程。

那时候,我有点犹豫。成立事务所到底是对是错?还要不要继续经营下去?经过再三思索,决定将事务所继续经营下去,我感到越是遇到困难,就越要坚持下去,因为任何成功都不可能一蹴而就。

在那之后的 4 年,我编写了《室内设计师手册(上、下)》《室内陈设设计》《西方古典建筑样式》等著作。我在设计工作室的一个邻近北边的小屋子里面窝着，工作室最好的位置都让给其他人坐了，我这样做的目的是警示自己要努力工作，似乎用这样的环境才能时刻提醒自己，如何保持沉默，如何继续坚持。我其实也是用这种方式，给自己做了一种排解。

处在那样的高压之下，人的精神状态实际上也会受到影响。当时我唯一的排解方式就是抽烟，我坚信：自己的事业会有成就。我的儿子虽然具有建筑系加试的最高成绩但仍被建筑系拒之门外。无奈之下去加拿大 UBC（不列颠哥伦比亚大学）读了建筑学硕士，并取得了美国、加拿大注册建筑师资质。

一时间，似乎人世间所有的悲伤、痛苦都蜂拥而至。

《西方古典建筑样式》

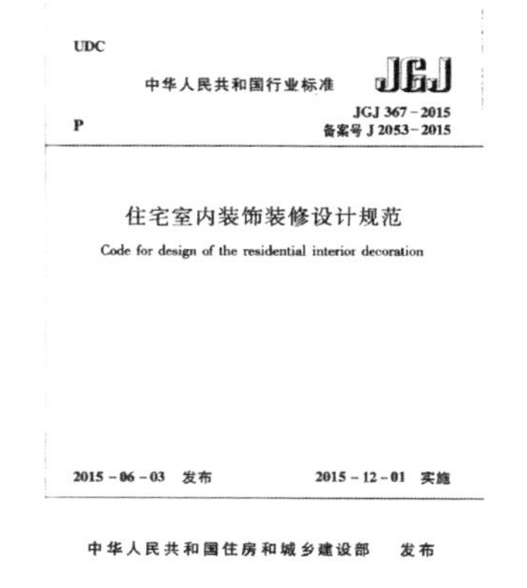

《住宅室内装饰装修设计规范》

《房屋建筑室内装饰装修制图标准》

记者：一个人事业成功与否与方法是不是正确是否有很大的关系？

高祥生：是的，最大的关系就是一个人做事情是不是专一。如果觉得自己才分高那就多做几件事，才分不是很高就少做一些事，我觉得自己是属于才分不很高的那种人，那我就集中精力做一件事。20 世纪 80 年代末，我开始搞室内环境设计，尽管也做建筑设计，但主要还是以做室内设计为主，然后把建筑知识运用到室内中去。我教本科生室内设计，硕士研究生带的是室内设计，博士生也带的是室内设计方向的，在学校教的是室内设计课程，在社会上做的工程大多数也是室内设计项目，我整个精力和工作、研究内容都是室内设计。我总结过 30 多个有关室内设计的专题，而且针对大部分专题都写过文章，因此，关于室内设计上的问题我就比较容易搞清楚。

记者:除了室内设计外,您还有其他兴趣爱好吗?

高祥生:十多年的沉寂,并没有让我一味消沉下去。我感到:人的精力是有限的,为了专业研究必然减少了一些兴趣爱好。我可以根据自己的知识结构,现在把建筑、摄影相结合。我喜欢摄影,去了近五十个国家,到过近百个城市,拍过上万张建筑风光的照片,还办过摄影展,这也是我的一种爱好。根据我的专业特长,我的摄影大部分聚焦在室内空间。而对建筑摄影的摸索和实践,源于收集教学案例的需要。当然,我将来还是会重新画建筑风景画,那时,对建筑一定会有新的认识。

记者:您从东南大学退休,但还在担任东南大学成贤学院建筑与艺术设计学院的院长,请问您是如何考虑的?

高祥生教授拍摄的佛顶宫

高祥生:其实人的生命是有限的,人在有限的生命中应该尽自己能力多做一些事情。前些天有人问我这辈子至今出了多少书,我说三十多本吧,这人就告诉我,我们查了,你已经出了四十多本书了,我也对了一下,真有四十多本。其实,我对出书、获奖已没有任何功利心了,二十本、三十本或四十本对我来讲都是一回事,我已不会拿这些成果评职称或报奖了。

我现在在东南大学成贤学院还任职做些事,做一些有益的事。我搞个工程,工程设计在比较中超过我的很少;我写过书写过文章,在比较中超过我的也很少。我在成贤学院想为国家培养应用型人才做一些工作。我有一些想法,在学校本部实施有困难,但在成贤学院可以实施。我想体现我的价值,想给成贤学院捐赠个图书室;建设成贤学院的适应社会发展的师资队伍;已经完成具有成贤特色的适应社会发展的教学体系;我想过搞适应社会发展的专业体系。同时,我也想使我的生命、我的知识在年轻人身上延续。

记者:您是如何考虑自己的经济收入和个人的身体健康的?

高祥生:其实,我很少考虑个人的经济收入,我的消费是有限的,子女都有自己的工作。我也没有想给子女留太多财产的想法。所以多少年来,我认为不需要考虑有多少收入。反正现在学校给我的工资已经够用了。

健康问题，我的医生朋友告诉我，一个人不能无节制地忙，太忙会累坏身体的。前些日子我确实累病了，想彻底休息，但医生朋友又告诉我，一个人病了也不能从此闲下来，什么事也不干了。加上我这一辈子忙习惯了，一旦停下来不忙了会不适应的。

高祥生教授向成贤学院捐赠图书

最近我看到思想家罗素的一段话："强烈的爱好使我免于衰老。"并说："实际上我喜欢做的事情通常都是有益健康的。"我相信这话有一定的合理性，同时这话也是支撑我不断工作的动力。

记者：您在东南大学成贤学院这些年主要做了哪些工作？今后有什么打算？

高祥生：我在成贤学院这十年主要抓了以下几件事：第一，明确成贤学院对学生的培养目标，即培养应用型的高水平人才，围绕这个目标我与大家共同讨论修改了原有专业课的70%以上的人员架构，劝退了部分不适合成贤学院教学的教师，并考虑了他们的后续工作，新增了80%的具有实践经验的教师。第二，抓专业建设和师资队伍建设。根据社会经济发展的现状设置各类专业。目前分设五个专业，而这五个专业的发展有两个原则：首先，所有专业都与建筑有关联，如建筑设计、环境设计、建筑动画、风景园林设计、平面设计。这五个专业的设置都根据社会需求确定。其次，教师要有工程实训经验，学生在三年级后必须参加工程实训。我们在连淮扬镇铁路环境优化设计中，在宁启铁路环境优化设计中，让三年级下学期的大部分学生参加了实训课。近五年，我们取得了一些成绩，如在江苏省教育厅对二级学院部分专业的评估中，建筑与艺术设计的环境专业，在20个评估指标中全部被评为"A"级，近期又被江苏省教育厅评为一流本科专业。另外，园林专业、建筑动画专业、建筑专业、多媒体专业也在各种不同层次的评估和评奖中获得了不错的成绩。

在成贤学院工作的日子，我的心情是愉悦的。我之所以能取得一些成绩，都与成贤学院的领导的支持有关，与我们学院老师的支持有关，我非常感谢他们！

高祥生教授在省政府参事受聘仪式上

高祥生教授组织开展成贤学院的教学工作

高祥生教授多次获行业内荣誉

呕心沥血，为构建室内设计教育理论体系努力

东南大学艺术学院博士、常熟理工学院教授　赵　澄
三江学院建筑学院副院长、副教授　殷　珊
同济大学电子与信息工程学院教师　苑　媛

高祥生老师退休后，一些朋友整理老师已经出版的书籍，装满了整整两大箱，高老师可以说是著作等身。简要浏览一番后发现这些书目大多数与建筑设计和室内环境设计有关，从书目中不难看出，高老师在建筑与室内设计、环境设计方面所取得的丰硕成果。此外还有一些美术方面的书，主要集中在钢笔画方面。透过一本本教材、专著、辞典与行业规范，能深刻体会到高老师对理论研究的不懈探索，也可以看到高老师对教育教学所做的贡献。

高老师所著的书，基本上都是围绕着室内设计、建筑环境设计以及如何表现这些内容展开的。他在长期的理论探索和建构上孜孜不倦、专心致志，将自己的时间与精力都投放在对建筑设计、室内设计的教学和教育建设上，在专业理论建设上所取得的成就更是让人难以超越。

高老师从事教学工作四十余载，在任教期间曾先后开设过素描、色彩、美术作品欣赏、西方美术史、室内设计概论、室内色彩设计、建筑装饰材料、景观小品设计、装饰构造、室内陈设设计等十几门专业课。在授课之余，高老师专心整理汇总理论知识，发表过五十余篇论文，还编写了五十本相关的教材、著作和工具书，部

注：文章结合与高祥生老师的谈话内容及其所著书籍内容整理编写，高祥生老师已审阅。

分大学课程所使用的教材正是高老师自己编写的。

高老师心无旁骛地对待教育教学、理论建构，兢兢业业地辛苦付出。他的艰苦用心和点滴的积累，铸就了他厚重的一生，令他誉满天下。可以说，高老师是国内室内设计行业的资深专家和领军人物。

一、钢笔画与建筑形态的结合

高老师爱好绘画，大学就读于南京工学院建筑系，因为有绘画基础，他毕业后选择留校做美术老师。他还曾向李剑晨先生学习过水彩画，于南京艺术学院进修过绘画，如此一来，便也算是兼修了建筑学和美术。

“如果我完完全全地搞美术丢了建筑可惜，而搞建筑丢了美术也很遗憾。最好是做一件将两个专业知识能整合到一起的工作。”正是因为这样，在进行理论体系的探索和建构时，建筑和美术也显示出彼此间的默契。

在 1988 年出版的《钢笔画技法》一书，是高老师与梁蕴才先生合作编著的，也是高老师出版的第一本书，得到了行业内外的肯定和欢迎。该书的内容主要涉及绘画知识，书中系统、全面地介绍了钢笔画的一般技法及特殊技巧，内容全面、简明，展示作品的风格多样，对于绘画、工艺美术、工业产品造型设计等专业的工作人员或是美术爱好者学习和研究钢笔画有着明晰的指导意义。

《钢笔画技法》这本书自出版以来再版过 11 次，印刷量共计约有 13 万册。在当时的社会条件下，该书的印刷量是十分可观的，即使是放在今天来看，这个数据也是不错的。足以见得《钢笔画技法》一书在当时有着广泛的影响力，加上该书对多个专业的学习皆有裨益，影响面也因此更广，各地的绘画爱好者或是研究者也因这本书认识了高老师。很多老画家见到高老师时，都会激动地握住高老师的手，坦言自己当初的钢笔画就是学习的《钢笔画技法》这本书，受益良多。

书中强调了钢笔绘画的特色，高老师认为钢笔绘画最适宜表现建筑，钢笔画的基本规律与铅笔素描基本上是一致的，不过它比铅笔素描更加洗练、明朗。书中从直线、面、色调的练习开始，到静物的构图与图例表现，再到建筑的局部、明暗对比直至全景的绘制，基本上都是围绕着建筑来画的。在阐述过程中涉及的构图方法是程式化的，其中的明暗变化，中间是暗色的，周边是亮色的，或是中间是亮色的，周边是暗色的，这些程式化的表现对于建筑来讲特别适用。在绘制效果图时，也时常按照程式化的方式来处理。

高老师曾说过，编写这本书时，自己也有疑惑不解的地方，多亏李剑晨先生在他编写过程中提出的一些建设性意见，为自己指点迷津，对自己的写作起到了启示作用。与梁蕴才先生合著也使高老师受益匪浅，在两人的协作之下，高老师对于书籍写作的方向和主题都有了充分的把握，最终该书得以顺利出版。《钢笔画技法》一书的成功问世，离不开高老师的辛勤付出，也离不开李剑晨先生的指导和梁蕴才先生的帮助。

《钢笔画技法》作为研究钢笔画的参考书，与一般的绘画图书有着显著的不同。从表现的对象来看，该书的绘画知识基本都是围绕着建筑的画法展开的，书中室内景物、建筑物局部的表现、建筑画的明暗构图、装饰风格等知识内容占了较大比例，这些知识点都是建筑绘画所要应用的。建筑绘画在那时的建筑学的课程中，是本科一、二年级学生都要学习的，是教学体系中不可或缺的课程之一。《钢笔画技法》一书在教学和理论指导工作中发挥了积极作用。

1991 年，江苏美术出版社出版了由高老师与柴海利先生合作编写的《国外钢笔画技法：建筑 配景》一书。书中精选美、英、法、日等国建筑画家和建筑大师的钢笔画精品作为范例，用简明的文字介绍了国外建筑钢笔画的基本知识和自我训练方法。书中对人物、室内陈设等方面的描述也是围绕着建筑相关内容展开的，也都体现着程式化的特色。

纵观建筑的发展历史，就可以知道绘画和审美水平的提高，在一定程度上推动着建筑设计的发展。所以自建筑专业开设以来，建筑绘画一直都是基础课程，而建筑绘画中钢笔画又是最适合表现建筑的。高老师在《钢笔画技法》和《国外钢笔画技法：建筑 配景》中将绘画与建筑巧妙结合，恰恰证明了绘画是推进建筑研究的重要基石，绘画艺术在建筑设计中发挥着重要作用。因此高老师虽兼顾绘画与建筑研究，但仍在绘画研究的基础上主攻建筑设计与研究，并为建筑理论的建设和教育工作做出了突出贡献。

二、详解西方古典建筑样式

关于西方古典建筑的样式，曾有不少学者研究过，也有学者出版过一些专著。西方古典建筑有着悠久的历史、丰富的内容、完美的形式，数千年来它以独特的魅力，影响着世界的建筑文化。深入了解古典建筑样式的原始面貌，将有助于研究西方古典建筑的形式法则、发展规律以及文化内涵，进而达到继承、发扬古典建筑文化精华的目的。古希腊文化是西方文化的种子，同样古希腊建筑的样式也是西方各种建筑流派的种子，是西方之后的拜占庭建筑、巴洛克建筑、洛可可建筑等折中主义建筑的根基，这些建筑立面的三段式都是一样的。若是没有古典建筑最原始的建筑样式，后来的建筑便无从发展和变化。

高老师之所以在浩瀚的西方建筑中选择古希腊建筑样式，并以其为解读对象，是鉴于当时社会上流行的“欧陆风”大量搬用似是而非的西方古典建筑形式，造型比例失调，细部装饰粗劣。基于这种现状，高老师编绘了《西方古典建筑样式》一书，以供各有关方面参考（见《西方古典建筑样式》序言）。

高老师编著的这本《西方古典建筑样式》有着自己的特色。书中收集了许多国外经典建筑的渲染图，并改绘成有丰富细节的线条图，既简明清晰，又具体适用，使人耳目一新。书中还对西方古典建筑的来龙去脉及其特点作了阐述，更有利于读者对本书的理解，并表明西方古典建筑对之后出现的各种其他主义建筑的发展有所启迪。

该书以图为主，并辅以简要的文字说明。书中的图例是高老师在 7 本有关西方古典建筑的外国专著中引用的测绘图和修缮图。原著中的图例精美、细致，但由于出版年代久远，有不少图形、字迹褪色模糊，若要印刷出版，必须全部重新绘制。再加上原著中有许多图例是具有明暗关系的渲染图，由渲染图转换成墨线图，需要提炼出准确、合理的线条。同时，原著中图例的作者众多，表现方法不尽一致，有些制图方法与我国现行的制图标准有差距，因此高老师在编绘中作了大量的统一和调整工作。高老师在书中对原著中图例的排版作了全面的调整，对原图例中少数有失误的尺寸作了修正。对图例中已无法看清或推测的尺寸未作表示。图序的编排既考虑了建筑年代的先后关系，又照顾到建筑的分类因素（见《西方古典建筑样式》前言）。

虽然书中的图例只包括古希腊时期、古罗马时期和文艺复兴时期主要的古典建筑，以及 17 世纪以后的古典主义和新古典主义的部分建筑，书中的文字只简略地概括了西方古典建筑样式的特征，但基本上已经勾勒出西方古典建筑样式发展的脉络，阐明了影响西方古典建筑样式的主要因素。

《西方古典建筑样式》于 2003 年出版发行，在 2004 年获华东地区科技出版社优秀科技图书二等奖。著名建筑理论家刘先觉先生评价道：对于目前社会上流行

"欧陆风"而大量搬用似是而非的西方古典建筑样式，造型比例失调，细部装饰拙劣的现状，高老师所著的《西方古典建筑样式》中丰富、详细的线条图，既简明清晰又具体适用。

《西方古典建筑样式》在建筑学的西方建筑史方面无疑具有重要的教育价值，东南大学、同济大学建筑学院都将此书作为重要的教学参考书。因此，该书既可以作为建筑学专业、艺术设计专业、城市规划专业的教学参考书，也可以作为建筑设计、艺术设计工作者的设计资料及建筑历史研究者的参考资料。

三、室内设计师的"左膀右臂"

在国内，高老师是较早研究陈设设计的。高老师上大学时，就开始关注陈设设计方面的知识内容，经常前往学院的资料室收集、查阅有关陈设设计、陈设品、装饰品的书籍，他对书中的内容十分感兴趣，便开始有意识地关注陈设的发展动态。高老师对陈设设计领域的研究，与自己学习绘画的兴趣和自身专业优势是分不开的。

20 世纪 70 年代末的建筑界大多对设计的标准和要求比较低，室内空间设计一般较为简单，不会在室内作过多的修饰，所谓的室内设计也只是字画、工艺品的简单摆设。整体十分简单，风格朴素、大方或雅致，都是陈设的应用和表现。20 世纪 80 年代后期，我国的装饰业快速发展，但还未出现专门的室内设计公司，那时的室内设计大多是由高等院校的师生和设计院的设计师完成的。从这一点讲，我国的室内设计最开始大多是依附于装饰施工的。

到了 20 世纪 90 年代，我国的装饰市场进一步发展扩大，室内设计开始形成自己的专业队伍，一些室内设计公司相继在市场上出现，稍有规模的装饰公司中也都设置了与设计相关的机构或部门。人们逐渐认识到室内设计的对象除了界面以外，还有空间、陈设、灯光、色彩等因素。在 90 年代后期，一些外国的设计公司开始进入中国市场，同时中国的设计师也逐渐崭露头角。一批优秀的室内设计作品相继问世，特别是在那些形态有缺陷，造价又偏低的室内空间中通过陈设的布置取得完美效果的室内设计，向人们展现出陈设品在现代室内空间中所具有的表现力和无穷的魅力。

也正是在这样的环境下，回顾室内设计在我国的快速发展，高老师意识到陈设设计在室内设计中具有至关重要的作用。1994 年，高老师在东南大学建筑系本科开设与室内设计相关的课程，其中包括陈设设计课。之后，高老师多次通过电视讲座、报刊投稿、专题采访、撰写论文等方式强调陈设设计在室内设计中的重要性，但未能引起社会的广泛重视。

虽然室内装饰业发展了数年，得到了社会越来越多的重视，但是还未有理论书籍，因此高老师不断发表和出版相关研究。进入 21 世纪，室内装饰业已经在中国有 20 多年的大规模实践和发展，人们对装饰的认识也得到了全面的提高。这期间，高老师曾主持过许多有关室内设计的工程项目，在一次次实践中，高老师写下了不少关于陈设设计的心得体会，之后高老师也步入了理论创作的鼎盛时期。

2001 年，中国建筑工业出版社出版由高祥生、韩巍、过伟敏主编的《室内设计师手册（上、下）》。《室内设计师手册（上、下）》是一部有关室内设计专业的大型工具书，分为上、下两册。全书涉及室内设计的 21 个专题，包括室内设计总论、空间规划、色彩设计、照明设计、家具设计、陈设与布置、中庭与绿化、装饰材料与构造、设施与设备、相关规范与方法、改变原有功能的室内设计，以及住宅空间、办公空间、商业空间、餐饮空间、娱乐休闲建筑、宾馆、文化建筑的室内设计等[见《室内设计师手册（上、下）》目录]。

高老师担任手册的第一主编，并负责统稿工作。为了编写手册，高老师组织了多年从事室内设计的专家、学者 40 余人，按照分工对 21 个专题进行编写。全书近 280 万字，高老师一人就大概完成了 100 多万字的编写任务。负责统稿工作的高老师最后将各项内容归拢下来，约有 1400 页，数量很大。由于要将书稿邮寄给出版社，一个人很难拎得动，还是和学生一起抬着才顺利将书稿寄出，最后定稿时被精简到 1100 页左右，并被分为上、下两册。

《室内设计师手册（上、下）》应是目前国内内容较全的专业书籍之一。有关院校已将该书作为室内设计专业的教材，东大建筑系美术学专业一直将该书作为研究生入学考试的主要参考资料和入学后的专业教材。《室内设计师手册（上、下）》的成功出版，对于室内设计课程的建设发挥了推动作用，高老师认为自己做了一件十分有意义、有价值的事。

四、铸就"室内陈设全书"

2002年底，高老师应江苏科学技术出版社之约撰写《室内陈设设计》一书。由于陈设品涵盖的内容十分广泛，陈设设计涉及的问题较为复杂，高老师想要将书中的内容尽可能写得深、写得透，确实存在一定的困难。为此，高老师认真阅读了国内已出版的有关陈设设计的书籍，同时翻阅了中外建筑史和中外工艺美术史。为了使撰写的内容更加完善、准确，高老师还做了较广泛的社会调查：关于中国古代陈设品的内容，高老师曾向博物馆的研究员和古董店的老板请教过；关于工艺品陈设的内容，高老师特意去请教艺术馆的专家；关于织物陈设的内容，高老师向窗帘店的师傅请教过；关于插花的图例较多，为了收集图例，高老师还去了北京、上海、杭州、苏州、无锡、南通等多个城市，向花卉店的行家请教；同时又请朋友们从俄罗斯以及内蒙古、新疆、广东、海南等地拍摄了许多工程实例……

当时，由于处于"非典"时期，外出活动较少，高老师便有了更加充分的时间完成创作。通过一年多的努力，高老师的书稿已基本完成。在书稿的撰写过程中，江苏科学技术出版社给予了很大的支持和帮助，《室内陈设设计》一书最终在2004年定稿印刷出版，在2005年获华东地区科技出版社优秀科技图书二等奖。

中国建筑学会室内设计分会当时的名誉会长、资深高级建筑师曾坚先生在百忙中为《室内陈设设计》一书写了序言，他称该书的出版是对室内设计理论研究的贡献，是对室内设计理论的完善和总结，该书是一本"室内陈设全书"。高老师认为曾先生过誉了，但受到鼓励的高老师更坚定了接下来深入研究"陈设设计"理论的信念。

五、坐弯座椅，久久为功

室内设计在我国发展得如火如荼，社会从业人员众多，高老师认为室内设计工作应该有统一的标准。若是没有统一的标准，从专业角度说是不完整的，因此他有意编写一本关于室内设计的辞典。

恰好当时人民交通出版社联系到高老师，询问高老师是否能编写一本适用于室内建筑师的专用辞典。高老师考虑到当时国内的室内设计已经快速发展有20年之久，其他的专业诸如家具专业、设备专业和建筑专业都有自己的语言规范，而室内设计缺少统一的语言，不能满足社会快速发展的需要。因此，高老师认为十分有必要编写一本规范化的辞典，统一建筑师的语言，便答应了出版社。

之后，高老师便着手开展辞典的编写工作，前期组织专家、学者、专业人员达70余人，他们都是各专业中成绩卓越的专家、学者，这无疑是对该辞典质量的保证。同时，该辞典涉及室内设计、建筑设计、建筑结构、建筑技术、工艺美术、家具设计、美学、园艺学等10余个专业的40余项内容，收录词目4000余条，编写工作历时4年才完成。

在整个编写过程中，高老师一个人就负责了1000余条词条的编写任务，总的工作量还是很大的，定稿之时工作人员发现高老师所坐椅子的铁管都被坐变形了。从头至尾，包括收录词条、汇集删改、斟字酌句在内的每件工作都是细微、烦琐的，需要花费极大的精力。高老师始终严格对待每一个词条，认为每一个词条都要经得起推敲。

在编写辞典时，高老师注重每一个词条释义的创新性和时代性。针对辞典中收录的一些词，高老师会结合社会与时代的发展进行更新和调整，有时也会参考其他专家、权威的说法，再结合自己的理解，融入自己的看法。另外在编写时，高老师发现实际上有些词条在建筑学、绘画学中的解释，与在室内设计中的解释是不一样的。以“水彩”的词条为例，虽然高老师有着绘画知识的基础，自身对水彩画的概念是很熟悉的，但他还是认真地翻阅查看相关资料，追根溯源，探求这个词是从哪儿来的，又是取源于什么地方，最后才对“水彩画”下了定义，即“用水调配水彩颜料在水彩纸上描制的图画，画面效果具有透明、轻快、润泽、流畅等特色”。可见，辞典中的说法要比传统的说法更加准确，相关词条的定义也是相对比较正确的。

高老师认为，做任何事都要严谨、认真，尤其是该辞典作为建筑师的参考书籍和工具书，集全面性、专业性、综合性于一身，是规范语言、明晰语义的标准和依据，是专业语言、语义的标准和依据，其编写工作更要谨慎。专业辞典的产生是专业发展的结果，也是专业趋于独立和成熟的标志，既有利于规范专业的词义，又有利于学习研究和工作交流，因此是丝毫不能马虎的。高老师在编写辞典时常常反思，还会反问自己，当有专家、学者站在自己面前询问某些词条的说法是如何定义的，或是对方不支持自己的说法时，自己该如何回答和应对，高老师始终严格要求自己。最终，《室内建筑师辞典》在2008年由人民交通出版社出版发行。

钟训正先生曾为辞典作序，称《室内建筑师辞典》的出版对室内设计专业的建设和建筑装饰装修业的发展做出了重要贡献，对于室内设计的专业教育、工程实践，特别是对于室内设计的理论建设具有非常重要的作用和深远的意义。邹瑚莹老师也曾在序言中称《室内建筑师辞典》是我国第一部为室内建筑师编撰的辞典，是对中国室内设计理论体系的发展和完善，辞典的出版适应了我国室内建筑设计发展的迫切要求，有利于专业的学习、交流和沟通，对推动我国室内建筑设计的理论交流和研究，提升设计水平，促进设计创新都将会产生积极的影响（见《室内建筑师辞典》序言）。

《室内建筑师辞典》基本涵盖了室内建筑设计的全部内容，内容丰富、释义清晰、图文并茂，词目的释义概念准确，并具有专业性、权威性、实用性、时代性强的特点。该辞典不仅可以供室内建筑师学习使用，还可以供建筑领域的各类专业人员扩展知识，并从中受益。高老师主编完成的《室内建筑师辞典》的问世无疑是对建筑界理论的又一大贡献。

六、建筑设计的延续和再创造

在高等院校的专业设置中，室内设计专业是一个新兴的“热门”专业。截至2010年，全国开设建筑室内设计专业的高等院校有几百所。然而正是因为专业的“新”，在专业的建设上出现了许多不完善的问题，教材建设是其中的一个大问题。

推进室内设计专业建设，需要开设多种课程，而“室内设计概论”作为室内设计专业所必需开设的专业课目，对学习专业知识和设计方法具有重要作用，而从20世纪80年代有关室内设计的专门的书籍几乎没有。有关“室内设计概论”的教材甚少。鉴于这种情况，高老师拟编写一本与“室内设计概论”相关的教材。

编写教材一般都要求内容全面、系统，为了突出重点内容和知识点，高老师在编写的体例上注重强调教材的特点，在每一章的开始部分都介绍了学时数、学习目标和重点内容，每一章节中都将基本的、重要的知识点进行梳理，并在章节末尾处编写了思考题。

在教材编写的理论切入角度上，编写室内设计概论既可以侧重从平面设计的角度来阐述，又可以从建筑空间的角度梳理编写，既不同于设计原理，也不同于设计资料集，设计概论在理论的表述上应比原理具体些，比资料集又要标准些。所以高老师在编写中一直十分注意对这种“度”的把握。在平衡之下，高老师决定从

“室内设计是建筑设计的延续和再创造”这一观点出发，同时又融入了大量的平面设计以及家具设计的内容，这也是该教材的特色所在。

《室内设计概论》教材图文并茂，可读性强，在文字上力求通俗易读。高老师选择了10余个国家的30余个城市的400多幅优秀的工程案例图片，还选取了《中国建筑史》《全球室内设计史》《室内设计经典集》《中国近现代室内设计史》《建筑构造设计》《室内设计师手册》等书籍中的插图，将图片与优秀的案例结合起来，作为教学内容的说明和补充。这些内容与图片对于室内设计的创作也有一定的借鉴作用。

在高老师及相关人员的共同努力下，辽宁美术出版社于2009年出版发行《室内设计概论》。该教材对于室内设计的基础概念、设计风格、室内装饰材料与构造、室内设计的基本程序与表达方式等内容有着系统全面的阐述，不仅可以作为相关专业学生入门的基础教学参考书，有利于加强专业学生对室内设计知识的理解与掌握，更适用于社会上从事建筑装饰、室内设计的相关人员。

七、陈设理论研究第一人

高老师关注到国内陈设市场和陈设设计专业的状况，深感虽然产业已蓬勃发展，但业内陈设设计的水平仍参差不齐，认为缺乏必要的理论指导。国内相关院校虽陆续开设有陈设设计的课程，但是缺乏系统的教材读本。于是高老师便有了出一本较成体系的陈设设计的教学用书的想法。《室内陈设设计》虽然较为成功，已经写得很全面，但高老师认为还是有不足之处，他有意将书中的文字和图片重新进行梳理，因此便下定决心再出一本书，最终在2019年《室内陈设设计教程》诞生了。

《室内陈设设计教程》一书是对原有书籍全方位的超越，引起了业界的广泛关注，这与书中高质量的内容是分不开的。该书专注理论研究，从学术角度出发，明晰了陈设的概念，详细考证了有关陈设的历史记载和理论渊源，在理论上率先提出了富有创新性的陈设概念。同时，拓展了陈设设计所包含的内容，指出“陈设设计”是在室内空间中，根据空间形态、功能属性、环境特征、审美情趣、文化内涵等因素，将可移动或可与主体结构脱离的物品按照形式美的规律进行设计布置，以提升室内空间的审美价值，强化室内空间的风格特征，增加室内空间的人文气质，最终达到营造富有特点的室内场所精神的目的。

高老师指出目前中国室内陈设设计界最缺乏的是陈设设计的方法论，而非陈设设计的发展历史、陈设设计的哲学研究等。因此高老师在书中着重解决了陈设设计的方法论问题，增加了在现实主义理论指导下如何体现形式美的内容，提倡室内陈设的场所精神，强调了陈设设计中的图底关系。业界都称高老师是目前的“陈设理论研究第一人”。

相比之前的《室内陈设设计》一书，该书的理论更加准确，而且书中新增的有关陈设布置的作用等内容，比原有的理论内容更加全面、丰富。以往的陈设设计理论都偏向于阐述陈设设计在效果、作用等方面的知识内容，在方法论方面的研究少之又少，而高老师在书中重点强调了对设计方法论的研究及其表现，这是对陈设设计理论的创新和发展。

高老师始终认为在教学中应该侧重于方法论的教育，而这本《室内陈设设计教程》的成功之处就在于它比较具体、全面地讲述了陈设设计的方法，一方面为国家的陈设设计提供了理论基础研究，另一方面对陈设设计应用也作出了开拓性的贡献，填补了中国陈设设计研究领域的空白。

八、推进装饰装修制图的标准化

21 世纪初，建筑装饰装修行业发展较快，业内建筑装饰装修设计的水平也在不断地提高，建筑装饰装修设计遇到的问题也比以前更加复杂，建筑装饰装修设计的表达方式也出现了新的内容。高老师意识到原《建筑装饰装修制图标准》的体例和基本内容已经不能适应当下社会发展的实际需要，有必要为适应新情况而产生的新内容进行新的创造，便主张修订新的制图标准。

编写时，高老师重点强调了室内设计制图与建筑设计制图在表示方法上的相同性与差异性，通过梳理行业内出现的新的制图方法，在推进装配式装饰中设定新的制图方式。同时，根据原有的建筑装饰装修制图原理和依据，编写出能被绝大多数建筑装饰装修企业和装饰装修设计师所认同的内容。

修订的《建筑装饰装修制图标准》(DGJ32/TJ 20—2015)于 2015 年完成发布。编制标准图集是工程建设标准化的重要组成部分，是工程建设标准化的一项重要基础性工作，制图标准是建筑工程领域重要的通用技术文件。正是高老师的努力和坚持，修订的《建筑装饰装修制图标准》不但有利于助推江苏省建筑装饰装修行业的发展，更有利于促进建筑装饰装修行业制图的规范化、标准化。新《建筑装饰装修制图标准》涵盖室内装饰装修制图、建筑装饰装修制图中的制图要求，对规范建筑装饰装修的制图，促进建筑装饰装修行业的进步发挥着不可替代的作用。

高老师一直认为基础教育是很重要的。随着经济的发展，室内设计专业发展很快，仓促上马的大批从业者没有接受过制图的培训或教育。最开始室内设计从业者所画的图基本都是按照建筑的方法绘制的，体现不出室内设计的特征，所作的图表达的内容也不清楚。高老师强调制图规范是建筑设计和装饰装修中很重要的一方面，因此要加强相关从业人员的基础教育。针对当时的社会情况，高老师觉得非常有必要建立一套房屋建筑装饰装修方面的制图标准，因此向住建部提出申请，同时也得到了江苏省住建厅厅长的肯定，于是便组织编写了全国性的行业标准。

编写过程中，高老师围绕着"制图标准"如何适应新时期建筑装饰装修行业的创新需求，推动新技术、新业态的发展，收集了大量的资料，做了数据的调研、整理和修正工作，这些调研对推进制图标准的编写发挥了重大作用。在后期修编工作中，其他学者也提出了许多新思路、新见解，高老师将不同的建议和想法进行融合，并经过专家审核后，完成送审稿的流程。这本《房屋建筑室内装饰装修制图标准》(JGJ/T 244—2011)终于编写完成，并定于 2012 年正式实施。

在制图标准的制定工作中，高老师坚持从建筑本身出发，结合三视图基本原理，对统一房屋建筑室内装饰装修制图规则，强调制图的准确性，保证制图质量，提高制图效率作出了详细规定，标准中的图面清晰、简明，图示准确，符合设计、施工、审查、存档的要求。图例中包括门窗、楼梯、墙体、梁柱的绘制教学，以及更为细致的局部的装饰构造。在教学中没有涉及的部分，高老师都将其进行了整理汇总。

评审专家对本标准也有着极高的赞誉，称标准编制人员对从整体框架到具体内容，从文字措辞到标点符号都作了严格的把关，认为《建筑室内装饰装修制图标准》的编制依据可靠，内容分析充分，具有创新性、实用性和可操作性，为建筑室内装饰装修制图提供了坚实的技术指导和支撑，适应了建筑装饰装修行业高质量发展的需要，达到了国内领先水平。

为了帮助人们更好地理解《房屋建筑室内装饰装修制图标准》的内容，2011 年高老师又特意编写了《〈房屋建筑室内装饰装修制图标准〉实施指南》一书，由中国建筑工业出版社负责出版发行。《〈房屋建筑室内装饰装修制图标准〉实施指南》在《房屋建筑室内装饰装修制图标准》的内容基础上作了补充说明，同时对计算机制图的方法作了一定的介绍，对标准中的部分规定也作了进一步说明，并辅以图例阐释相关内容。《〈房屋建筑室内装饰装修制图标准〉实施指南》不仅可以帮助房屋建筑室内装饰装修技术人员更加深入地理解及把握《房屋建筑室内装饰装修制图标准》中的内容，同时也有助于其更加迅速地将该标准应用到实际工程中去。

九、室内设计的规范化发展

随着我国室内装饰装修的发展，高老师发现虽然我国住宅室内装饰装修的工程量非常大，但国家尚未有针对住宅室内装饰装修设计的相关规范。由于没有可供参考的依据，也没有相关规范的约束，社会中的设计单位大多是根据自身的需要和各自的理解进行装饰装修设计，从而导致社会上普遍存在设计内容不统一，深度不一致，制图不规范，图纸不完整、不系统等问题，进而致使室内装饰装修设计市场较为混乱，安全事故时有发生，装饰装修质量难以保证，同时装修业主与设计方、施工单位之间纠纷不断。高老师认为若长此发展将对住宅的结构安全、环保、质量、施工等造成巨大且难以预料的后果。因此，高老师主张编写有关住宅室内装饰装修的行业规范。

2011 年，高老师向江苏省住建厅提出申请要编写住宅室内的装饰装修规范和标准，通过与住建部、省住建厅的相关领导和部门工作人员进行多次协调与沟通，最终申请得以通过，虽然中间出现了意见分歧的插曲，但高老师据理力争，提出住宅设计已有的规范条例已经难以再涵盖装饰装修设计的内容，重新制定一个规范势在必行。最终在相关部门领导的支持下，高老师开始了规范的编写工作。

作为主编，高老师在《住宅室内装饰装修设计规范》的编写工作中付出了颇多的心血。编写规范时，高老师曾和 22 位专家对国内近百家家装企业进行调研，征求了数千名设计师的意见，也曾两次在全国范围内征求 40 多个著名装修企业和装修设计院的意见，召开过 5 次编制组会议，大幅度修改内容达到 8 次。历时 4 年多，在诸多顶级专家审查核对后，最后成文、发布、实施。

由于国家标准、行业规范和地方标准可以作为国家的法律依据，是解决各种纠纷的法律依据，因此在整个编写过程中，高老师对待所有环节的每一项工作都是十分认真、细致的。2015 年，《住宅室内装饰装修设计规范》(JGJ 367—2015)成功发布实施。通过编写、发布、实施本规范，高老师及其团队成员填补了行业这些方面的不足，使我国的住宅室内装饰装修设计有法可依，有章可循。

《住宅室内装饰装修设计规范》的成功实施，为提高住宅室内装饰装修设计水平，保证装饰装修工程质量，促进住宅的产业化发展发挥着重要作用。作为全国首个室内装修设计的行业标准，《住宅室内装饰装修设计规范》也必将推动行业的规范和发展。

十、陈设设计的深度规范

随着我国社会和室内设计行业的不断发展，人们对居住环境的品质要求不断提高，室内空间中的陈设艺术得到人们的高度重视。室内陈设的快速发展，作为室内设计中的一个分支，已经不再是传统意义上的建筑附属品，而是发展成为一种新型的行业，并形成了数十万人的设计队伍，相关高等院校也都开设了陈设设计的课程。

高老师认为，陈设是一个新型的行业，缺少相应的标准、规范、导则，陈设设计和陈设工程都没有标准可以参照，这就导致了陈设设计的水平参差不齐，多数陈设工程的质量低下，陈设工程的安全问题和环保问题突出，至于室内的审美品质更是难以提高。

当时国内室内陈设设计和建筑设计在流程和内容上大多是分开的。陈设设计与建筑设计相比，缺失相应的规范和标准。虽然陈设市场百花齐放，但并没有达到百家争鸣的状态。在社会上出现的所谓讲师、培训师、设计师，不少都是技术与经验的外化表现，而能给出准确定义和思维认知的却寥寥无几。因此高老师觉得提高陈设设计的理论水平，编制相关规范、标准是行业发展的当务之急。

最开始要编写规范时，很多人都认为陈设设计是定性的，不是定量的，是不可能实现的，但高老师不这么认为。在高老师看来，“陈设”在中国是有着千年历史的古老艺术，在当今越来越受重视，范畴也越来越广。以往，人们对陈设的认识局限于字画、雕塑、工艺品等，但随着时代的发展，具有美感的、文化意义的，可以移动也可与主体结构相剥离的物品，应该都可以被称为陈设。再加上高老师自己对陈设艺术的理论研究和创作实践都有一定的经验，因此他认为编制规范是可行的。之后，在全国相关专家学者的大力支持下，编制工作便敲定下来了。

当时中国建筑文化研究会陈设艺术专业委员会根据国务院倡导的社会团体

编制团体标准的精神，申请编制《室内陈设设计规范》。以中国建筑文化研究会陈设艺术专业委员会为主编单位，高祥生老师担任主编，组织相关高校和企业陈设艺术的专门人才，组成了一支理论水平高、实践能力强、知识结构合理的编制队伍，逐步推进《室内陈设设计规范》的编制工作，并于2019年正式发布实施。

高老师特别提到，《室内陈设设计规范》(T/ACSC 01—2019)在延续住建部建筑设计、室内设计相关规范的基础上增加了陈设设计独立和原创的部分，从理论高度和实践经验等方面深化了对陈设设计的特有设计要求，体现了全面性、针对性和动态性三大原则，阐明了安全、环保、审美、功能等不同方向的设计需求。如规范中对陈设布置后的剩余空间、高度、宽度等都作了详细的数据化规定，对陈设品材料防火安全的设计和陈设布置中的无障碍设计等都作出了要求。规范中还针对陈设设计特点，提出陈设设计深度的规定，包括概念设计、方案设计、项目实施等，这些图纸的形式、内容都有别于建筑设计图纸的深度要求。

最初编制该规范的目的就是普及和提高我国的陈设文化水平，使得陈设设计和陈设工程有据可依，并为人们创造更加舒适、安全、环保和美观的工作环境和生活环境，进而提高人们的工作效率和生活质量。可以说，《室内陈设设计规范》的问世，对于规范我国陈设设计市场，提高陈设设计的文化品质，满足人们对室内环境的物质和精神需要有着不可或缺的作用。

《室内陈设设计规范》是我国室内陈设设计系统化、理论化、规范化的首部团体标准，填补了我国室内陈设设计标准的空白。高老师作为主编在规范编制工作中付出了辛苦和努力，推动着全体人员最终顺利完成编制工作，对进一步规范室内陈设设计，提高陈设设计的理论水平，对引领行业发展、推动我国室内陈设进步具有深远意义。

可以说，高老师在推动行业的规范与发展方面做出了突出贡献。

十一、制图与识图的设计思想

20世纪80年代以来，我国室内装饰行业快速发展，专业设计人员相对不足，因此，不少高等院校都仓促地开设了室内设计专业，以填补人才空缺，但师资、教材、教学等多方面原因，使得很多毕业生未能全面掌握专业知识就进入了室内装饰设计行业。另外，还有一批未经过专业教育的人员也进入了室内装饰设计队伍，致使室内装饰设计队伍中部分人员缺少必要的专业基础和设计技能的问题更加突出。甚至不少室内装饰设计人员缺乏对专业制图知识的了解和掌握，以致无法用标准的工程制图语言来全面、准确地表达设计思想和内容，从而影响了室内装饰的工程质量（见《装饰设计制图与识图》前言）。

工程制图既是工程设计的语言，也是施工管理的依据。标准的工程制图是提高工程质量的重要条件。因此，工科类专业都将工程制图作为学生必修的专业基础课。土建类专业同样也以房屋建筑制图为必修的基础课。根据我国室内装饰设计行业的现状，加强和提高专业基础教学，强化装饰设计制图的基础训练是很有必要的。

在我国装饰设计行业发展的时间里，装饰行业虽然形成了一些行之有效的制图方法，但也存在着图示语言的随意性和差异性的问题，以致影响了设计思想的交流。为了能统一国内装饰制图标准，高老师觉得有必要编写一本面向室内设计专业学生与室内设计人员的教学用书。

高老师从事教学几十年，有一定的理论基础，在教学之外还主持设计过百余项工程，编写过五十余本专业书籍，主持编制过国家行业等标准和规范，因此在编写教材上有充分的理论知识和实践经验的指导。于是 2002 年高老师编写的教材《装饰设计制图与识图》出版，书中涵盖了装饰设计制图与识图的基本知识，包括装饰设计制图的有关标准、装饰设计制图的二维及三维表达等内容，同时结合装饰设计制图与识图的理论和实例，系统地讲述了装饰设计制图与识图的内容。

《装饰设计制图与识图》这本教材自出版以来重印 10 余次，受到高等院校相关专业师生和广大装饰设计师的欢迎，该书的编写在当时无疑推动了国内室内设计行业的完善和发展。

10 多年后，随着装饰设计行业的发展和高老师对装饰制图的深入研究，教材中的部分内容需要修订、完善。与此同时，中国建筑工业出版社根据市场的需求也提出了修订该教材的建议。于是 2012 年起，高老师着手修订教材的工作。2015 年，中国建筑工业出版社出版了《装饰设计制图与识图（第二版）》。

国内有关建筑装饰制图的教材多种多样，与同类教材相比较，修订版教材的最大特点在于在突出装饰设计特点的同时，在原教材的基础上作了以下补充：一是每章都增加了练习题；二是增加了制图深度规定；三是修改了部分图例，更换了大部分制图案例。这样的补充使得教材内容更加完善，更能满足装饰工程制图的需要。

在修订版中，高老师延续《房屋建筑制图统一标准》(GB/T 50001—2010)的体系，其目的在于使装饰制图的原理、方法、内容统一在房屋建筑制图的框架中，以便与建筑、设备等专业的制图规定相互协调。在表达装饰设计制图特点的同时，保持与《房屋建筑制图统一标准》的一致性，成为房屋建筑制图体系中的一个组成部分。高老师强调室内装饰设计是房屋建筑设计的延续和深化，两者之间在视图原理和表达方式上都具有很大的关联度和协调性，对于装饰设计水平的提高和建筑工程、装饰工程管理工作的完善具有促进作用[见《装饰设计制图与识图(第二版)》前言]。

中国建筑学会原会长宋春华先生曾在序言中称，《装饰设计制图与识图》这一教材的出版，对装饰装修设计专业的发展起到积极有效的推进作用。《装饰设计制图与识图》教材既可以作为高等院校、职业技术学校室内设计专业的教材，也可以作为广大室内设计师学习制图的参考书(见《装饰设计制图与识图》序言)。

高老师将自己的知识与实践相结合，通过认真地总结和整理行业知识，编写教材，对加强室内设计专业的理论建设做出了重大的贡献。

十二、装饰构造理论的开拓

室内装饰装修构造理论是解决室内装饰装修材料、构件之间结合的方法和形式，是实施室内装饰装修工程的措施，也是室内设计施工图的主要内容。随着中国室内装饰装修行业的发展，从事室内装饰装修设计的人员众多，但其中有许多人没有受过装饰装修构造知识的专门训练，以致出现装饰装修施工图或是缺乏深度或是错误百出，严重影响了室内装饰装修的工程质量(见《室内装饰装修构造图集》前言)。

为了提高广大室内设计人员设计施工图的水平，高老师用了 10 多年的时间收集、整理、编撰有关装饰装修构造的图集、书籍。高老师编著的《装饰构造图集》在 2001 年和 2006 年两次由江苏科学技术出版社出版，并且高老师在 2005 年至 2010 年期间与其他设计师共同编制了江苏省住房和城乡建设厅的标准设计图集《建筑墙体、柱子装饰构造图集》(苏 J/T 29—2007)、《室内照明装饰构造》(苏 J 34—2009)和《住房室内装修构造》(苏 J 41—2010)。这些图集介绍了室内不同部位的装饰装修构造设计方法和案例，得到社会和业界的好评。

2008年底，中国建筑工业出版社询问高老师是否能编撰一本系统反映室内各部位装饰装修构造的图集，高老师思考之下觉得若是能出版这样一本图集，将对室内设计人员有更多的帮助，因此高老师欣然答应，并组织人员开始图集的编撰工作，而这本图集就是《室内装饰装修构造图集》。

由于要编撰一本内容系统的室内装饰装修构造图集有许多碎琐的工作要做。高老师及其团队花费了近两年的时间整理、修改过去设计的构造图，同时又从全国30余家著名设计单位的大量图纸中挑选合适的案例作为图集的参考资料。由于图集中的图例有的来源于工程图，有的来源于不同的图册，因此，高老师做了大量的归纳、梳理、补充、完善和统一工作。

为了使图例具有标准性，高老师在绘制中依据《房屋建筑制图统一标准》(GB/T 50001—2007)的规定，并参照国家现行建筑装饰装修图集中的线型、图例、画法编制制图规范。为了使图例更具有通用性，编撰时对材料名称，大多只标明大类名称，而不标注具体品牌、品名。另外，对同一种装饰装修材料、同一种工艺有不同的名称的情况，高老师在编撰中采用了专业内普遍认同的名称(见《室内装饰装修构造图集》前言)。

可以说，高老师为了编写这本图集，付出了大量的心血和汗水。《室内装饰装修构造图集》中共计收集、编绘了4000多个构造图例，每个图例都需要认真考虑造型、用材、造价、环保和连接方式等问题。而图例的编制需要设计、收集、归类、筛选，需要考虑图例中的线型、图块、标注等制图问题。高老师几十年来注重理论联系实际，数十年来他在教学的同时主持过百余项装饰装修的设计工程。大量的工程设计实践使他较为熟悉装饰装修构造的各种形式，丰富的实践经验基础也为图集的编写提供了保证。

《室内装饰装修构造图集》基本涵盖了当前装饰装修工程中的所有构造内容，具有系统性强、可操作性强的特点。图例的收集既考虑了当前装饰装修仍有现场作业的现状，又充分体现了工厂化、工业化生产的发展趋势。《室内装饰装修构造图集》对于从事装饰装修的设计人员、施工人员，以及高等院校相关专业的师生来说，是一本很有价值的专业书籍。

从专业建设的角度讲，《室内装饰装修构造图集》中包含着设计师最基础、最重要的知识，对于提高装饰装修设计水平和施工质量具有重要的意义。多年来，我国装饰装修设计的从业人员水平参差不齐,《室内装饰装修构造图集》的出版,对缺乏专业基础知识的人员来说是极好的学习资料和参考依据。高老师在装饰装修领域中对专业的基础建设做了大量的研究、整理和开拓工作,成果斐然,《室内装饰装修构造图集》的出版也将对装饰装修专业的发展起到长远的作用。

十三、装饰与构造的新发展

据行业主管部门统计,截至2010年,全国建筑装饰装修行业的年产值达2万多亿元,从事建筑装饰装修设计的人员已超过百万人。全国设有建筑室内设计专业的普通高等院校已超过900所,这表明我国建筑装饰装修设计的队伍和专业教育已经具有相当大的规模(见《装饰材料与构造》前言)。

装饰材料和构造知识是室内设计专业中不可或缺的内容。装饰材料是装修设计的重要语言,是表现装修工程标准、风格特征、视觉效果的重要因素;装饰构造是材料与材料、材料与构件之间结合的方法和形式,它体现了材料应用、施工工艺、安全措施、经济投入的水平。因此,装饰材料和装饰构造是室内设计专业必须了解、熟悉和掌握的知识,同时,它也是室内设计专业的主干课程。

市场上有关装饰材料和装饰构造的教材虽然时有出版,然而这些教材大多有两点不足之处:一是将装饰材料和构造的内容分开编写,常使读者较为孤立地理解各部分的内容;二是很少收集新型的装修材料构造案例,致使这些教材的内容难以反映装饰装修行业的最新发展状况。在这样的情况下,高老师主张编写《装饰材料与构造》一书,希望可以对室内设计专业的教材建设和装饰装修设计师的业务水平的提高有所帮助。

在编写时高老师将装饰材料与构造两部分内容整合在一起,使读者能更加深入、完整地了解各种材料的性能和应用方法。另外,高老师在教材中取消了不符合环保要求和不常用的装饰材料,收录了低碳的、生态的材料,提出能满足工业化生产要求的新型装饰材料和构造方法,使读者能更全面地了解装饰材料的最新发展和应用情况(见《装饰材料与构造》前言)。

《装饰材料与构造》中详细介绍了不同种类的装饰材料,包括木材、石材、陶瓷、玻璃、塑料、金属、涂料、胶凝剂、无机胶凝材料、纺织与卷材等10大类,涵盖了装饰材料的基本内容。高老师考虑到为了使教材的内容更好地适应行业发展的需要,为了能更好地适应主要读者对象的使用需求,教材对构造工艺中较复杂的内容未作进一步阐述，而是侧重于对基本工艺、方法的介绍。

《装饰材料与构造》的内容具有系统性、基础性、可读性、适用性强等特点，不但可以作为大专院校建筑室内设计专业、环境艺术设计专业的教材，也可以作为建筑装饰装修设计师创作时的参考资料。高老师编写的《装饰材料与构造》一书出版后，多所高校将该书作为教材使用，因为教师和学生们的反响较好，所以该教材也被多次重印。

之后，随着建材行业的发展和人们对室内环境要求的提高，在装饰装修行业中出现了许多新型材料，高老师觉得高等教育和职业教育的教材应该及时更新、补充新的知识内容；另外，随着数字化技术的发展，三维的图像也在一些教材或教学资料中出现。考虑到这些问题，南京师范大学出版社和高老师都认为有必要对原书进行修订。由于在修订的教材中新增了许多涉及装修的内容，所以高老师提出将书名修改为《装饰装修材料与构造》，并将修订后的教材分上编和下编。上编十一章，主要介绍装饰装修材料；下编四章，主要内容是装饰装修材料的三维构造图例。

高老师根据当时社会的实际情况，将新版教材增补了近两倍的内容。在高老师的牵头组织下，全书的体例、形式由高老师确定，书中的内容由高老师和多位成员共同修改、确定。新版《装饰装修材料与构造》的最大特色是将二维的CAD线图转换成三维的图像，经过设计、建模，最终渲染成图，每幅图的制作都是一项细致的工作。修订后的教材不仅材料种类系统、齐全，而且各类构造做法都以三维图的形式呈现，直观、清晰，实用性非常强。

因此，《装饰装修材料与构造》这本教材既可以作为高等院校相关专业的教科书，也可以作为室内设计人员、施工人员的参考书。

十四、结语

一位年长的教授曾提出，一个专业和学科的建设与发展必须具备基础理论、历史知识和应有的专业课程，高老师十分赞同这种说法。但是由于高老师的主要研究方向与室内设计的史学研究相差较大，自身对于历史理论的了解有限，因此，在构建室内设计理论体系和知识框架的工作中，高老师尽自己最大的努力，主攻基础理论建设和课程教育。

怀着努力构建室内设计理论体系的坚定信念，高老师数十年来致力于学科建设和理论发展，写下了诸如《室内陈设设计》《室内陈设设计教程》《装饰设计制图与识图》《室内建筑师辞典》等诸多专著与教材，更是编写了《住宅室内装饰装修设计规范》（JGJ 367—2015）、《房屋建筑室内装饰装修制图标准》（JGJ/T 244—2011）等行业规范和标准。截至目前，应该说高老师是室内设计行业中最早编写规范的，同时也可能是在室内设计行业中编写规范最多的，做出了不朽的成绩。

许多专家学者对高老师都给予了高度评价，指出：高老师完成了 50 部有关建筑装饰、室内设计方向的著作和 10 多部国家或地方标准、规范，在建筑装饰界、室内设计行业产生了深远的影响。近年来高老师虽然年事已高，但仍然坚持带领团队与各位专家一起认真研究标准，著书立学。即使身体抱恙，躺在病床上的时候，仍然坚持要完成《高祥生文选》的撰写工作，全书文字总量将近 57 万字，他真的是一位高度勤奋和努力的人。这种精神在学术界具有榜样的力量，十分令人敬佩。

从钢笔画、陈设品到装饰装修、建筑构造、室内设计，从设计师辞典到行业规范、国家标准，从专业工具书到理论指导教材，处处都包含着高老师的心血和思想。在专业领域中，可以说高老师已经做到极致了。

高老师的教学与研究，从实际需要出发，主动发现问题、提出问题并解决问题。他在建筑装饰装修、室内设计方面的理论探究和体系建设工作上，可谓是呕心沥血，尽了自己最大的努力，为学界所做的贡献更是难以计量。目前学界已有的关于室内设计的庞大的理论体系，大都离不开高老师的付出和心血。高老师对理论体系建设做出了卓越的贡献，为理论体系、教育教学奠定了坚实的基础。

从感性装饰到理性装饰

——看中国当代建筑装饰的发展

《江苏科技报》编辑部

每一届家装文化节上，室内装饰都会成为人们关注的话题。如何给家设置一个有品位、有内涵、有高雅审美的装饰，是一门艺术。

我国的室内装饰行业从20世纪80年代初开始进入了一个快速发展期，室内设计专业也经历了从起步到发展再到成熟的几个阶段。而反映这几个阶段特点的重要标志是从感性装饰到理性装饰的转变。

一、从追求奢华效果向注重功能合理性的转变

20世纪80年代，建筑装饰装修迎来了改革开放带来的行业春风，有一批优秀的建筑师，做了具有民族性、地域性特点的先驱性室内设计工作，但这批作品在当时的建筑装饰装修中数量不多。由于我国大多数设计工作者长久以来处于封闭状态，认为当时由境外流入国内的奢华装饰就是我们的榜样，于是竞相学习、模仿和抄袭外来的装饰装修样式，甚至将其视作我们室内设计的模板。这样就形成了我国改革开放初期商业气息浓厚、趣味平庸粗俗的设计风气。这样的风气不仅影响了我国室内设计师的审美眼光和设计能力，也误导了广大的老百姓，让老百姓以为室内设计就是搞豪华装修，就是在面层上贴各种好看的“皮”。

但庸俗、浅薄的东西终不能长久，老百姓的审美能力也在提高。随着经济的发展，人们对环境的需求不再停留在视觉效果这一表层，不同的人对设计的要求

注：文章摘自2008年《江苏科技报》特刊。

不同。总体来说，人们的观念越来越理性化，这就引导着室内装饰装修行业向着规范化，室内设计专业向着体系化的方向发展。设计的根本就在于对人的关怀，功能的合理性已成为室内设计首要考虑的问题。像我国银行早期多采用一种高高在上的柜台形式，而现在则多采用高度适中的柜台，以利于职员与服务对象的亲切交流。设计风格终归是要为人的使用服务的，设计中表现对人性要求的关怀是一个永恒的课题。

二、从片面追求视觉效果向注重健康、环保的转变

同上一个问题相似，20 世纪 80 年代的装饰装修的优劣评价标准就是做得是否豪华，用材是否高档。于是无论宾馆、酒店还是百姓家庭，在装饰装修中都竞相使用昂贵的石材、木材进行界面装饰。20 世纪 90 年代后期开始，随着新材料的不断产生，人们也逐渐接受各种新的材料形式。从 20 世纪 80 年代到 90 年代末，室内设计迈上了一个大台阶，但负面效应也随之产生，由于装饰装修材料市场的不规范，其内容鱼龙混杂，质量良莠不齐，有很多设计师为了追求装修的视觉感受和造型的标新立异，忽视了材料本身的环保性，造成了大量由装修引起的室内空气质量不合格的问题。

但老百姓对居住环境的质量要求是不断提高的，近年来国家的行政主管部门出台了一系列关于控制环境污染的规定，而江苏省在室内环保方面走在全国前列。在 2007 年的江苏省人民代表大会上，有 30 多位代表就室内环境的标准问题提出了议案，随后江苏省环保厅、江苏省室内装饰协会、江苏省质量标准局、江苏省住宅产业研究中心等单位联合成立了“江苏省室内空气质量控制标准协会”；南京市在市建委的领导下，也做了大量的装修装饰方面的环保工作。这些都说明了人们不再盲目追求设计的形式感，而开始关注环境对自身健康的影响。

三、从强调界面装修向重视装饰的转变

在我国室内装饰装修行业起步的初期，大家都片面地追求界面的装修效果，设计师对装饰设计不够重视，对装饰材料也不甚了解，设计出来的作品很多都是装修材料的堆砌。这样也使得老百姓混淆了装饰与装修的概念，以为室内设计就是搞装修，装饰的东西可有可无，造成了装饰设计的盲点。

大量的界面装修必然耗费很多材料与资源，而且一旦做在界面上，几乎都是

不可更换的。随着国家对资源利用与保护的越来越重视，这样的设计理念必然跟不上社会发展的需要，所以，可以将“重装饰，简装修”口号的提出看成设计行业理性化发展的一个重要标志，也可以说它是装饰装修行业中贯彻可持续发展理念的一个重要举措。当然，我国也只是近几年才开始逐步接受这一观念，其推广还需要室内设计师的努力以及广大老百姓的认同。

四、从盲目追求装修高消费向强调节约装修资源的转变

由于外界设计环境的刺激，我国在装饰装修行业发展的初期阶段，误将装修工程档次的高低与所用材料的价格是否昂贵相挂钩，在装修中一味地追求材料的豪华与高档，各个装修工程间甚至盲目攀比，形成了一个装修高消费的误区。这样的消费观念，导致了设计师使用大量无用的堆砌手法来进行设计。其实，室内设计是各个环节综合组织、共同作用的结果，与花钱多少并不是直接对等的。

一个设计案例的成功，不仅看其设计效果，精湛的工艺水平、工种间的合理协调以及装修资源的高效利用都是必不可少的要素。2004 年建设部部长汪光焘在《大力发展节能省地型住宅》一文中指出：“要实现住宅建设的可持续发展，必须全面审视住宅建设的指导思想，在住宅建设工程中，按照减量化、再利用、资源化的原则，搞好资源综合利用，大力抓好节能、节地、节水、节材工作，建设‘节能省地型’住宅。”资源的节约利用，不仅体现在住宅建设中，也代表了装饰装修行业发展的必然趋势。

改革开放后的 20 多年，老百姓的消费观念从感性向理性急剧转变，这也直接影响了装饰装修行业从粗放型向集约型发展。高质量、低能耗的消费模式必然会取代高消耗、低产出的行业现状。

五、从“欧陆风”的盛行向注重表现本民族文化内涵的转变

当装饰行业在我国萌芽后，外来文化开始进入设计领域，并在相当程度上影响了我国装饰行业的发展。像在 20 世纪 80 至 90 年代，室内设计中到处盛行对欧陆建筑风格的模仿与抄袭。

当然，这种现象不是我国特有的，许多外国文化也经历了这样一个从对外来文化的吸取到向本土文化回归的历程。可以说，文化像一个海绵体，一方面需要吸收外来的文化，另一方面它又需要反弹，充分表现本民族的特点。当中国经历

了二十多年的改革开放后，国民经济得到了快速发展，国家强大、人民富裕后，文艺界、设计界的一批有识之士开始在自己的作品中有意强调对民族文化的表现，他们肩负起自己的历史责任，探索真正适合我国民族文化的创作道路。因此自20世纪90年代后期，我国的室内装饰设计界涌现出一批高水平的、富于文化内涵的设计作品。

对于如何在室内设计中表现传统文化，许多设计师都有不同的看法。而且随着时代的发展，处于不同历史进程中的人对传统文化的理解和认识也是不一样的。但我认为，无论外界环境如何变化，都应在对传统文化的继承中表现现代人的审美情趣是设计文化的精髓，因此我认为设计作品应具有“中而新”的感觉。对于中国文化问题，我认为首先是地域文化，中国地域辽阔，民族众多，不同地域、民族都有自己本地域、本民族的文化特征。建筑大师贝聿铭先生在苏州博物馆新馆落成后，自我评价新馆的设计理念时提出的“中而新”“苏而新”的概念无疑是正确的，并且他也就如何在设计创作中继承和创新这个问题提出了一个方向。我赞同贝先生的观点，我认为“只有民族的才是世界的”，“只有地域的才是民族的”。

六、从装修市场的分散性向集约性、工业化、产业化的合理转变

我国早期的装饰装修行业，多为现场加工、现场生产，这样就产生了大量的湿作业，生产效率低、劳动强度大，是一种粗放型的装修模式。

随着时代的发展，装饰部品的工业化，是我国室内装饰行业发展的必然趋势。装饰部品的工业化，对于建筑室内环境质量的控制，以及建筑装饰产业的现代化建设等方面都会起到积极的促进作用。譬如在住宅全装修、精装修中，已有大量工程采用装饰部品的举措。目前江苏省在住宅全装修、精装修上也做了大量工作，以南京市为例，市建委把推广全装修工作的进程作为2008年工作的重点，并且组织、开展了关于全装修问题的科研课题，这对住宅产业化的推进起到了极大的作用，同时，也对室内空气质量的提高及装饰成本的降低，起到明显的作用。

正是在全装修、精装修中实行的部品工业化、一体化，使得室内装饰中的设计工作量，特别是住宅室内设计中的工作量大幅度地减少。当然，我国的住宅产业化与国外发达国家相比还是有很大差距的，其推广需要政府的大力支持以及老百姓的认同，尤其在当下全球金融危机的局势下，只有真正理性地开发房地产市场，推广“四节一环保”型住宅，才能顺应社会与时代的需求。

以上这六个方面的转变反映了中国装饰装修行业从感性消费走向理性消费所经历的过程。感性消费是一种低层次的无序消费，从感性消费到理性消费反映了政府政策的科学性，反映了百姓消费理念的成熟，更反映了中国社会生产力、社会认知水平的提高。现在，中国的装饰装修市场与发达国家相比，无论是工业化水平，还是人们的消费观念都存在着相当大的差距。但我相信，中国在发展，中国的装饰装修市场在健全，未来的中国装饰装修市场将会朝着更加合理、有序的方向发展。

中医的辨证施治对他设计观的影响

高级室内建筑师、深圳市建筑设计研究总院有限公司南京分公司常务副总经理　郭峰桦

高祥生老师的外公是一位颇有建树的老中医，名叫曹筱晋，是最早一批的江苏省名中医之一。

高老师的外公行医50余年，救死扶伤无数，无论是在中医临床诊断方面还是在中医理论研究方面都有卓越的成就。虽然因种种原因，高老师读书时攻读了建筑和环境设计专业，但他一直有了解中医知识的愿望，他深信中医的理论对设计会有帮助。高老师的外公在生活中不善言谈，但常与高老师交谈中医的相关知识。

高老师是做建筑和环境设计的，专业研究功能合理、结构安全、形象优劣，这与中医"望、闻、问、切"似乎相距甚远。但高老师深信，外公行医50余载，对中医的学问一定会有深刻的见解，同时高老师也认为许多学问到了高端层次都是相互通融的，所以十分有兴趣向外公请教中医方面的知识。

在高老师外公的晚年，两人交流最多的内容是中医最重要的方法——辨证施治。外公教育高老师要学习辩证法，不仅看病治病要因人而异、对症下药，凡事也不能绝对化，还教导高老师要百采新知，不断发展。其中，辨证施治这一观点影响了高老师一生的设计理念。

一、辨证施治与建筑造型中"加法"与"减法"理念

2003年，南京建设东郊国宾馆，其间，省委、省政府相关领导请高老师担任工

注：文章结合与高祥生老师的谈话内容、工程实践经历整理而成，高祥生老师已审阅。

程设计的顾问并和作为助手的我、潘瑜协作负责修改国宾馆建筑的立面造型和大堂装饰。建筑的造型力图表现西方古典建筑的样式，但高老师觉得已建的建筑存在立面比例不协调，风格不符合西方古典建筑的基本法则，部分功能不合理等问题。面对这种情况，高老师的方案是通过增加西方古典建筑的构件，在入口的窗口处增加窗套、拱心砖，在门头的山花增加小齿，在入口的坡道增加石墩、护坡，将柱式的高度重新调整，在丰富建筑立面、调整建筑尺度的同时，使建筑立面比例协调、功能合理，从而达到符合西方古典建筑法则的效果。

建筑落成后，该地成为接待中央和地方领导的地方，在审美和功能上取得良好的效果，高老师很是欣慰。省政府相关领导对高老师主持的设计工作给予很高评价，同时业内也十分肯定这项工程设计。在这个方案中，高老师采取的修改方法就是对建筑立面造型做“加法”。

2004 年，南京火车站在开展建造工作时，室内环境中大面使用土黄色墙砖，与现代风格的火车站很不协调，好似现代建筑中间有个“土疙瘩”。改造部的领导提出邀请高老师修改，高老师在接受任务后，明确提出必须拆除多处墙面的土黄色墙砖，并将室内主要交通楼梯移位等。高老师认为南京火车站的建筑设计是钢结构的，结构的形态和产生的阴影已经十分丰富，没有必要增加其他色彩，整体色彩控制在黑、白、灰三个色彩内较好。另外，横躺在主要入口的楼梯极不利于交通，高老师建议建筑设计修改方案。

东郊国宾馆一号楼(高祥生摄影)

现在人们所看到的南京站室内环境，就是高老师主持完成的修改方案，其设计采用做“减法”的方法。之后，在南京南站、合肥南站等复杂空间中的装饰装修设计中，高老师采用的方法都是“减法”。高老师在南京站、南京南站、合肥南站的室内装饰设计得到了中央有关部门领导、南京市主要领导的表扬和当地群众的好评。

南京东郊宾馆的建筑改造，采取的是形态的“加法”，南京站大厅、南京南站大厅的完善，采用的是“减法”，无论是“加法”或“减法”，其本质都是高老师外公所谈到的辨证施治。这种“加”与“减”、“多”与“少”需要“辨”空间形态的状况以决定如何“施治”。

二、辨证施治与设计中此地、此时、此情的“唯一性”理念

有一年，高老师和妹妹都得了感冒，外公分别给两位外孙问诊、开方，两人的处方是不一样的，各自依照处方配药、喝汤剂，两人便痊愈了。事后，高老师问外公为什么两人同时感冒，却喝两种不一样的汤药。外公说：“虽然病情一样，但中医因人、因环境等因素不同，开的药自然不一样。”思考过后，高老师深深感悟到建筑设计、环境设计中也是如此。

2018 年，高老师主持南京至启东的宁启铁路高铁站环境优化设计工程，共计六个站的建筑环境和附房的形象优化。2019 年高老师主持镇江至连云港段的连镇铁路十个站的环境优化设计工程。2020 年高老师主持句容至太仓段的南沿江五个新建站的高铁环境优化设计工程。铁路建筑的功能是一样的，各个铁路站也有着自己的特色。

南京站候车大厅实景图(高祥生摄影)

水是江苏地域凸显的文化符号。宁启铁路环境表现的是江海文化，连镇铁路环境表现的是大运河文化，南沿江铁路环境表现的是长江文化。虽然每个站区的形态特征应表现相同的“水”文化，所有的站房都是在新时代、新形势下建立的高铁站，每个站的环境都应表现时代的特征，但是每个站的环境特征是不同的，设计应该在表现“水”文化、“现代”文化的同时体现出各地、各站区的文化特点，做到有大的共同点，又有具体的区别。

所以说，铁路环境的优化设计也应该像中医辨证施治那样，既要考虑到“此地、此时、此情”的“唯一性”，要在表现“水”文化的同时，体现出时代的特征和地域的元素。

具体的设计方案以南沿江附房为例进行说明。在南沿江新建城际铁路的句容、金坛、武进、江阴、南京南站五个站工区附房的优化方案中，有着相同的因素，如屋顶、墙面、门窗的用材、用色，也有不同的细部特征，如入口、山墙、出檐、小品、

南京南站候车大厅实景图(高祥生拍摄)

绿植等,就是这些同与不同的设计造型构成一种具有江南地域文化特征的江南建筑环境设计。

宁启铁路附房设计优化方案(高祥生工作室绘制)

在这三条铁路线的附房建筑中,高老师一方面强调要满足使用功能,另一方面则要注意文化特征的表现。在表现现代文化、水文化、高铁文化的同时,要注意对各站房所在地区的地方文化的表达,在大格调统一的前提下,做到一站一景。因此,高老师强调了“求大同,存小异”。所谓“小异”,就是中医中不同的个体自身的情况和自身环境,也是现实主义艺术创作理论中强调的文艺作品必须表现作品的唯一性,即唯一的个体,唯一的环境,产生唯一的形态特征。这与高老师外公所说的中医注重个体因素很是相似。

南沿江铁路句容站广场设计的研究方案
(高祥生工作室绘制)

关于建筑设计或环境设计的方法,高老师做过相关报告,在谈及设计方法时,高老师总是强调掌握设计方法的最好方法,就是灵活运用“辨证施治”的方法。因此,高老师外公所讲的辨证施治对高老师设计观念和理论的形成发挥着重要的作用。

术有专攻，专攻守恒

《陆军工程大学学报》副编审　孙　威

“唐宋八大家”之一的韩愈在《师说》中提到“术业有专攻”，这句话用来概括高祥生老师的职业生涯很贴切。高祥生老师是享誉国内的室内设计师，是东南大学建筑学院室内设计专业的教授，长期从事建筑室内设计的教育实践、设计创作与学术研究工作，执教以来主编及合编完成的著作达五十部，执业以来主持和参与的项目工程与方案设计达百余项。

高老师在中学时就十分喜爱美术，进入大学后攻读建筑学专业，毕业后在李剑晨老师的指导下，对美术学专业进行深入研学，并在教学和实践的过程中将两类知识不断糅合，在专业发展方面发挥开拓性作用。在不断深造的同时，职业发展方向却成为高老师的难解之题：若投身建筑行业，自己可能不如那些长期专业做建筑工作的；若是投身绘画行业，自己可能不如在学校或是社会上专职从事绘画创作的。

高老师毕业时恰逢20世纪80年代，伴随着改革开放的春风，中华大地掀起了建设大潮。结合当时的国家需求与行业形势，特别是我国的装饰业刚刚兴起，而装饰业中包含建筑学和美术学两门学科，高老师觉得如果将两者结合，将是一种最佳选择，于是选择室内设计方向作为他终生的执业方向。当他和李剑晨老师说将以室内设计作为自己的职业发展方向，李老师开始时表示很不理解，觉得最初学水彩的人怎么会去做装饰工作，直到高老师1996年在中央电视台开设讲座，李老师后来知道其中的原委，说：“小高，你做得不错。”

注：文章参考高祥生老师个人微博发布的资料、与高祥生老师的谈话内容，高祥生老师已审阅。

正是秉承“术业有专攻”的信念，怀着“海到无边天作岸，山登绝顶我为峰”的气魄，高老师在随后的职业发展中以其敏锐的职业素养和扎实的专业功底进行开创性的工作，将建筑学与美术学很好地融合，成为建筑学院的一大特色，为东南大学建筑学院建筑室内环境艺术设计专业作出了重要贡献。

高老师一直坚信，“短板+短板”一定会超过长板。虽然建筑学和美术学对他来说均是短板，但短板和短板有机结合产生的结果，就会超过长板。把建筑学科和美术学科这两块短板结合起来的室内设计学科正是高老师擅长的，他把自己所有的知识优势全部技术集成，使其成为推动国民经济快速发展的重要动力。高老师根据上述规律，通过长期的实践归纳与理论总结，日臻完善自己的设计风格和教学思想，使自己成为集知识复合、能力复合和思维复合为一体的复合型专家学者。

在四十余年的教学科研生涯中，高老师秉承“美是造型艺术的最高法则”的原则进行教书育人与设计创作。吴冠中老师曾经说过：“文盲不可怕，美盲才可怕。”高老师指出，室内设计是美学艺术的重要组成部分，虽然与其他艺术有着许多不同点，但它作为重要的审美符号，不仅可以优化环境和愉悦心情，有时也能振奋精神。在设计实践中，高老师坚持以“形式美法则”为审美标准，对教学与实践进行反复研磨，针对国内外设计理念、工艺与材料，对知识进行持续更新与迭代，既满足学生对新知识的渴求，又推动自己实现提升。

贝聿铭老师曾经说过：“艺术和历史才是建筑的精髓。”这句话同样适用于室内设计。高老师的学术研究以室内设计为核心，围绕建筑学与美术学等学科交叉展开，随着研究实践的不断深入，他的学术思想和观点与时俱进，总能让人耳目一新。在教学之余，高老师编撰出版了包含设计制图、装饰构造和色彩渲染等内容的五十本专著。秉持哲学求真、道德求善的理念，高老师对每件室内设计作品都悉心揣摩研究，首先进行意识再现，然后通过解构将它投射出去，最终利用物质形体实现意识再现。按照这种思路，结合自身丰富的执业经历，高老师将教学知识融汇到实践过程中，深化项目内涵，而实践经验又拓宽了教学理念，让课程扎实丰富。

高老师在室内设计方面取得的成绩业内皆知，各地的学会、协会都邀请他参加各类评审活动，多数情况下他总是婉拒。这是因为高老师觉得精力不可平铺，应尽可能把时间用在教育实践中。正如鲁迅曾说：“我只是把别人喝咖啡的时间都用在了工作上。”学高为师，身正为范，高老师希望做一名优秀的师者，用实际行动反哺社会。虽然高老师获得的证书有一箱之多，但他对待它们也仅是付之一笑，继续前行。《建筑与文化》一位领导曾说过：“找一个建筑学博士生导师或一个美术学博士生导师不难，但是要找一个既完整学过建筑又完整学过美术的，全国很少。”由于高老师自身具备复合型的知识结构与积淀，因而他能够厚积而薄发。高老师不以此而骄，而是悉心指导提携后辈，在业界广受尊敬，登门求教之人络绎不绝，高老师均能给予指点。

无意翻看高老师的履历，我感到十分惊讶的是，在四十余年的从教执业生涯中，高老师的工作单位自始至终仅有一个，那就是东南大学。秉持专攻守恒的精神，高老师心无旁骛地在这个平台工作与学习，集中精力只做室内设计。精诚所至，金石为开，高老师用他的努力取得了杰出的成绩，他用自身的选择证明了室内设计是最适合他的路。高老师用他的经历告诉我们：人在成长过程中，无论求学研究，还是从教执业，都应持之以恒。知人者智，自知者明，不仅要学会利用自身优势，更要坚持“咬定青山不放松”的精神，懂得如何利用自己的长处来做好一件事情。

在四十余年的教学科研过程中，高老师把美学从精神的“意”转换到现实的“境”，他的经历是对这种转换过程的一个概括性描述。在室内设计中，一开始应注意其精神特性，即“意境”。“意境”一词源于南北朝刘勰的“意象”，所谓“意”是创造主体的思想感情，“象”是与主体思想相联系的客体物象。“意象”既出，造化则奇。近代学者王国维把“意象”之说推向顶峰，并从“禅宗”语境中拈来“意境”，最终解释艺术家的“悟性”之说。

高老师用他的经历和成果证明了“悟性”之说，无论是在课堂上，还是在工作室中，高老师充分利用自己所学和经历，把理念和“意境”融合在一起，将自己所有的知识、精力和方法集中于一点，结合优势不断深化，将工作、学习和爱好有机地结合在一起，完成“以情化境、以境生悟”的升华，实现“为往圣继绝学”的人生目标。

从 ALC 板的研发、推广、应用看中国装饰装修的工业化道路

苏州金螳螂建筑装饰股份有限公司原副总经理　郁建忠
东南大学成贤学院建筑与艺术设计学院副教授　陈凌航

1999 年,江苏省省长引进一条新型建筑材料的生产线,是日本的 ALC 板材,当时 ALC 板的生产线由南京旭建公司以及日本和德国的公司合资经营。ALC 即 Autoclaved Lightweight Concrete,指的是蒸压轻质混凝土,ALC 板材是以硅砂、水泥、石灰、钢筋等为主原料,经过高压蒸汽养护而成的多气孔混凝土成型板材,它具有材质轻、保温隔热性强、施工简便、造价较低等特点,被称为"可以浮在水面上的混凝土板"。

ALC 诞生在瑞典,在日本得到了普遍应用与进一步开发,不仅生产销售量逐年增加(日本全国形成网络化销售),而且本土化技术水平日益提高,逐步形成了一整套的产业化生产体系。日本还制定了自己的生产规程及从设计、施工到产品开发等系列环节的行业规范,从而使其 ALC 生产技术水平在世界范围内处于领先地位。

ALC 板在日本的应用范围十分广泛,使用 ALC 板材的建筑无处不在,从市政道路的隔音壁到工业民用建筑,从商业设施到工业厂房,从写字楼到民用住宅,大到仓储式货栈、大型超市、影视娱乐城,小到花园围墙、路边花坛等,都可看到 ALC 板的身影。

注:文章结合与高祥生老师一起完成的 ALC 板项目课题整理编写,高祥生老师已审阅。

ALC板作为一种新型的轻型建筑材料，在引进我国之初主要是被用作内墙体材料，之后人们发现它也有着可以被应用于屋面板、装饰板等的性能。ALC板在我国经历了较为困难的发展阶段，最终走进了中国建筑工业化的领域。

一、观念的差别

ALC板材的研发、应用，是中、日、德三方合资完成的，当时主要是在南京市的板桥地区进行生产线的开发。在研发过程中，根据实际需要，大家都认为有必要建造一栋研修楼。研修楼的楼层被设置为三层，高祥生老师受邀担任装饰装修的总设计师。

在研修楼建造期间，高老师有一天收到日本旭硝子公司负责人打来的电话，对方说已经连续下了好几场大雨，房子受到大雨的影响，楼板发生了弯曲倾斜等问题，想请高老师到现场了解一下情况，并对问题作出相应的处理。但当时雨实在是下得太大了，高老师询问对方是否可以先安排工人处理一下，对方回答说他们不是总设计师，没有责任处理工地的事情，这是总设计师的事情，应该由高老师过来负责解决这件事。高老师到达现场后，发现研修楼的绝大部分已经砌好了，ALC板原本是笔直的，现在有许多都变成歪的了。看到现场情况之后，高老师与日方的负责人和工人们进行交谈，只听见中方的工人很自信地说："我们可以把它粉直、粉平的。"高老师认为日方作为投资者，应该在发现问题之初就及时纠正。通过这件事，高老师也明白了，日方的工作程序就是这样，在他们的思维模式中，谁是负责人，出问题就应该由谁负责。

高老师还意识到，大家存在着观念上的差异。ALC板是一种装配式材料，它的重点在于"装"，和"粉"不是同一概念。当时中国的建筑建造是工人将水泥等材料混合砌筑起来的，是"砌"（砌筑）的概念；而西方的建筑则是像搭积木一样搭建起来的，是一个"装"（装配）的概念。在这两者之间，表面上看只有一字之差，却反映出几千年来的"砌筑"观念在人们思想中的根深蒂固，很难轻易改变。因此高老师认为很有必要提高人们的思想认识。

高老师之后也得出了结论，做一栋房子，若是做得不准确倒也还好，后续可以再进行修改与完善，是有机会纠正过来的。但是若一直将"砌筑"的概念套用在"装配"的概念上，带着"砌"和"粉"的观念做现代社会的建筑建造，不仅会导致观念上的落后，也很难将建筑建好。意识到这个问题之后，高老师每每参加室内设计、建筑设计等研讨会时，只要谈到“装配式”和“砌筑”的区别，就会以这件事情为例，向大家阐述两者的概念差别，并指出当下纠正概念错误的必要性与紧迫性。

高老师认为当下的问题不在于一栋建筑有没有建好，而是首先要纠正人们的观念。虽然装配式建筑已经引进国内，但是其相关概念不明，工人也没有接受相关的培训，仍会套用“砌筑”的概念进行现代化建筑的构建，传统的观念实际上影响了后续的好多科技项目的运用。另外，现代化的部门尚未构建起来，仍有较多问题亟待解决。总之，套用传统的生产方式、建筑理念进行现代化生产是肯定不行的，是不可持续的，只有从根本上更新工人的思想观念，才能逐步推动装配式建筑的发展。

二、材料的落后

在日本，ALC 板的大胆应用和辅材的开发与配套技术的支持是分不开的。界面剂、密封膏、密封条、紧固件等广泛应用于 ALC 板的安装与装饰，ALC 产品能否发挥作用主要取决于上述功能性材料及配件的开发。在日本为 ALC 产品配套的生产企业为数众多，他们共同构成了 ALC 产品生产体系。如为 ALC 建筑开发定型的可一次性安装的门窗、雨篷等建筑构件。

国内在引进 ALC 板初期，未能将如此繁多的配件都引进来；同时，国内的配件产业发展极不平衡。因此，国内 ALC 产品的推广受到了严重阻碍，在应用时也出现很多问题，主要是配套工具不符合现场施工要求及生产受限等问题。

在使用 ALC 板时，会根据墙体设计和应用的具体情况进行分割或开洞。例如在天花上开洞设置灯孔时，需要借助开孔机进行打洞，而开孔机中的刀片，若是选择进口的话就会很贵，所以大多采用国内自己生产的开孔机去开洞。但是国产的开孔机没转动几下就坏了，究其原因，关键在于刀片前端的钢火，钢火是重中之重，决定着打孔的最大次数。由于国产的钢火质量不过硬，不得不使用进口钢火，而进口的成本较高，整个工程的成本也随之明显提高。

在做工程的过程中，也经常出现另一种情况。有时吊件、挂钩等需要固定在 ALC 板上，就需要在固定位置预先钻好螺钉孔，然后将“长短钉”（也叫“开花钉”）钉入板料内，钉子进入孔中之后膨胀，位置便固定好了。但在当时，国内生产不出来这种钉子。若是选择从日本进口，是一毛九一个，在当时是很贵的。整个工程需要使用大量的钉子，计算下来买钉子也是一笔极大的花销，一般工程难以承接如此昂贵的造价。但如果不进口,就无法固定挂件。

为了能尽快解决 ALC 板的装饰应用的问题,高老师还组织成立了一个小组,叫做装修研发组,众人参与其中,专门研究和探讨装修及相关应用。后来高老师等众人想出一个办法,就是利用木塞等土方法把位置定牢,这样一来,问题也得到了解决,同时也降低了生产成本。在当时的处境下,这也是没有办法的办法。

工程和项目实践反映出两个问题:一方面是我国在部分零件、工具的生产方面的制造材料和工艺上是不如国外的;另一方面是高老师提出在引进国外的技术和产品时,一定要从全局出发,注意考量后续的工作,而且一定要学会自力更生。我们之所以在 ALC 板的应用方面频频受阻,是因为日方不将后续的配套工具同步给予,造成国内在实际应用中需要解决许多“卡脖子”工程。ALC 板后来在国内得到了快速发展,但是这条路的开端是一波三折的。

三、施工的差别

实际上,中国利用 ALC 板建造的房子和日本利用 ALC 板建造的房子,有着很大的区别。在日本,钢结构盛行。ALC 板与钢结构共同配合组成了建筑构造体系,体现了 ALC 板装配安装工艺精确、便捷高效的工程特点。

由于 ALC 板的厚度大约有 10 cm,中间建有空腔,所有的管线都可以在空腔中穿过,所以日本在建造房子时的管线都是埋在隔墙里边的,在房子修建完以后,整个房间的表面十分干净利落。但国内的建筑在建造完成后,各种管线、槽道等显露在墙体表层,显得较为杂乱。高老师认为这是国内与日方在建筑施工方面的一个差别。

有次,高老师一行人到日本参观,那时高老师就注意到,日本大多采用的拼接方法是将 ALC 板的板材与板材拼接起来进行建筑物的搭建。在工地上参观时,高老师没有看到搅拌机、塔吊等任何机器,也没有听到任何机器工作发出的响声,在工地也没看到有尘土飞扬,高老师很是疑惑。那时在工地所见到的工人,也都是蓝领阶层,穿着统一的工装,他们手中推着小型的工具车,在做安装工作。在构造设计过程中,ALC 安装部分是由企业专业人员按幕墙工程标准进行设计的,有明确细致的行业规范及安装节点作为参考,设计人员只需要针对现场尺寸进行调整及细化设计即可。

中国的传统是利用水泥、沙子等建造混凝土式建筑,整个工程伴随着机器的轰鸣、沙尘的飞扬等，显得很混乱。而相比之下，日本利用 ALC 板材和装配式手法进行建筑的修建，没有水泥砂浆，没有灰土扬尘，是很干净的。因此，在国内大量使用钢筋混凝土体系，混凝土结构精度不高，又无 ALC 专业设计人员的情况下，日本的建筑方式是无法达到的。

另外，日本利用 ALC 板进行装配，将 ALC 板一一排列，ALC 板的侧面有孔洞，插缝钢筋透过孔洞可以穿过去，然后就可以将一连串的板材连接起来，一个隔面就做好了。而且所有的孔洞都很准确，是一一对应的，这样更有利于钢筋将所有的板材串联起来，施工的难度很低，而且工人的工作效率也会更高。因此，高老师在实地调研时，才没有听到机器的响声，没有看到飞扬的灰尘。通过实地调研，高老师也受到启发，也意识到装配式建筑的未来发展还面临着诸多挑战。

四、装修配件的缺失

在装饰设计方面，日本设计师充分考虑 ALC 板材自身的装饰特性以及板材安装后形成的简洁明快的线形构成，将 ALC 排版设计纳入建筑装饰设计的范畴，使 ALC 建筑装饰设计在建筑设计初期就一步到位，既减少了后期不必要的工作，又完整地体现了 ALC 建筑特有的装饰艺术。这与国内大搞建筑二次装修，建好的房子非得“贴金包银”的不合理的做法形成了极大的反差。

高老师曾受邀去评审一个开发公司的项目，当时对方的宣传广告称他们做的是“菜单式”装修。当时有好几家公司参与设计，各自也都拿出了不同的方案。

那时江苏电视台的记者对高老师进行了采访，在采访中高老师阐述了自己的观点。高老师认为现在提出的“菜单式”装修，有值得肯定的地方，但实际上与传统式的装修相差不大，人们当下对于“菜单式”装修的理解过于简单，只是在方案中多提供几种样式，却没有真正做到满足不同人的不同需求。高老师不是很认同这样的“菜单式”装修，而且认为那时的“菜单式”的装修，距离工业化的装饰装修，还有很大的差别，这个差别主要在于物质材料和产品的丰富程度上。

日本的“菜单式”装修是针对一个产品，可以为客户提供厚厚一本子的参考，里面包含各种各样的样式，一个门的配件可能有上百种样式，一个门把、门柱的样式可能也有上百种等。而且各个产品都是明码标价的，包括运输、安装等价格，都罗列得十分清楚。而国内的水平达不到这种层次，所采用的“菜单式”装修形式也不正确。比如用户需要选取适合自己家中的门，传统的可能需要现场根据用户的需要制作图纸，之后用户还需要去现场看效果图是否满意；而“菜单式”装修则是，可以直接提供给用户成千上万种设计的样式，供用户自行选择和挑选。因此，高老师意识到，“菜单式”装修的理念是对的，但在社会的实际应用和操作中，仍然是有发展困境的，是有问题的，而解决问题的关键在于物质材料。只有在物质材料充足、丰富的基础上，才可以做到真正的“菜单式”装修，才能进一步推动工业化。

五、生产成本的因素

高老师有一个朋友，在南京一家大型企业做总经理，他曾在六合买了块地，建了一个生产木门的工厂，工厂的规模很大，投资有几千万，高老师还曾给他画过设计图。之后高老师再次遇到他时，询问之下才知道之前的工程已经不做了。高老师询问做不下去的原因，朋友回答说，之前一直采用现场制作的方式，之后便是分为前场和后场，前期在工厂里面做好，之后运到客户那边安装，整个工程包含材料制作成本、设计成本、加工成本、运输成本、现场装配成本等，综合起来成本反而更高，所以每做一扇门，就会亏一笔钱。与其这样，不如在现场做，最终实在坚持不下去了，便关门了。

在 20 世纪 80 年代初，高老师也调查过全装修的一些建筑情况，发现全装修的建筑在市场上的占有率不足 8%。之后高老师也发现一个现象，南方地区的很多建造公司在现代化装修的程序和设备上都做得很好，而北方地区却始终发展不起来。思考过后，高老师认为，在沿海和南方地区的城市，人工工资较高，若是买机器进行工业化生产，所耗费的成本较低。所以相比之下，使用全装修建筑在南方地区的成本就会低一些，而在北方缺少这样的成本优势，推广起来难度也较高。虽然当时建委出台了很多补贴政策，但是在经济杠杆等因素的影响下，推广起来还是存在很大阻力。

高老师从这件事中意识到，做装修必定是要考虑生产成本的，而进行工业化升级转型的过程是不易的，其中机械化水平很重要。若要提升机械化水平，购买生产设备是必经之路。由于装修方面的生产机器很贵，所使用的印刷机价格也很高，再加上制作好之后的运输成本等，各个因素综合起来是亏本的。高老师针对成本方面也提出过一些建议，认为推行工业化的生产机制，要做到精密化、精致化。工厂所生产的样式，要与现场对得上号，所有的设计样式与数据必须要精细化、准确化。

中国的装饰装修有的是“土法上马”的，但最终实现了弯道超车，这主要得益于因地制宜。当初所经历的重重挫折与困难，无论是材料、工艺的差别，还是市场上劳动、工具的落后，所有的问题都已经或终将成为过去。ALC 板的安装形成了一个既统一又富于变化的风格式样，标准化、模数化的工艺及形态构成充分体现了现代建筑工业化文明程度，简洁、洗练的拼缝处理表达了现代建筑理性的审美倾向，模块化的构件任意组合、拼装，富于规律性变化。这种风格倾向不仅与现代主义建筑风格协调统一，更重要的是，在这个有着传统东方文化情结的国度中体现出了自身建筑文化的脉络和传统的审美思想的贯通。

目前，ALC 产品在中国也得到了长足的发展，高老师认为现在正处于传统工艺向现代化工艺变化的时期，建筑的工业化正在逐步替代部分手工作业的生产方式，因此人们必须做好充分的心理准备去应对将来所要遇到的各种问题。高老师坚信我们终究会克服所有的阻碍，逐步解决出现的困难，最终迎来一个崭新的明天。

建筑设计与室内设计、环境设计一体化

江阴市建筑设计研究院原院长、教授级高工　苏惠年

东南大学建筑学博士、一级注册建筑师、高级建筑师　陈尚峰

一、建筑设计中室内设计的早期介入

建筑单体是供人们居住、工作、学习的场所，若是想要住得舒服、工作得舒服、娱乐得舒服，就需要有舒适的环境。如何创造出布局合理、使用方便、舒适高雅、有利于人们活动的空间，是建筑设计、结构设计、设备设计和室内设计的共同任务。各项设计工作是一个有机的整体，相互间必须紧密配合，如果任意割裂或衔接不当，就会破坏其固有的内在关系。

按照分工，建筑、结构和设备设计完成了对空间大体的限定，为室内设计提供了一个基础，但室内设计既要服从限定，又要对这一限定的合理性提出反证，并应为其他设计，特别是设备设计提供设计依据。同时，建筑、结构和设备设计对空间的考虑侧重于实用性，一般较为宏观；而室内设计对空间的考虑则是实用性和艺术性并重，一般比较具体，它所要求的往往涵盖了其他设计所要求的内容。从这个意义上看，对设备设计而言，室内设计应处于相对主导的地位。只有及早发现问题提出要求，然后经各方研究协商，分清主次，先后有序，增删取舍，才能得出最佳设计方案，否则难以达到目的。

建筑单体完工之后，会分为室内空间和室外空间，在专业上，也分为室内专业

注：文章第一部分的内容根据与高祥生教授的谈话记录以及1998年《室内设计与装修》期刊中《建筑设计中室内设计的早期介入》一文综合整理而成。文章第二部分的内容来源于2017年《建筑与文化》期刊中《绿色建筑设计浅探——以南京汤山紫清湖度假酒店为例》一文，部分内容有所删改。

和室外专业。所以不仅要把室内设计做好，也要把室外设计做好。在建筑设计中，专业的图纸需要进行会审，即使会审之后，还是可能存在很多疏漏之处。因此高祥生教授觉得，针对传统的房屋建筑，最好的方法就是建筑设计和室内设计、建筑设计与室外环境、室内设计和室外设计基本同步进行。但需要说明一点，此方法不适用于大型、新型的建筑。

高祥生教授在传统建筑的设计过程中，曾尝试过这种做法，结果是比较成功的，有许多可取的经验。本文以江阴国际大酒店工程为例，说明在传统建筑设计中室内设计的早期介入是如何实现建筑设计和室内设计一体化的。

江阴国际大酒店是四星级涉外宾馆，建筑面积约 40 000 m^2，28 层，总高 88 m。在 20 世纪 90 年代初由江阴市建筑设计研究院负责设计，建筑设计的总负责人是江阴市建筑设计研究院院长苏惠年，室内设计的负责人为东南大学的高祥生教授。

当建筑设计与设备设计有了初步方案后，对建筑功能的合理性、建筑造型的完整性进行论证研究，即让室内设计早期介入，共同分析研究建筑设计的合理性。

在设计过程中，室内设计者与建筑、结构、设备设计者共同探讨，密切配合，从室内设计角度提出的多项建议，使原建筑方案更加完善，取得了建设方和建筑、设备设计者的认可和支持，还得到了有关部门的肯定与批准。由于室内设计的早期介入，室内与建筑、设备设计取得了较完美的统一，使这一工程完成得比较圆满，受到各方面的好评。

1. 大堂的空间比例

原建筑方案中，裙房为 4 层高，主楼为 28 层，从外观上看，二者之间的体量关系是协调的。但由于大堂的进深较浅，且周边为回廊，而建筑红线又不允许大堂扩大进深，在高而窄的空间里自然会形成一种局促的“天井”的感觉。为了解决这个矛盾，采取了如下措施：在外立面不变的前提下，把大堂层高降为三层，三层以上作屋顶花园处理，把原安排在大堂四层的房间移到大堂西侧。这样处理，在视觉上和气氛上都达到了较好的效果。

2. 大堂的空间组织

大堂是酒店公共活动中心，也是室内设计的重点。大堂的左侧是团体入口，右侧是休息厅，在大堂和休息厅之间有一螺旋楼梯，既作交通枢纽，又可作为人们在大堂与休息厅中的观赏点，但在原建筑方案中这是两段直跑楼梯。在室内设计深入的过程中，设计师感到直跑楼梯在两个空间的联系上较生硬，且造成视线隔断和人流回头的问题，因此建议将楼梯改为旋梯。这样就较好地建立了两个空间的联系，同时也取得了良好的视觉效果。

3. 天花造型与灯光的协调

酒店大餐厅的面积较大，正面呈单侧鼓形，在大餐厅天花的中间位置有几根大梁。根据这种结构形式，高教授认为可以做成四片上凸的天花，并在其中成片地布置灯光。但最初的通风管道、喷淋管道等均设计成纵向穿梁底布置，在这种情况下若按上述方案做天花，势必会大大降低层高。为此经过充分协商修改了原设备设计方案，采取了主管道沿走道、次管道沿大梁两侧布置的方案，保证了在节省层高的前提下让天花与灯光的设计方案得以实施。最终餐厅的天花分三层错落，天花的平面布置与建筑平面形式紧密结合，并与餐厅的布置上下呼应。特别是中部采用的工艺吊灯和边部的蓝色光带，更是与建筑平面丝丝相扣。这些灯具既使餐厅显得更加富丽堂皇，又使餐厅的大空间产生了“升高”的感觉。

旋转餐厅是酒店一个重要景点和活动场所，为了突出其艺术氛围，在室内设计中，将原来比较单调的平面吊顶加筒灯的方案，改为多变的曲线二次吊顶，加装艺术吊灯，使旋转餐厅空间显得丰富而生动。

4. 舞厅设计与消防要求的协调

原设计在三层的舞厅，最远点至出口的疏散距离超过了高层民用建筑防火规范中的规定，但是二层大餐厅必须有这样大的进深才能解决 50 桌的容量。为解决这一矛盾，在室内设计中将舞台、灯光及更衣放在靠走廊一侧，将入口凹入，使门向内移进 3 m，这样既满足了消防上的要求，又保持了空间的完整性。

设计该工程，使高教授对建筑设计中室内设计的早期介入有了一些体会，主要包括以下几方面。

第一，介入的时机。室内设计介入的时机宁早勿晚，应在建筑、结构、设备设计初步方案形成之前即开展工作。江阴国际大酒店的室内设计是在建筑、结构、设备设计初步方案确定之后开始的，高教授回想起来感觉稍嫌晚，如果能再早些，则可以使用建筑方案以及设备的管道、电路布置等与室内设计结合得更加紧密，同时也可最大限度地避免设计上的重复，效果会更加理想。

第二，介入的深度。室内设计的早期介入，除了掌握时机，还须控制深度。设计的粗细、繁简程度要适当，大粗大简固然不能说明问题，但太细太繁对后续的设计工作也是没有意义的。因为像大酒店这样的工程，从设计到完成施工一般要历时数载，而几年中情况的变化是难以预料的。如装修材料，如果早期即作了具体规定，将来材料发生变化，届时用材上将会落伍，后续施工中是必然要修改的。再如几年期间有可能发生工程易主，业主的改变对室内设计、装修的要求往往也随之改变。因此早期介入的室内设计，只要求对大空间、大界面、大效果进行控制，勿过多涉及细节，方案达到扩初设计的阶段即可。

第三，介入与效率。过去在不少工程中室内设计是晚期或中期介入的，这种做法弊病颇多。有这样几种情况：一是建筑、结构和设备设计都已完成，在考虑室内设计时发现了一些不足或不完全适宜的地方，因而不得不将原设计推翻重来或者重做局部设计，造成设计中的无效劳动和重复劳动，进而延误了开工时间；二是土建施工已基本完成，设备安装也已开始，这时再进行室内设计，会发现不少地方不适宜，或某些设备不适用，于是进行拆墙打洞，修修补补，或重新采购某些设备，这样就造成重复投资，导致大量浪费，同时也极大地增加了设计人员现场服务的工作量；三是土建施工已经完成，室内设计中虽发现问题，但是“木已成舟”，因建筑结构等种种原因而无法改变，室内设计面对先天不足的局面，有些意图无法实现，造成缺憾。

上述情况是应该而且完全可以避免的，唯一途径就是室内设计早期介入，并与建筑、结构、设备设计基本同步进行。总之，正确的工作程序才能带来良好的经济效益。江阴国际大酒店工程由于这一问题解决得较好，据建设单位估算，节省资金在 100 万元以上，得到了市政府的肯定和表彰。

高教授认为，在传统建筑设计中，室内设计早期介入与其他各项设计基本同步开展具有必要性，这在今后将会被越来越多的实践所证明。这一方法在整个行业的广泛推行，乃是一种必然的趋势。

二、绿色理念下建筑设计与环境设计的一体化

绿色建筑从倡导实施渐渐演化成各地区的强制规定，如何将规范条文落实于建筑创作之中，如何根据每个项目的自身特点来贯彻绿色建筑的理念成为设计工作中不可回避的问题。建筑师应当关注的是，如何在建筑创作的过程中不断完善

建筑物理环境。

在汤山紫清湖度假酒店设计项目的创作过程中，高祥生教授作为项目的总负责人，提出建筑的设计应该做到绿色环保，并提倡怀着对环境的敬畏之心，在场地规划与单体设计中设计出环境友好型建筑的做法，并从建筑与环境共生的角度出发，对绿色建筑的实施提出了相应的建议。

1. 在规划设计前期树立尊重环境的意识

汤山紫清湖度假酒店项目占地 4 万 m^2，地面呈南北长条形走向，周边自然景观优美。西侧有一条公路与基地相联系。基地位于沪宁高速北侧近汤山景区入口处，交通比较便捷。从基地现状看，紫清湖为天然湖泊，水面较大。

业主希望建造一幢集餐饮、住宿为一体的度假酒店。在满足酒店使用功能的情况下最小扰动自然环境，并创造出与自然景观相结合的人工环境，乃是该项目的设计定位。结合现场踏勘，在设计策略上，采用将建筑的首层做成半覆土建筑类型，对着湖面一侧的墙体则向湖面打开，让入住者在此充分获得自然环境所提供的视觉美的体验。

2. 在建筑空间设计上体现对场地的理解

因为场地地形东西方向高差较大，故有必要结合地形进行坡度设计。为了节约土地资源，充分发掘基地的潜力，建筑布局顺应地形的特征也呈南北走向，这样在节地的同时也兼顾了功能与环境的关系。如将客房区放在靠近林带较为安静的北侧，而餐厅则选择靠近南侧与现有的会所相邻，以便于客人使用。餐厅区与客房区之间以大厅相分隔，进入大厅的人流可根据需要自行选择向北进入客房区或向南进入餐饮区，从而使得进入建筑的人流自然达到分流的目的。

节地原则的一个重要方面是对现有道路的改造与重新利用。如在本项目中规划建筑东侧原有一条临湖面的景观道路，将其利用为建筑消防道路而不再另增加新的道路，从而减少了对自然环境的破坏。根据场地的特点因地制宜地进行剖面设计，如由于西侧基地道路处标高距湖面处地面高差有近 7 m，故将建筑的主要入口直接放在对应客房的三层，同时也对应大餐厅的二层处。考虑到建筑体块对景区大环境的影响，设计团队对建筑的高度做了严格的双重控制，即一面控制其建筑高度不超过 18 m，另一面也控制建筑的屋顶标高不超过吴淞高程。这样一来，保证了在西面的城市道路上新建建筑体型不显突兀，让新建建筑的形体自然掩藏于林木之中。

在视觉上为了减少建筑体形对环境的压迫，建筑师常常倾向于采取将建筑体分量布局的做法。在此项目中，考虑到建筑的基地比较窄长而建筑功能空间数量要求比较多，在平面上分散布局的做法难以实现，故采取了另一种方法，即在造型处理上对体量进行化整为零。首先是将客房区与入口大厅之间以及入口大厅和南侧餐饮区之间的建筑体，处理为玻璃联结体的形态。这样一来，一个长条形的建筑就被处理为三个单元，并通过两段玻璃体连接起来。一个巨大的长条形建筑体量由四个坡顶分段覆盖，从而在视觉上消除了巨大的建筑体量所带来的压迫感。一个庞然大物被巧妙地切为四节，弱化了对视觉环境的影响。

3. 在单体建筑设计中强调建筑的物理性能

在单体建筑设计中如何贯彻绿色建筑主张，将环境意识落实到设计细节的方方面面是设计团队所关注的重要环节。具体说来，有如下做法：首先，从集约化使用土地的层面来讲，对建筑功能进行集中处理以及顺应地形布置建筑形体皆有助于减少土方量，达到集约用地的效果。其次，在节约材料的层面上，对大餐厅的顶部采取钢结构装配处理并且在装修上适当采用木材等节约型材料。大量使用可循环利用材料，减少对一次性材料如钢筋混凝土的依赖，从而达到了节材的效果。再次，在对水资源的利用层面上，通过对建筑场地采取严格的雨水、污水分流的做法，以保证在夏季雨水较多时场地能较好地将积水排除。在客房中则采用节水型洁具来实现节水的效果。另外，在东北侧湖面与建筑相近处设置露天泳池，并在夏天利用水面的蒸发来为建筑降温，从而改善建筑所在地区的小气候。

在声环境的优化上，一方面在餐厅区与客房区之间增加入口大厅的分隔，另一方面采用隔声性能好的墙体材料来减少电梯噪声对客房的影响。在光环境的处理上，原则是优先采用自然光源。在自然光照度不能够满足功能需要时再采用人工光源补足，并通过软件的计算来优化开窗的形式从而达到满意的光环境。在风环境的处理上，构造设计主要通过合理设计，充分利用穿堂风来达到节约能源的效果。在节电的做法上，建筑采用太阳能热水系统为客房提供热水。在空调的选型上则是针对客房区和餐饮区分别采用两种独立的空调系统来达到节约能源的效果。

层高经济性方面的考虑也是该项目重要的一方面，因为该项目中地下室层高较高，为了节约造价与减少人防面积的配置，设计者将建筑地下室的埋深降低到3 m之内，同时地上部分控制在1.5 m以下，为业主节约造价的同时也保证了建筑空间的灵活使用。在节能计算时设计者对外墙材料的选择与厚度方面进行了反复的权衡，对建筑的采光进行了严格的计算，在不影响建筑立面美观的情况下对玻璃幕墙的使用面积进行了缩减，从而在整体上控制了建筑造价并节约了能源。

4. 在整体层面追求建筑与环境的共融共生关系

由于建筑的西侧为当地一条重要公路，为使建筑在景区中不显突兀，采取了相应的做法：一方面通过限高使建筑的屋面低于西侧道路的路面；另一方面设计者通过在建筑层面铺设人工草皮，在视觉上使建筑体量隐藏于林木之间。将建筑南北向布置主要是考虑到紫清湖的景观，同时在西侧种植成排的景观树，以达到立面美化与夏日遮阳的效果。建筑朝西入口处屋顶处理为双重的人字形坡顶以提示出入口的重要位置。将建筑的主体结构单体部分处理为坡顶的造型以实现与环境的结合更为有机。

在本项目中，高教授认为应该关注建筑与环境之间的互动关系。这种关系一方面体现为环境生成建筑的逻辑思路。如建筑体块的生成受到周围交通、地形与土方量以及规划限高的制约等。这些制约成为合理生成建筑形体的基本限定条件。另一方面则是体现建筑对环境所产生的影响。考虑到建筑所在区域是景区，自然环境较好，故在设计策略的选择上更多是采取一种顺应环境的做法，如屋面铺设草皮、体块化整为零的做法。这种根据环境至上的理念所建成的建筑不仅不会破坏当地的自然景观，还能为环境增色，甚至成为一处景观。从这个意义上讲，本项目更加强调建筑与自然环境的和谐共处、相融相生的关系。

上文论证了在建筑设计中如何进行室内设计的早期介入，以及如何在建筑设计中贯彻绿色环保的理念，做到建筑设计与环境设计的一体化。

如果要做室内设计一体化，建筑设计只需要完成扩初图纸。我们认为室内设计的介入应该在建筑设计的扩大初步设计阶段。介入过早，建筑设计中的问题没有暴露。介入过晚，建筑设计中水电已做完，到后面再修改加大工作量。室内设计的设备设计不要重复做，在扩初做完以后，室内设计还没全部开始时完成，由室内设计牵头的电器设计、水电设计等室内设计主要控制环境色彩和陈设品。

BIM 在建筑装饰装修中的应用

苏州建研院集团公司院长、研究员级高级工程师、一级注册建筑师　王宏伟
一级注册建筑师　高　路

早期的装饰图中包含着一个综合点位图，它主要反映顶棚平面的灯具、消防设备和管线的一些位置。这些图中也包括电气图、装饰图，一些空调设备，还有其他的风口等，合在一起被叫做中控布点图。

现在随着装饰装修的设备不断增加，装饰装修的内容也越来越复杂，特别是异形空间，诸如江苏大剧院、国家大剧院，这些空间中的设备是非常复杂的，若是不能合理布局和安排，这些设备之间很有可能会发生碰撞。随着异形建筑空间越来越多，设备越来越多，空间里各种设备碰撞的概率越来越大，不仅会影响到工程质量，还存在安全隐患。

人们逐渐意识到，装饰装修的工业化，是一种必然的发展趋势。

BIM，全称 Building Information Modeling，即建筑信息模型，是解决多工种、多设备之间互相碰撞的设计方法，是一个先进的电脑辅助设计手段，可多专业多工种协同工作，能有效提高工作效率、节省资源、降低成本、避免和消除差错，是实现可持续发展的先进措施与手段。

瞄准 BIM 技术将给工程行业带来一场新的产业革命是不可否认的事实，在采用 BIM 完成设计文件并得到优化后的模型不仅可以做到“图纸和模型”一体化，并能将“设计 BIM”与“纠错 BIM”“成本 BIM”有效耦合。根据优化后的设计 BIM 模型，及时、准确地获取工程量数据和多专业构件、管廊、管线、综合布线等图纸，同

注：文章结合与高祥生老师的谈话内容及 BIM 技术的设计研究而写。

步协同多工种开展碰撞纠错、多专业质量整合，实现“图模量质”一体化。

目前，BIM技术重点进入探索设计阶段的全专业应用和建设项目的全过程业务工程咨询，包括BIM＋互联网、BIM＋智慧数字平台、BIM＋建设项目全过程业务、BIM＋装配式、BIM＋3D打印建造等领域，为用户提供科学、一流、增值性的技术服务。

建筑装饰装修队伍原有的生产模式、生产流程是一种串联式的，从设计院到勘察、设计、建筑结构，再到设备、装修，整个流程都是连贯的，是在一个地方完成的。可以说，这是一种基于用户需要向上游传递，再由上而下往复实施的过程，是依次衔接、按次序实施服务的串联模式。

而现在，随着工业化生产的不断推动，为最大程度地配合工业化生产的需要，装饰装修的设计模式已经发展演变成并联的模式。并联式的生产模式，意味着所有的设计工作可以由不同的主体，在不同的地点，同时起步、生产、完成。通过将一个工作或产业链分配为多个环节，将工作指令下达至各个环节企业，各环节企业通力协作，最终向用户集成。这种情况下，产业链上的各个企业都处于一种并列的关系之中，在行动上能够保持高度默契，摆脱了传统“上传下达”的任务衔接关系。

伴随着装饰装修的工业化推进，从事装饰装修的设计人员队伍也面临着发展的挑战。最明显的是，由于市场的过度饱和，装饰装修的设计人员队伍需要精简化，如此一来，从业人员必将减少，整个装饰装修行业的队伍必然会瘦身。

高老师曾多次提过，装饰装修行业的从业人员面临着转型问题。转型就必然要考虑发展去处的问题，而高老师认为最好的转型方式是“就地转型”。也就是说，在原有从事装饰装修业的基础上，做一些和之前的工作有区别又有一定联系的工作。即原有设计人员的本职工作未曾变化，工作单位也可以不改变，而单位通过增加另外的职位或工作内容，实现人员的转型。

高老师认为，各大设计院若是走上人员转型之路，就应该将需要转型的人员组织起来，集体进行开发、研究、生产标准化、精细化、模块化的配件。如此处理，既解决了人员的出路与就业问题，也可以提高生产产品的质量。

工业化生产的推动，为现代建筑的装饰装修提供了发展的机遇和挑战，更不断推动着装饰装修设计向着更加精细化的方向发展。

首先，过去设计院以完成投标任务为工作，针对某一个工程而进行设计。现在的设计工作大多是为了方便组装、整合，而且整合的形式可能是远程的，需要各个构件足够精细，否则可能无法满足现场组装的需要。因此，要特别重视构件以及组装部位的准确性、精细化。

其次，传统建筑追求个性化，设计师通常按照所要表现的内容进行设计。而现代建筑更多强调共性，重视装饰材料的共性，强调风格上的统一，若不然，建筑施工中就会产生“少、慢、差、费”的问题。另外，现代的装配式建筑，不仅强调共性，也十分注重精细化程度。材料与配件的精细程度是影响建筑质量的重要因素，建筑中各种构件是需要准确组装起来的。在装配式设计中，需要特别注重接口位置的设计，包括设计材料、施工的便捷性等，接口位置要做到精细化，各个构件之间要有互相兼容性，实现无缝对接。在建筑构件组装中，相差5 mm可能就会导致很大的问题。因此，在各种错综复杂的组装关系中，需要处理好每一组的关系，要时刻以标准化、精细化为准则，这也是设计任务的重点所在。

最后，现代的装配式建筑，存在着批量化生产的问题。因为在工业化生产的推动下，产品数量不断增加，生产者不需要为完成单独的一个样式而设计，初期只需要设计一种样式，之后便可以利用这一个样式而拼装组合成新的、不同的样式。因此，所有的设计内容都是可以批量化完成的，如此设计和施工不但可以节省材料、节省工时，而且批量同质化生产还可以大幅降低生产成本，极大程度上缩短建设周期。

所以高老师认为，工业化的装饰装修设计，应该充分表现简洁大方的美感，工业化的装配式建筑在BIM技术的加持下也应该充分体现材料和工艺的美感。

高祥生老师对建筑学科中不同专业制图课的认识

东南大学成贤学院建筑与艺术设计学院副院长　王娟芬

南京艺术学院博士、东南大学成贤学院建筑与艺术设计学院副教授　王　桉

东南大学成贤学院建筑与艺术设计学院副教授　史莹芳

东南大学博士、东南大学成贤学院建筑与艺术设计学院动画专业讲师　郭　城

高祥生老师退休以后，曾主持东南大学成贤学院的工作。作为独立学院，成贤学院有着自身的特征。由于独立学院的教学经费基本是自筹的，经费不足，师资紧张，因此在办学条件上远不如有国家政策和资金支持的院校。

高老师当时为成贤学院建筑与艺术设计学院院长，学院设有建筑学专业、风景园林专业、环境设计专业、建筑动画专业和视觉传达设计专业。高老师认为，虽然学院中的专业各不相同，但是这几个专业之间存在共性，建筑学和风景园林同属建筑大类，环境设计、建筑动画、视觉传达设计同属于艺术设计类，建筑与设计都需要表现基础、形式美基础，故各个专业开设的课程中也有类同的课程，如艺术概论、建筑制图、人体工程学、形式美等，这五个专业相互交叉融合。

高老师最初负责这个学院的时候，就意识到一方面学院的经费十分紧张，另一方面对教师教学任务的分配过于分散，因此高老师主张在教学安排、任课教师的分配上，要精打细算，科学规划。

建筑学科下的不同专业，在课程的设置上是类同的，其中较有代表性的就是

注：文章根据高祥生老师在不同专业的会议上的讲话内容整理而成，高祥生老师已审阅。

制图课。但是建筑学专业的制图和环境设计专业、风景园林专业、建筑动画的制图，所讲授的具体内容又是有区别的。因此，高老师认为，虽各专业开设相同名称的课程，但由于专业性质不一样，所要表现的内容也不一样，在教学内容、课时设置、师资分配等方面要区别对待。

第一，在教学内容方面。建筑学的基础课程内容是视图，即传授学生三视图的画法、成图原理，这是建筑学科下各个专业学生都应该学习的。实际上，建筑学专业的视图原理、方法一般也适用于其他专业，但是建筑学无法涵盖其他专业的更多内容。高老师认为，三视图是学习建筑学专业最基本的内容，也是其他设计专业学习制图的最基本知识点，其他专业制图课程应基于此基本知识点并根据各专业的性质进行内容的修订。

在学习三视图的基础上，教学生制图方面的知识内容，教学生如何绘制平面图、立面图、剖面图和大样图，对于建筑学科下的环境设计专业、风景园林专业等各个专业，都是必要的。学生需要了解平面图、立面图、剖面图、大样图从何而来，又该如何看懂，就需要学习制图的基本原理和方法。高老师特别强调，建筑学科的制图与视图是息息相关的，不懂视图就无法制图，不会制图也就不明白如何表现设计图。总之，视图的知识是学生应该熟练掌握的。

第二，课时的设置问题。关于视图课、制图课，高老师认为视图课的学习时间在各个专业基本上是等同的，但是制图课课程的开设学时，可以根据具体开设该课程的专业教学计划来安排。一般来说，从基本视图开始教学，到平面图、立面图、剖面图教学结束，大概需要 48 学时。高老师认为环境设计专业课程内容较为细致、微观，所需要的课时也多一些，但至少要满足 48 学时或 64 学时。而风景园林专业的制图课，没有建筑学和环境设计专业那么复杂，基本知识点与理论讲清楚之后，学生易于理解和掌握，一般 32 学时就可以满足教学需要。

第三，师资的分配与安排问题。高老师认为各个专业的制图课的授课内容既然有共同点，那么在安排教师授课程时，一位老师可以同时承担多个专业的同一门课程：一方面是各个专业的学生人数不是很多；另一方面，若是一位教师只教一个专业的一门课程，教学工作量会不足。若是同一位老师教多个专业，那么既可以满足教学工作量，同时也可以满足教师资源的良好分配。这种情况下，也要求所有的任课教师了解各个专业之间的共性与差异性，明白不同专业之间共同的知识点和各专业的特色，之后将知识点融合在一起，做到融会贯通，便于更好地开展教学工作。

高老师围绕建筑学与其他专业在制图方面的异同，进行了深入的探讨。不同专业所讲的制图，以及平面图、立面图、剖面图的画法既有所同，亦有所不同。

建筑平面图是建筑设计图纸中的重要组成部分，它反映了建筑物的功能需求、平面布局及平面的构成关系，是决定建筑立面及内部结构的关键环节。建筑平面图主要用来反映建筑的平面形状、大小、内部布局、地面、门窗的具体位置和占地面积等情况。

建筑物的平面图是从建筑物的门窗洞口处水平剖切俯视，图中包含剖切面及投影方向可见的建筑构造以及必要的尺寸、标高等，若是表示不可见的部分，可以用虚线绘制示意。在平面图上表示室内立面的位置时，可以用内视符号注明视点的位置、方向和立面编号。平面图的方向基本上与总图的方向一致。顶棚平面图采用镜像投影法绘制，除顶棚平面图外，平面图都是按照正投影法绘制。

在画立面图时，都按照正投影法绘制。建筑的立面图包括投影方向可见建筑的外轮廓线和墙面线脚、墙面做法、构配件、门窗及必要的尺寸和标高等。室内立面图包括投影方向可见的室内轮廓线和装修构造、门窗、构配件、墙面做法、固定家具、灯具与必要的尺寸和标高及需要表达的非固定家具、灯具、装饰物件等。建筑物室内立面图的名称，可以根据平面图中内视符号的编号或字母确定。环境设计立面图的方向，与建筑中的立面图是相反的，即在建筑之外看到的北立面，实则是室内的南立面。

关于剖面图的画法，剖面图是物体沿着某一方向切开，移去其中一部分，然后剩下的部分采用正投影法绘制，建筑剖面图中包括剖切面和投影方向可见的建筑构造、构配件以及必要的尺寸、标高等。剖切符号用阿拉伯数字、罗马数字或拉丁字母编号表示。

建筑平面图主要表现建筑的外在形态，在制图时使用建筑的外部尺寸来表示。建筑平面图的外部尺寸即在水平方向标注三道，俗称外三道，分别为总尺寸、轴线尺寸、细部尺寸。最外一道尺寸是标注房屋水平方向的总长、总宽，称为总尺寸；中间一道尺寸是标注房屋的开间、进深，称为轴线尺寸；最里边一道尺寸以墙体或柱子的轴线定位为基准标注房屋外墙的墙段及门窗洞口尺寸，称为细部尺寸。

相比之下，室内平面图的尺寸要比室外平面的尺寸更复杂。室内平面图应标注物体外表及外表立面的尺寸，同时要标注外轮廓尺寸，立面内有物体的，还应标注物体尺寸。室内剖面图，一般都是根据需要画出的，室内剖面图的数量一般要比室外剖面图的数量多。

另外还有标高，标高表示建筑物各部分的高度，分为绝对标高和相对标高。绝对标高是相对于一个国家或地区统一规定的基准面的高度，我国规定以青岛附近黄海夏季的平均海平面为标高的零点。除总平面外，一般采用相对标高，即把底层室内的地坪作为相对标高的零点。而相对标高是以建筑物室内首层主要地面高度为零作为标高的起点计算得出的。

高老师认为，在建筑学科的各个专业中，环境设计专业的室内设计制图，是最为复杂的，其次是建筑学专业，风景园林专业和建筑动画的制图相对比较简单。

在环境设计专业的制图中，存在很多异形的图形，异形图形需要用网格的方法来表示，例如上部、下部的一些部分，存在空洞的地方，就需要用虚线来表示，这是环境艺术制图中的特殊表现，比建筑学更复杂、更细致。比如建筑学的制图中仅要求对窗户、门洞、楼梯等构件的平面、立面、剖面尺寸表示清楚，而环境设计专业制图中需要将家具的制图方法，还有一些花饰、小的陈设品等都以图例的形式在绘图过程中表示出来，十分具体、细致。

风景园林专业的制图也有着自身的特殊性，制图要表现的对象种类繁多、形态各异，场地的高低落差、功能区划分、场地布局、景观植物等都需要翔实地反映在平面图上，一些竖向要素也要通过恰当的线宽、线型和阴影清楚地表现出来。例如等高线的表达，园林中的一个山坡，山坡和平地之间的距离或是此山坡与彼山坡的高度差等，都可以在平面图中以等高线的形式表示出来。其实，风景园林专业的制图与陈设设计有相似的地方，都表示已有的或是将来准备建设的一些建筑和构造物。在平面制图中，通过使用网格定位的方法来确定主要场地、道路、出入口和主要节点的位置，树木的数量、特征可以通过俯视的方法表示。

对于建筑动画专业来说，制图要表现的主体是建筑。学习建筑动画专业制图的学生，虽然不需要系统化地掌握环境设计、风景园林等其他专业的制图知识和理论，但是必须懂制图，要能够看懂建筑中的楼梯、门窗等在图中是怎样表现的，要明白环境设计专业中的室内沙发的立面图中是怎样标注的，也要知道异形物体、空洞该如何表达等。因此，学生应该综合掌握各部分的知识内容，既需要理论知识的基础，也需要有制图、识图的能力。

高老师认为，建筑学科中不同专业的制图课，是一门既注重对理论知识的学习和把握，也注重在实践中探索和锻炼的专业基础课，对培养学生的空间想象力、思维能力、绘制和阅读建筑工程图样的能力等发挥着重要作用。无论是教师的授课，还是学生的学习，都要循序渐进。

倡导装饰构造的教育

高级室内设计师、高祥生工作室副总设计师　许　琴
金宸建筑设计有限公司高级建筑师、一级注册建筑师　吴俞昕
高祥生工作室设计主任　吴怡康

城市有城市的构造，规划有规划的构造，建筑有建筑的构造，景观有景观的构造，装饰有装饰的构造。“构造”是指物体的各组成部分及其相互关系。装饰构造是实施装饰工程的具体方法，是装饰设计的重要内容。

高祥生老师介绍说，20 世纪 80 年代前，“装饰构造”的专业性概念还未出现，但在《建筑构造》中有一章节专门讲述装修构造，包括楼梯的构造、门的构造、窗的构造等内容，而这些构造基本上属于建筑本体的构造，离开建筑本体之外的装饰构造很少见。

80 年代后，随着我国经济的发展，国内装饰业蓬勃兴起，出现大量的装修工程，一些原有较为简单的门窗、楼梯等构造方法已不再适应社会发展的需要，而对于众多离开建筑本体之外的装修构造，行业人员尚不清楚该如何表达，更没有可借鉴的经验。此外，行业的不断发展促使更多的人选择从事装修行业，但其中很多从业人员并没有接受过装修构造知识的专门训练和指导，导致之后的装修施工图或是缺乏深度，或是漏洞百出，严重影响到装修的工程质量。尤其要指出，在民间的装修作业中，老百姓往往都是自主设计，通过做一些简单且与结构关系不大的设计来完成装修任务，但他们并不知道装修构造到底是什么。

随着工程量不断扩大，工人、设计师等从业人员都觉得需要完善、规范行业相

注:文章根据高祥生老师编著的有关装饰构造的书籍内容及其谈话内容编写，高祥生老师已审阅。

关的知识和条例。值此时机，高祥生老师也觉得有必要根据社会和行业发展需要，设置专门适用于装饰构造的相关规范，并向全社会推广装饰制图和装饰构造的做法，以便更好地指导和规范行业发展。

高老师于2002年出版《装饰设计制图与识图》，书中涵盖了装饰设计制图与识图的基本知识，包括装饰设计制图的有关标准、装饰设计制图的二维及三维表达等内容，同时结合装饰设计制图与识图的理论和实例，来系统讲述装饰设计制图与识图的内容。该书的编写在当时无疑推动了国内室内设计的发展和完善。

同时，此书在介绍装饰设计制图与识图内容时，注重装饰设计专业的特点以及电脑制图与传统器具制图的区别，在编撰中区分手工制图与电脑制图的关系等，它既可作为环境艺术设计专业、建筑学专业、美术学专业、家具设计专业的教学用书，也可作为装饰设计师的专业参考书。

数年后，高老师又编写了第二版的《装饰设计制图与识图》，实际上第二版是对第一版的完善，由于第一版书中工程的痕迹偏重，第二版在这方面进行了修订。以楼梯的设计为例，初版将一个楼梯扶手的宽度设计为9 cm，高老师觉得过于固化，不适于个性化的需求，因此在修订后不再进行详细标注，而是取7～9 cm的尺寸范围，使其更具普遍性，也更能得到社会的肯定。

与国内有关建筑装饰制图的同类教材相比，修订版教材的最大特点是在突出装饰设计特点的同时，延续《房屋建筑制图统一标准》(GB/T 50001—2010)的体系，其目的在于使装饰制图的原理、方法、内容统一在房屋建筑制图的框架中，以便与建筑、设备等专业的制图规定相互协调。

装饰装修构造大都与装饰装修工程的做法有关，编写装饰装修构造图集是一项细致而复杂的工作，既需要有严谨的治学态度，又需要有工程设计和编写图集的经验。在多年的装饰设计工作中，高老师积累了许多制作施工图和实践的经验，也收集了很多国内外优秀的工程案例，阅览诸多相关的书籍，经过综合分析研究，高老师及其团队成员精选并重新统一绘制600多个装饰节点，汇编成《装饰构造图集》一书。

《装饰构造图集》中的图例绝大部分来源于工程图，该书是在对工程图进行梳理、分析、再加工的基础上，按统一的标准和要求重新绘制而成的。该书的图示方法和制图标准参照的是中国建筑工业出版社出版的《土木工程制图》《建筑设计资料集》和原轻工业部指定的《家具标准汇编》，在编写的过程中高老师做了大量的梳理和统一工作。

为了使该书的图例更具有工程参考价值和教学意义，高老师及其团队为大多数工程案例补充绘制了必要的节点，修改、完善相应的尺寸，修改部分实例的做法，使之更为典型，更具有代表性。为使图例更具有通用性，高老师对工程图中的有关材料名称，多数只标明大类名称，而不标注具体品牌、品名。即使是同一种装饰材料、装饰工艺，在不同的工程图中的标注往往也是不一样的。为此，高老师对标注的文字做了认真筛选，尽量使标注的文字为绝大部分读者认同。

在高校中建筑装修的课程，起初是同建筑学专业混合在一起的，阐述有关门窗、楼梯等构件的基础内容，但在实际运用上远远不够。在教学之余，高老师觉得有必要编写一些教材，便于教师同学生讲授这方面的知识，另外也可以开设专门的课程来讲解这方面的知识。于是，少部分高校开始设置这方面的课程。在学界的号召下，越来越多的高校开设了相关课程。

除此之外，高老师编写了《室内装饰装修构造图集》，图集中收集、编绘了4000多个构造图例，对每个图例，高老师及其工作助手们都综合认真考虑造型、用材、造价、环保和连接方式等方面的问题。而图例的编制需要设计、收集、归类、筛选，需要考虑图例中的线型、图块、标注等制图问题。此图集基本涵盖了当前装饰装修工程中的所有构造内容，并以图示的形式表现装饰装修设计的做法，具有系统性强、可操作性强的特点，对于提高装饰装修设计水平和施工质量具有重要的意义，对于装饰装修设计人员、施工人员以及高等院校相关专业的师生来说，是一本很有价值的专业书籍。

在图集的编撰过程中，高老师做了大量的归纳、梳理、补充、完善、统一的工作，具体体现在：第一，为了使图例具有标准性，高老师在绘制时都是依据《房屋建筑制图统一标准》的规定并参照国家现行有关建筑装饰装修图集中的线型、图例、画法。第二，为了使图例更具有通用性，高老师在编撰中对材料名称，大多只标明大类名称，而不标注具体品牌、品名。另外，针对不同的原始资料，编撰中采用专业内普遍认同的名称。第三，为了使图集的图例更具有系统性，高老师编撰中将图例按空间的所属部位进行排列，如“顶棚”“墙面”“地面”等，而每一部位的图例又按“先样式后做法”的次序排列。第四，为了使图集具有一定的教学意义，高老师在编撰中介绍装饰装修构造设计的理论和方法，在图例中均配以简明的文字说明，以方便设计人员掌握设计的原理和方法。

此外，高老师还注意到应该尽量收集一些国内刚刚兴起的可以体现工厂化生产的构造，以适应工程的需要和装饰装修行业产业化的发展趋势，所选用的图例要具有较高的审美价值，能够对装饰装修设计造型具有借鉴作用。高老师还注意到室内设计装饰装修构造设计在满足功能合理、安全、坚固、美观大方、施工便捷、经济合理等要求的同时，还应满足低碳、生态、防潮、防火、防水、隔热、保温、隔声、防震、防腐等要求。

随着社会发展的需要，高老师思考应编制规范图集并通过住建厅向各地推广。基于此，他又组织团队编制了一些标准，如《公共建筑室内装修构造》《建筑装饰装修制图标准》《住房室内装修构造》《住宅室内装饰装修设计深度图样》等，将构造进一步向全社会进行推广。

修编《公共建筑室内装修构造》(苏J 49—2022)，高老师认为需要对近年来装饰装修市场中出现的装配式装饰装修构造案例进行梳理总结。修编的内容包括更换不符合现行法律法规和相关标准的材料，添加新型材料的构造；另外，因新技术出现，工厂生产的工艺技术水平提高，实际工程中对工期、造价、防火、环保等的要求，现今公共建筑室内空间的装饰装修更多选用工厂生产、现场安装的方式，所以修编的图集中添加了工厂化生产的构筑物的装配式构造做法。

装配式建筑在实际工程中设计、生产、安装的技术已较成熟，因此修编的图集中添加了与装配式建筑配套的室内空间装修构造做法。该书对建筑室内装饰装修设计水平的提高起到促进作用，对建筑室内装饰装修工程质量起到优化作用，是室内装修设计的重要参考。与此同时，该书对广大业主在建筑装饰装修中遇到的设计问题、安全问题、环保问题、造价问题等关系到切身利益的问题给予一定的解答，从而对广大业主的利益起到保护作用。

为了提高全省装饰装修设计人员的制图水平，统一装饰装修制图的标准，做到图样表达准确、图面清晰美观，提高制图效率，并符合设计、施工、监理、存档等要求，以适应建筑装饰装修工程的需要，高老师完成《建筑装饰装修制图标准》的编制。标准的发布，对提高全省装饰装修制图水平起到明显的推动作用。该标准所适用的建筑室内装饰装修工程制图包括新建、改建、扩建的建筑室内装饰装修各阶段的设计图、竣工图，既有工程的室内实测图，建筑室内装饰装修的通用设计图、标准设计图，建筑室内装饰装修的配套工程图。

装修构造的设计内容和方法是随建筑结构形式、装修的材料和装修生产的形式变化而变化的。随着我国新的建筑结构形式、新型装修材料的出现，特别是住宅工业化、产业化的推进，住宅装修的构造内容和形式发生巨大的变化，因此高老师主编了《住房室内装修构造》这一工程建设标准图集。该图集适用于新建住宅、成品住房装修工程和既有住房的重新装修工程，可作为公共建筑装修设计、施工和监理时的参考，其主要包括吊顶、墙面、门、窗台等基本构造详图。为了适应发展的需要，住房装修构造设计者必须在掌握装修构造设计原则和基本方法的同时，努力学习，不断创造出符合新材料、新结构和新工艺要求的住房装修构造形式。

之后，高老师主编《住宅室内装饰装修设计深度图样》，是为了统一住宅室内装饰装修设计制图规则，保证制图质量，提高制图效率，做到图面清晰简明，图示准确，以符合设计、施工、审查、存档的要求，满足住宅工程建设需要，该图样采用国家和江苏省住宅设计的三种户型，户型的装饰装修风格分别为现代、现代中式、现代西式，增强了通用性，弱化了风格。该深度图样表明一套完整的住宅室内装饰装修设计图纸需要有平面布置图、现状平面定位图、装修平面定位图、地面铺装图、顶棚布置图、给水排水图，以及开关、插座布置图等。

在推广的过程中，高老师觉得构造是可以设计的，也是可以创造的。装饰装修构造的形式繁多，但按基本特征可分为两大类：一是饰面构造（或称覆盖式构造），它是通过覆盖物在建筑构件的表面起保护与美化作用的构造形式；二是配件构造（或称装配式构造），是通过组装构成各种制品或装饰构件，使之既有使用功能又有装饰作用的构造形式。

装饰装修构造的做法可归纳为装配法、粘贴法、现制法、综合法四种，这些方法的采用应视材料的性质和建筑结构等具体情况而定。无论装饰材料有多丰富，装饰内容有多复杂，只要能熟练掌握这四种方法，就能得心应手地设计出各种合理的装饰装修构造方案。

装配法即装饰装修面层与被装饰构件之间，通过五金件等进行柔性或刚性连接，饰面多是可拆卸的。适用于这种方法的材料有铝合金扣板、压型钢板、异型塑料板、石膏板、矿棉板以及部分石材饰面和木材饰面等。如做成不可拆卸的结构，可用钉接或锚接的方法进行装配。在成品装饰装修工程中采用装配式构造法，是值得提倡的一种构造形式。

粘贴法则是将预制的具有面层装饰效果的成品或半成品材料，用适合的胶黏剂附加于被装饰的构件之上，适用于这一方法的主要有壁纸（墙布）、面砖、马赛克以及部分石材饰面等。

现制法是指在施工现场制作，具有成型面层效果的整体式的装饰装修做法。但在装饰装修施工中，使用现制法的构造做法已经减少，并逐步被淘汰。

综合法是将两种以上的构造做法结合在一起使用。这种做法在选择连接材料和运用施工技术方面没有固定的方式，需灵活运用。综合法在装饰装修工程中是非常实用、普遍的，随着新型装饰装修材料的不断推出，这类方法在工程中的地位将更加突出。

高老师提出装饰构造要符合实际，需要遵守以下原则：

第一，实用优先原则。由于装饰构件长期受光线、温度等自然因素的影响，以及磨损、撞击等人为外力作用，装饰材料会有一定程度的破坏，影响建筑构造的使用和安全。通过饰面构造施工，采用贴面、涂漆、电镀等方法，可以保护内外装修构件，提高装饰构件的防火、防潮、抗酸碱的能力，避免、降低自然和人为的外力损坏，延长其使用年限。

第二，安全性原则。为达到装饰构造安全可靠、牢固耐用的要求，应做到如下几点：首先，被装饰装修对象（或称装饰基层）要有足够的强度和平整度，并便于施工连接；其次，装饰连接材料的各种性能要适合被装饰装修的对象；再次，不同的装饰装修对象应选择不同的装饰装修构造方案；最后，当装饰构件给主体结构增加较大荷载或者削弱部分结构域载体时，必须经过严密的计算后再确定构造方案。

第三，美观性原则。装饰装修构造的外表形态是体现装饰装修风格的重要因素，它对室内装饰装修设计的视觉效果影响很大。因此在装饰装修构造设计中，不仅要考虑构造的连接方法，还要充分考虑装饰装修构造的美感特征。设计中必须做到：构造外表形态的尺度和体量在被装饰装修的空间中是适宜的；构造外表形态所呈现的风格与整体形态的风格相一致；构造的表面色彩与质感成为整体色彩与质感设计的一部分,并为装饰装修的整体设计增加美感。

第四,经济性原则。在不影响装饰装修工程质量的前提下降低造价,要在构造设计中考虑选择几种不同的装饰装修材料进行价格比较,在不影响安全和不明显影响装饰装修效果的情况下,尽量选用价格偏低的材料;尽量为装饰装修施工就地、就近组织材料提供方便。

第五,绿色环保原则。装饰构造必须符合环保要求,避免对环境造成污染和破坏,如选用环保材料、节能照明灯等。

第六,施工便捷原则。装饰装修构造的方法应力求制作简单,装配化构造要便于工厂化生产,同时便于各专业之间协调配合。装饰装修构造设计还必须认真考虑布置在装饰装修内部的各种管线所需的空间及预留进出口的位置、大小,以方便检修。

除此之外,高老师还编写过《建筑墙体、柱子装饰构造图集》《室内照明装饰构造》等,这些图集介绍了室内不同部位的装饰装修构造设计方法和案例,得到社会的广泛好评。装修构造是人们对建筑物或者室内环境的第一印象,因此一定要做得精细、直观。除可以用CAD线图表达以外,还可以用三维图来表达,制作三维图需要建模,因此高老师让不少同学做建模方面的工作,但随着社会上三维动画的不断发展,高老师认为指导工人和学生的最好方法是展示三维动画,于是高老师调集很多力量来做三维工程图,这个过程需要经过设计、建模、渲染成图,每幅图的制作都是一项极其细致的工作。《建筑墙体、柱子装饰构造图集》主要内容如下:

第一,主要收集了地面装饰装修构造图、顶棚装饰装修构造图、墙面与柱面装饰装修构造图、部品部件装饰装修构造图。

第二,地面饰面材料主要有天然石材(包括大理石、花岗石)、预制水磨石、陶瓷面砖、地砖、木质板材、塑料、橡胶、地毯等。因此主要介绍了天然石材、地砖、木材的具体装饰装修构造方式。

第三,顶棚也称天花、天棚或吊顶,在室内占有较大的面积,顶棚的装饰装修对于整个空间的装修效果有相当大的影响,同时对于改善室内物理环境(光照、隔热、防火、音响效果等)也有显著的作用。在顶棚装饰装修的基本构造方面主要列举了轻钢龙骨石膏板、矿棉吸声板、金属板(网)、木饰面板、透光材料、GRG造型板等顶棚构造和顶棚窗帘盒、灯具、空调风口处的构造以及顶棚装饰装修中不同种材质的交接构造。

第四，墙面装饰的做法。墙面装饰的做法因饰面层材料而异，比如墙纸、墙布采用直接粘贴法。板材和软包面层是通过竖向金属龙骨与墙体连接的，金属龙骨间距应为400～600 mm。石材和瓷砖饰面的构造做法，基本是用加胶的水泥砂浆与墙体连接，现在建筑墙体普遍采用干挂法。石材饰面由于其重量较大，有时需要采用另外一些方法，如灌挂固定法和干挂法等。金属板材饰面有铝合金、不锈钢、钛合金、铜合金、铝塑板等，其中最常用的是铝合金板，其构造做法与木质板材的构造基层处理基本相似。镜面玻璃饰面的构造做法主要在于墙体防潮层上，在龙骨上铺设的胶合板或者纤维板钉要做一层防潮处理，然后在其上固定镜面玻璃。壁龛的做法与装饰墙面的做法基本相同。

第五，部品部件装饰装修构造图方面，主要列举了室内门的装饰装修构造、窗套构造、固定家具的装饰装修构造、厨房和卫生间的装饰装修构造、壁炉的装饰装修构造、衣柜的装饰装修构造等。

三维构造图得到了社会的欢迎，与此同时有人向高老师提议，若是将材料与构造放在一起，内容会更加丰富，于是高老师之后又编写一本《装饰装修材料与构造》。因社会的发展，一些装饰装修材料现已被国家新的规范明确限制使用，随着建材行业的发展和人们对室内环境要求的提高，在装饰装修行业中出现许多新型材料，而高等教育和职业教学也应符合实际，高老师便编写了这本书。

在编写时高老师将装饰材料与构造两部分内容整合在一起，使读者能更加深入、完整地了解各种材料的性能和应用方法。另外，书中删去了不符合环保要求和目前不常用的装饰材料，收录了低碳、环保并能满足工业化生产要求的新型装饰材料和构造方法，使读者能更全面地了解装饰材料的最新发展和应用情况。该书将装饰装修材料规范化。没有装饰装修材料，构造是完不成的，所以谈装修构造时不能没有装饰装修材料。

装饰材料和构造知识是室内设计专业中不可或缺的内容。装饰材料是装修设计的重要语言，是表现装修工程标准、风格特征、视觉效果的重要因素；装饰构造是材料与材料、材料与构件之间结合的方法和形式，它体现材料应用、施工工艺、安全措施、经济投入的水平。因此，装饰材料和装饰构造是室内设计专业必须全面了解和熟悉掌握的知识，同时也是室内设计专业的主干课程。该教材内容系统性、基础性、可读性、适用性强，可作为高等院校建筑室内设计专业、环境艺术设计专业的教材，也可作为室内设计人员、施工人员参考资料。该教材自出版以来已被诸多高校的相关专业作为指导教材。

书籍出版后很受大家欢迎，很多老师说，这本书方便学生更清楚地学习构造。施工队的工人说，这本书方便他们了解构造的来龙去脉，了解构造的具体样子。

城市文化的集锦

——铁路站内地域文化的表现

东南大学建筑学院博士、南通轨道交通投资公司办公室主任　万　晶

铁路站的文化主要表现为地域文化、时代文化、商业文化以及高铁文化，而高祥生老师觉得铁路站的诸多文化中最应该表现的是地域文化。

我们所理解的地域文化，应是指在一个地方最突出的、给人印象最深的建筑物、构筑物，特有的地形、地貌，流传已久的历史文化、工艺，有名的景观和风土人情等，这些都是地域文化的表现形式。地域文化，如人们所说的长江文化、大运河文化、江海文化等，从本质上说都受气候环境和地理环境影响，继而出现了特定的房子、构筑物、动物与植物、山川水流等。

高铁客运站，既是一个交通空间，又是传播文化和展示城市历史文脉的载体，它可以向社会展现城市文化的个性和地域特点。在这里来来往往、短暂逗留的人们，以及未曾到过这座城市的旅客，通过高铁车站就可以了解到这座城市的风土人情和人文风貌。

高老师主持过南京南站、南京站北站房、合肥南站等铁路站的室内空间装饰设计。再次观赏南京南站、合肥南站、南京站的景观设计可以又一次领略高老师在铁路站中表达的文化设计的思想。铁路站室内空间的装饰设计，作为文化传播的载体，在高铁客运站中起到很重要的作用，其中的地域性的文化设计也尤为重要。文化性的表达可以反映城市的特点、历史的风貌，展现现代人文风情，表现出城市独有的文化气质。优秀的高铁客运站作为城市的窗口，应该在带给人们便捷

注：文章结合高祥生老师的项目工程报告、部分论文节选与谈话内容整理而成，高祥生老师已审阅。

与舒适的同时，还能予以人们一种文化体验，成为宣扬城市人文风貌与美好形象的窗口。

一、南京南站地域文化的表现

作为南京城市重要的交通门户，南京南站这座建筑已成为南京这个古城一个新的城市标志。因此，南京南站的建筑环境对南京的城市品质的提升起到重要的作用。它可以充分体现南京历史文化名城的地方文化面貌，表达“人文、博爱”的文化精神。

地域文化的表现位置通常位于高铁客运站节点处，如入口位置、中间位置或夹层边部位置。这些位置都是传播文化的最佳部位，也是旅客进入高铁客运站后的对南京城的第一印象，让旅客一进高铁站，就可以感受到浓浓的地方文化。

1. 屏风设计

南京南站作为南京旅客流量最大的火车站，承载着传播文化的使命和责任。南京南站的文化表达在铁路旅客站南、北两个入口处有所体现，建筑外立面有两处表达古朴雄浑的南京文化的纹样和辟邪的雕塑。在南京南站候车室空间的南北入口处，布置着有地域文化特色的屏风造型，它是时代文化和地域文化的结合，并融合在铁路文化当中。

北入口位置有一个半圆形的服务台，后面摆设着一个巨大的屏风，屏风采用钢化印花玻璃和砂光不锈钢材料，在光线的映射下与外立面的辟邪雕塑相呼应，而且屏风的玻璃面上镌刻着毛泽东主席“钟山风雨起苍黄，百万雄师过大江”的诗句。在380多米长、100多米宽的空间中，一眼望去，屏风尺度适宜，图文洋溢着南京浓郁的文化气息。

玻璃屏风的外框采用拉丝不锈钢材质，并在两侧框架上端用镜面不锈钢的材质印刻貔貅图形，这一细部丰富了地域文化的表现。为了使玻璃屏风更加稳固，采取了与服务台连体制作的方法，通过底部钢架进行连接。同时为了减小正面风向对玻璃体造成的压力，将玻璃体分缝，也方便了玻璃片的加工与安装。在表现地域文化的同时，展现了工艺和材质的时代性。屏风的整体造型简洁，与南京南站的整体环境相呼应，表现了地域特点。玻璃隔断上采用简化的圆洞门的不锈钢金属边框，强调了江南特征，通过这些特征充分表现了南京的地域文化。

南入口的屏风采取的形式与北入口的形式相似，一南一北遥相呼应，烘托出南京城的风采。不同的是，南入口的玻璃屏风上有关于孙中山先生赞美南京城的语录，语录中描述了南京的古都历史背景及文化风貌。屏风的中部也是圆洞门造型，其方法只是追求一种神似，两侧竖立边柱加以辟邪图案，前方设立接待台。

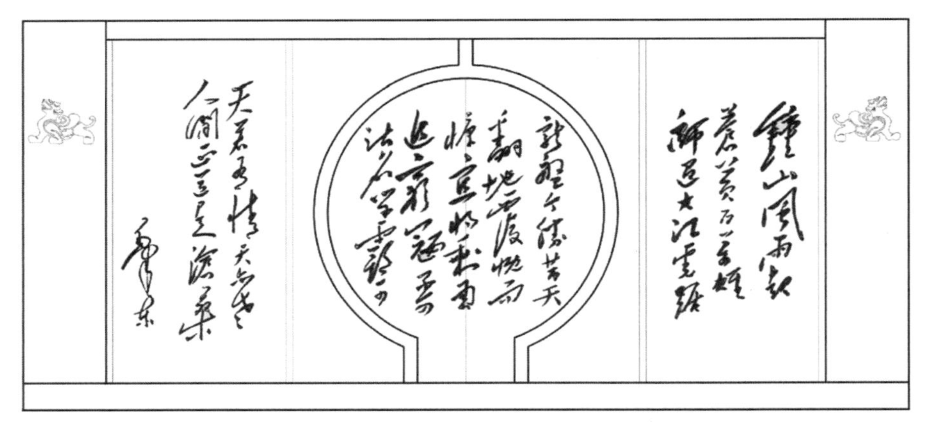

有毛泽东主席诗句的玻璃屏风

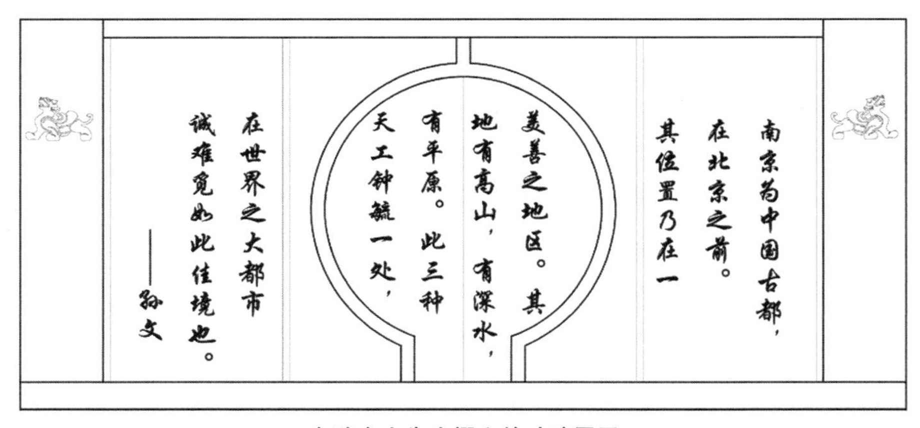

有孙中山先生撰文的玻璃屏风

2. 高淳陶瓷展墙

南京南站出发层的中轴线上节点处有高淳陶瓷展墙，其外形设计成南北方向两个平行错位的长边墙面，长边墙的端头设计成短边墙。之所以这样设计，是因为候车的人流大都为南北走向，加长南北方向的墙面可展示更多的画面。陶瓷壁画的创作建立在陶瓷用品展示的基础上，为了创作较完美的壁画，应努力使壁画的内容、形式、质感、色彩、灯光等与陶瓷展柜融为一体。另外，展台展出的展品大都具有艳丽的色彩和光亮的质感，为突出视觉效果，陶瓷壁画必须具有鲜艳的色彩，并配以明亮的灯光。

南京南站的高淳陶瓷展墙上有四组壁画，分别描绘了南京的四个不同的时代，即六朝时期、明朝时期、近代民国时期和快速发展的当代，并以“六朝烟雨”“明朝遗韵”“民国风情”和“现代风貌”四个主题加以体现。壁画不仅展现出南京在历史上的成就和辉煌，也展现了南京当代的快速发展，通过标志性的建筑物、构筑物和南京独特的自然风光来表现地域文化的特点，比如长江大桥、总统府、音乐台、鸡鸣寺等南京的代表性建筑，表达了对南京历史文化的热爱与敬意。

南京的城市环境在全国乃至世界都闻名，南京有山有水有树，更有古老的城墙，这既是南京的地域特色，也是南京文化的重要组成部分。为了呼应南京“山、水、城、林”的城市特质，除了选择标志性的建筑物、构筑物这类人文气息浓郁的题材外，还选取了例如曲径通幽的道路、层峦叠嶂的树林等自然环境的素材，以此塑造“青绿山水”的主基调。为了呼应青奥、青春的氛围，也为了展现城市厚积薄发的生命力，四幅壁画既青春靓丽、彰显活力，又契合城市的特质，就好似一个历史故事，诉说着它的前世今生。

展台设两截山墙，山墙上用解构的方法设有南京地图

在壁画中对物象采取抽象的表现方法，运用了类似于“版画”或“剪影”的形式，这也是大多数壁画创作惯用的形式。为了展现出与南京的城市特质相契合的视觉效果，壁画在构图上，将选取的建筑物、构筑物与山、水、城、林进行了有机的结合，并以散点透视的形式构图，画面的物象虽有大小，但无前后透视关系。画面中的“水”“路”均以“空白”来表现，以衬托实体物象。

这些元素所构成的内容都是打印而成的，是利用现代的科技方法表现出来的，可以说这是一种创造性的表现方法。这种方法很有创新性，它将各种经典元素组织在一起，并将整体结构进行重组，更好地呈现出了南京本地所特有的文化与历史韵味。

3. 候车层、到达层问询台

在南京南站候车层的中部有一高耸的问询台，有 4 m 多高。当时在设计时高老师将候车层商铺的高度统一设置为 3.6 m，所以问询台的高度超出了屏风和所有商铺的高度。问询台是一个四方体的构筑物，上部是一个中式的冒头；中部是表现南京历史文化的文字和图案；下部是服务台，服务台的表面做了许多中式的图案，以此来显示南京的地域文化，这也成为表现南京文化的亮点所在。

南京南站屏风方案设计图

在南京南站到达层也有两个引人注目的旅客服务中心，它的主要功能是满足旅客问询。为了表现中式文化，将到达层高耸的柱子包成卷轴状的柱体，直径有 2 m 多，上部加设了华盖形的灯光。值得一提的是它的柱子本身的图案都以竖状的线条进行分隔，里面表现的图案有点像中国绘画中的卷轴画，用以南京的风景为主题的装饰图案进行包裹，主要是南京的一些重要景点，如中山陵、玄武湖、莫愁湖、白鹭洲、总统府等。到达南京的乘客首先就可以通过高大的问询台很直观地看到南京的特点，它们充分展示了具有历史文化、现代文化的南京风貌。

在旅客服务中心的下部做了一圈古代和现代车辆的图案，檐部上下头都包裹了彩绘图案，一眼就可以看出是南京的历史文化和现代文化。这两个旅客服务中心都在到达层的入口位置，使到达南京的乘客一下高铁就能感觉到南京的风味、南京的文化特色和南京城的质感，彰显了南京的历史文化风情。

南京南站建筑设计的色彩定位根据南京“六朝古都”“金陵王气”的文化意韵，从而取“金”为主色调。因此在旅客服务中心的色彩选择上也选用金色，并且加以设计，既可以体现南京历史文化的沉淀，还能彰显中国建筑美学的智慧。

在南京南站地域文化设计中，设计者提炼出一种符号或多个彼此间统一、呼应的元素作为装饰设计的母题，并将其重复使用到室内环境中。这不仅使建筑得到完整和统一的形式，而且加强了人们在观赏、使用建筑时的印象和理解，强调了“人文、博爱”的主题。

南京南站到达层中部的问询台

南京南站铁路候车层旅客服务中心

二、南京站北站房的文化表现

1. 圆环景观装置

在南京站北站房的夹层上有两个对称的圆环景观装置，装置采用了金属不锈钢的包边形式，为表现南京地域文化，采用了贴纸的工艺手法，中部附以透明玻璃，达到很好的视觉通透感。圆环景观装置的底座使用矩形金属材质，以支撑整个圆环装置的重量。

南京站北站房的圆环景观装置上的图案分别是云锦、龙纹、辟邪、梅花以及南京的著名建筑和名胜古迹。圆环装置分为两种底纹：一种表现了南京的自然环境风光，图案以南京著名的建筑和名胜古迹为主，以红色、黄色、绿色、蓝色为主要颜色，活泼而富于深意；另外一种则以龙纹云锦为主要的装饰图案，以中国传统颜色着色，以红色、黄色、金色为主要颜色，表现了南京深厚的文化底蕴。

南京站北站房中的圆环装置

圆环内设计了通透的玻璃，玻璃圆内粘贴了具有南京特色的辟邪、梅花两种文化样式。使用黄色为主色调，体现了皇家气息，表现了色彩的丰富和统一，展现了地域历史文化。圆环景观装置分布对称，大小相等，装置的布展错位，布局不显单调，高度在 3.5 m，分别设置在东西中轴线上和两侧部分的节点上，起到分隔空间的作用，又形成了展示中心和节点的效果。

2. 商铺设计

南京的地域文化元素虽有很多，但在设计南京站北站房的商铺时还是应选择最具南京特色和文化底蕴的元素符号。其中最独具特点的文化元素就有辟邪、明城墙、梅花、云锦等，这些元素也都被运用到了南京站北站房的商铺设计中。

辟邪，是中国传说中象征祥瑞的神兽，它能驱走邪秽，祓除不祥。辟邪完美地体现了六朝古都的形象，以辟邪为代表的六朝石刻文化，经受了历史的风吹雨打，历经1500多年的积淀，已成为南京具有代表性的图形元素。辟邪的视觉符号设计选取了辟邪外形，再提取一些抽象的装饰性纹样，以剪影的手法，线面结合，设计出代表南京六朝文化的图形符号。它一方面表现着力量与权威，另一方面也包含着吉祥的寓意。

南京明城墙是中国历史上唯一建造在江南的统一全国的都城城墙，不因循古代都城取方形或矩形的旧制，设计思想独特，建造工艺精湛，规模恢宏雄壮。特别是历经沧桑的表面质感尤具艺术表现力，具有丰富而出众的韵味，是最能代表明代辉煌历史的遗迹。因此可以将明城墙的元素抽离借鉴到商铺形象设计中来。从它的外形和特征来进行研究，提炼出它的外形特征，以线面结合的方式，抽象概括出视觉符号图形。

梅花是南京的市花，深得南京市民的喜爱，它具有与雪松相似的品格，能经受风雪严寒的考验，寓意南京人民坚贞不屈的品格。南京有梅园新村、梅花山等富有历史意义的胜地。

南京云锦是中国传统的丝制工艺美术珍品之一，作为南京独特的工艺品，它用料考究、织工精细、色彩典雅富丽。

南京金箔文化历史悠久，也是南京有代表性的地域文化，因此在商铺的设计中可以对金色的元素进行适当运用。

在南京站北站房的商铺设计时，将上述的具有地域文化特色的图案加以修改，适当简化，提炼出其外形轮廓特征，并以线面结合的方式，抽象地概括出装饰文化符号，从而运用到南京站北站房的商铺装饰文化设计中。如辟邪的装饰符号设计就选取了辟邪抽象的外形，并配以金箔的金色，金色的辟邪表现着力量与权威，也有着吉祥的寓意。将这些文化装饰符号设计在商铺的门头上，更能表现南京站北站房的地域文化特色。

考虑到南京站北站房的时代特征和商业气氛，在窗框的选择上尽量避免了传统的中式色彩，如木色、深棕色，这类色彩与赋有现代感的商铺色彩较不协调。因此，为了表达商铺的通透性，设计上采取了透明玻璃材质，运用了不同形状的窗框进行装饰，如梅花形的、方形的、菱形的等，表现了南京的文化特点。窗内放置了南京著名景点的图案，如阅江楼、中山陵、总统府等，以直观的图片形式突显了地方特色，让更多旅客了解南京的地域文化。

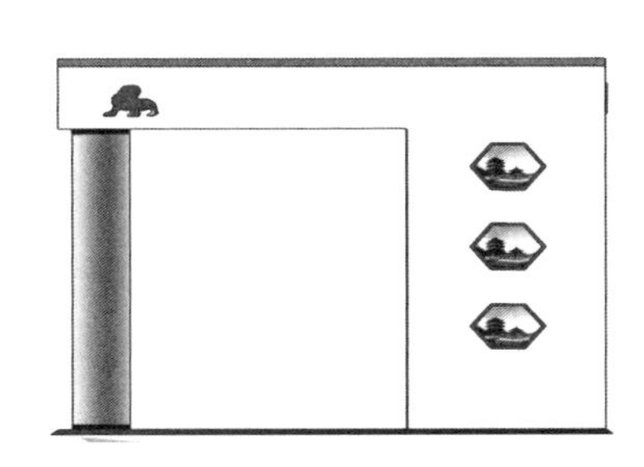

文化元素在南京站北站房商铺中的运用

三、合肥南站的文化表现

地处中原的安徽省，历史源远流长，孕育了独树一帜的徽派文化，形成了徽商、徽剧、徽派版画、徽派雕刻、徽派建筑等为代表的独特的历史文化体系。其物产很丰富，例如安徽茶叶，宣城的宣纸、宣笔，歙县的名砚，黄山的徽墨等。其地域文化元素有很多，粉墙黛瓦的古宅、坚韧不拔的迎客松、深幽的街巷、精美的古物雕刻等，但最有代表性的要数徽州的建筑、装饰，如徽州建筑中的高翘的马头墙、升扬的飞檐以及门楼、牌坊等。徽州民居中蕴藏着中国江南文化的美，以“三雕”最为出名，分别为石雕、砖雕、木雕。建筑装饰中有“卍”字形纹饰、回纹、刻冰纹、云头纹、寿桃纹、摇钱树纹、福禄寿喜纹等，也有植物、动物、人物或抽象的图形符号等。这些纹样体现了古徽州深厚的文化内涵。

合肥南站铁路旅客站是文化交流的窗口，徽派文化在其中的表现显得尤为重要。合肥的地域文化元素有很多，因此，在设计合肥南站的商铺时应选择最具地方特色和文化底蕴的元素符号，具体表现如下：

第一，在商铺的装饰上加入徽派图形元素。

通过对徽派文化的分析，在商铺的设计中加入地域文化元素。如将合肥南站中商铺的门头，进行了文化 Logo 的设计，取黄山迎客松、徽州牌坊的抽象造型为门头上的点缀，这是将当地极具代表性的符号进行解体与提炼的结果。

迎客松好似一位好客的主人，挥展着双臂，热情欢迎国内外的游客来到安徽。因此合肥南站的商铺门头设计提炼出它的外形特征，并以线面结合的方式，抽象地概括出装饰文化符号，以金色为主色调，强调着地方文化和现代文化的统一。

牌坊是徽派文化的一种物化象征。从徽派建筑中提取出牌坊轮廓，制作成二维图像，从而设计出极具地域建筑特色的装饰形状。以徽州牌坊的抽象造型点缀合肥南站候车层商铺门头，为合肥南站的商业设施增添了地域文化的气息。

第二，在商铺的造型上加入徽派建筑元素。

铁路旅客站商铺的造型上，采用具有徽派特色的马头墙结构，从而使建筑造型呈现徽派传统风格。安徽的地形地貌以及建筑层高的变化，决定马头墙轮廓线的起伏走向，使其产生不同形式的节奏韵律。因此结合铁路旅客站的环境特点、尺寸、形状、颜色及施工工艺，可以对传统的徽派建筑马头墙进行变形与提炼。同时，合肥南站内部的商业设施造型结合了徽派建筑粉墙黛瓦的风格特点与徽派建筑“粉墙矗矗，鸳瓦鳞鳞”的造型特点。

将传统建筑构件进行变形与提炼是表现地域文化特色最常见的做法。合肥南站设计方案中的屋脊、牌坊的设计亦是对最具当地特色的建筑构件的变形和提炼。在合肥南站商业夹层商铺方案设计中，对徽派屋脊进行了提炼，舍弃了其复杂的形式特征，取而代之的是最典型的符号、线条和建筑结构的形态，使旅客能够强烈地感受到当地的文化特色。地域文化需融合在铁路大环境中，所以其造型不可过于复杂，应以简洁、时尚为主。

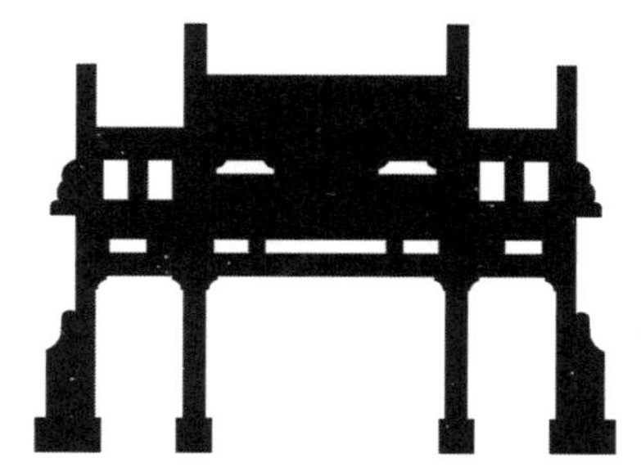

合肥南站中提炼制作成的二维牌坊图像

合肥南站迎客松文化元素的商铺效果图

合肥南站文化元素的凝练

合肥南站商铺的色彩设计也十分贴合当地的文化，取徽派建筑粉墙黛瓦的风格特点，装饰面采用白色，顶部马头墙造型运用深褐色。既适应铁路旅客站的大环境，也表现了建筑的特点。商铺的门头统一放置企业 Logo 及文字，在商铺内部放置商业广告及宣传图片。此类商铺既具有当地特色，也满足商业需求，是商业文化与地域文化结合的代表。

合肥南站文化元素在商铺造型中的体现

铁路客运站是城市的大门，其文化是多元的。地域文化元素的选取，商铺、景观小品造型、尺寸的设计和材质的选择，都是与车站本身固有的环境及文化分不开的。在铁路客运站的室内空间设计中，应用地域文化元素可以赋予交通建筑独特的艺术感染力，展现城市的古都底蕴和现代风貌。

纵横千里　文脉一线

——铁路站外环境的地域文化设计

高级室内设计师、高祥生工作室副总设计师　许　琴

东南大学建筑学院博士、南通轨道交通投资公司办公室主任　万　晶

高祥生工作室设计主任　吴怡康

随着交通运输发展对城市发展和人们生活的影响越来越大，铁路已从为实现富国强民愿景的稀罕事物逐渐成为城市建设现代化中不可或缺的重要交通工具，也是增强城市活力的重要方面。铁路的站房环境设计除需强调基本的功能需求，还需要表现文化性、艺术性、关怀性等多元需求。

高祥生教授及其团队曾介入南沿江城际铁路、连淮扬镇铁路、宁启铁路二期的环境优化设计中。这些设计涉及近三十个站点，线路全长共计约七百公里，如何将这些铁路线辅房环境设计做到整体统一，是高教授重点思考的问题。

高教授认为这一系列辅房形态各异，数量众多，采用文化元素将其进行统一很有必要。因此，整条线路中辅房的环境优化设计，是在粉墙黛瓦的基础上赋予其变化。在保证安全的前提下，高铁站的围墙设计为两米二至两米六的高度。在围墙的设计上，所采用的各个图案都是用来表现江苏各地文化的。

另外，南沿江城际铁路、连淮扬镇铁路、宁启铁路二期这些铁路都在江苏省境内，而江苏省境内多江河、湖泊，文明的起源大多也离不开水，江苏最大的特色就是江河湖海一应俱全，这在全国可能是独有的。江河湖海不同的品性也滋养了江苏水文化的多样性。因此，在主持设计上述所说的三条铁路站房环境设计时，高

注：文章结合相关铁路环境设计的工程实际、实践报告内容整理而成，高祥生老师已审阅。

教授将南沿江城际铁路的文化表现定位为长江文化，长江文化中的水源远流长，丰富了沿岸地区的江南文化特征；将连淮扬镇铁路的文化表现定位为运河文化，运河文化中的水由人工挖掘而成，体现了沿岸人民与时俱进的创新协同精神；将宁启铁路二期的文化表现定位为江海文化，江海文化中的水一往无前，体现了沿岸地区人民坚韧不拔的精神。高教授认为不管是长江文化、运河文化，还是江海文化，它们的文化核心都是“水文化”，因此他在设计时注重突出水元素。应该说，覆盖长达约七百公里的辅房建设，之所以在总体感觉上相一致，是因为设计中采取了有共同特征的水文化元素。

铁路站是一个城市重要的地标性建筑，承载着一个城市、一个区域的文化形象展示作用，承载着时代文化精神展示窗口作用。铁路场站的建筑、广场及环境集中体现了一个地区的地方文化。通过建筑造型、文化符号、空间特色，凸显着地区的文化特征。通过场站建筑环境、景观环境来进行文化表达，无疑是对地域文化、时代文化、铁路文化的最好展示。

自然环境是车站所在地区地域特征的组成部分，因此站房的环境建设需从当地特有的自然环境出发，避免对生态环境造成破坏。在高教授所设计的站房周边，均结合地形地貌采用了适宜生长的植物草坪。各站环境设计所使用的植物，充分体现着地域特色和当地环境特质，并采用生态环保的建筑材料，构建绿色车站。同时，注重与周边环境空间的协同关系，避免站房建设造成环境空间的割裂，使站房与环境相融合，做到现代文明与自然生态的和谐统一。

一、驰骋江南，品味水韵

南沿江城际铁路是在国家原规划“四纵四横”主骨架基础上，为了增加客流的支撑，利用既有铁路形成“八纵八横”高速铁路网中的重要组成部分。它是江苏省一条东西向的铁路，途经南京南站、句容站、金坛站、武进站、江阴站、张家港站、常熟站、太仓站 8 个车站，位于长江下游的南侧，与长江并肩平行。

习近平总书记曾指出：长江造就了从巴山蜀水到江南水乡的千年文脉，是中华民族的代表性符号和中华文明的标志性象征，是涵养社会主义核心价值观的重要源泉。要把长江文化保护好、传承好、弘扬好，延续历史文脉，坚定文化自信。长江驰骋于江苏省境内外，被视作古老文明的象征；长江天堑成就舟楫之利，带来了大江南北的文化交流和共同发展；长江滋润着江苏沿江八市，沟通了祖国东西的文化和经贸交流。南沿江城际铁路在地理上与长江江苏段平行，所以南沿江全线共同的文化背景就是长江文化。因此南沿江沿线各城市地方政府在城市的定位与城市建设中，对地方文化也有所研究，从而将它的设计主题定为“驰骋江南·品味水韵”。高祥生教授认为，在对南沿江城际铁路附房建筑与环境设计时应着重体现长江文化、江南文化中的水韵，这是表现南沿江设计品牌的重要元素。

句容站的文化主题是“兼容并蓄，佛道双巅”；金坛站的文化主题是“涤尘拂霞，碧水览胜”；武进站的文化主题是“前赴后继，龙争虎斗”；江阴站的文化主题是“争先闯先，创先领先”；常熟站的文化主题是“千年古城，人文昌盛”；张家港站的文化主题是“江海明珠，熠熠生辉”；太仓站的文化主题是“扬帆起航，走向世界”。可以说沿线每一个高铁站都是一个浓缩的，具有地方文化、铁路文化、区域文化特征的展览馆。在这个文化窗口中，不管是站前广场还是站房周边的工区附房，都是一个文化空间。在这些空间中的室外所有环境，共同表达出场站所在区域的文化，而铁路全线各个车站又共同表达这条铁路全线的文化主题。

1. 南沿江城际铁路站前广场文化表现

南沿江城际铁路高铁站站前广场的文化建设，其设计可以提升当地旅客对长江文化的文化自信，提高旅客对长江文化的认同感，通过文化图像的表达来弘扬所在地区的优秀传统文化。同时外地旅客也能通过站前广场环境中的文化元素加强对其地方文化的了解。

(1) 江阴站站前广场的文化表现

江阴在整个中国历史长河中有着重要的历史地位，江阴市素有“江海门户”“锁航要塞”之称，地理位置险要，境内君山、黄山枕江扼流、自成天堑，是历代兵家必争之地，并逐渐形成独特的长江防御体系。江阴人民有着保家卫国的辉煌壮举，1937 年的淞沪会战、1949 年的渡江战役都有江阴人舍生取义的身影。

江阴还是我国明代伟大的地理学家、旅行家、游记文学家徐霞客的故乡，他曾独自出游，跋山涉水，写出了《溯江纪源》，为我国的旅游界、地质界作出重大贡献，因此被誉为“千古奇人”。

结合以上诸多文化元素，高教授及其团队为江阴站的站前广场设计了一块壁雕，壁雕的一面展现的是百万雄师过大江的场景，另一面展现的是徐霞客跋山涉水，寻找长江源头的路线图。以这样一块壁雕展现出江阴的地域文化，丰富了江阴站站前广场的文化内涵，呈现了江阴站独特的文化面貌。

（2）金坛站站前广场的文化表现

金坛素有“江东福地”之称，人杰地灵，代有才人出，且多有杰出之文人，举世之傲骨。唐代储光羲、戴叔伦，为颇有影响的大诗人；宋代张纲、刘宰为官清正，著作丰富；明代王肯堂所著《证治准绳》至今仍为中医基础教材；更有文学训诂学巨匠段玉裁和世界著名数学家华罗庚，享誉崇高，影响深远。

金坛西倚茅山，南枕洮湖，襟带湖山，景色秀丽。在进行站前广场设计时，紧紧围绕这一文化元素，在广场中心建立圆形喷泉，喷泉是并行的双环，环与环之间以水为填充。喷泉中央设有一尊金色包浆的雕塑，塑像是一女子手持坛子端坐于柱石之上。整体构造设计以金坛、美人、清流之泉为主元素，极简而又富有诗情画意，展现的复合之美可想而知。更是以泉寓典雅华贵的美女，真是“清水出芙蓉，天然去雕饰”，美不胜收。

金坛站以高铁站房为核心，着力打造集高铁、长途、公交、轨道交通、出租车等为一体的综合交通枢纽。作为一个全新的地标性建筑，它也将更好地提升金坛城市的品质和能级，成为全面展示金坛城市的新窗口。

金坛站的设立，对于进一步拉近苏南地区县市与上海、南京的时空距离，加快城市空间结构的优化调整，提升金坛交通的区位优势，以及完善区域快速铁路网，促进江苏南沿江地区经济、文化、社会发展具有重要意义。

2. 南沿江城际铁路附房建筑及环境的文化表现

南沿江城际铁路的附房建筑与环境虽然不是旅客直接接触的空间，但它距离站区较近，因此在进行高铁客运站附房环境设计时，也应表现一定的文化特色。各站房的地域文化可以通过各地区的物产来进行提炼，建筑的形态，如粉墙黛瓦、圆洞门、月洞门、花窗等都是物质形象表达地方特色的元素。

南沿江城际铁路的附房包含四电用房和生产生活用房两大类，在进行文化元素表现时，高教授认为一方面可以表现出水的流动、包容、坚韧的感觉，另一方面可以吸取建筑风格中的江南文化元素，如粉墙黛瓦、拱门漏窗、石阶铺地、汀步湖石等，在节点位置可以放置船体、花钵等景观装置。

在附房的设计中，考虑到附房建筑的总体风格要和站房建筑的风格互相统一，在文化的表达上也要互相连贯、统一，因此附房建筑的风格总体上采用了现代中式的设计风格，色彩上也选用了具有江南特色的黑白灰。在江南民居中，屋顶多采用坡屋顶，因此附房的屋顶形式也选用了坡屋顶。附房建筑山墙的处理采用了解构的设计手法，将传统的封火墙进行错位设计，在江南文化风格中加入了现代建筑的设计思想，营造出更具现代感的设计风格。山墙选用金属压顶，用现代的材料代替了传统的做法，形式更加简洁、细致。山墙结合了各站的地域文化，并将能体现各附房所在区域的地方标识设置在山墙上。

附房建筑大多不高于三层，体量也不大，因此在立面的处理上运用竖向的色块划分，将窗户及窗间的墙体统一用灰色的体块划分，空调外机采用上下通长的木纹色格栅，结合南沿江全线的 Logo，运用竖向的体块关系，形成干净整洁的立面效果。在附房建筑的入口位置，设置了门斗，门斗的侧墙面设有八边形漏窗，从而使得附房建筑更有江南文化特色。

铁路附房建筑中的围墙，功能要求很明确，但在满足其高度及虚实要求的前提下，其风格特征及文化气息也应与附房建筑互相统一。总体色调采用了与建筑色调统一的黑白灰，黑色的压顶，深灰色的勒脚、漏窗图案，白色的墙面，形成了具有现代中式风格的围墙。附房院落的围墙通过进退关系，高低错落，形成了生动又富有韵律的围墙形式。内退的围墙，形成了一个个景观节点，内凹的墙面结合翠竹、湖石，搭配灯光照明，宛如一幅幅江南画卷。围墙上设计了水滴形的漏窗和波纹板墙面装饰板，还有像是铁道轨迹又像是水流的装饰图案配以中式纹样的围墙，都呼应了南沿江全线的长江文化。最后全线表现出的图像都是进行多次的深化研究，从而提炼出的最生动、最典型的文化符号，既有南沿江高铁的文化特色，又能在各站区做到一站一景，各有特色。

在对各站附房建筑进行景观环境设计时，以长江水的弧线为形状，进行变形和美化，用不同的材质进行地面的划分，在无形中也做到功能的划分，用不同的材质或者形式模仿水的流动，更体现出设计的创新性。在重要节点位置使用具体能体现长江文化、江南文化的装置、雕塑等艺术品，如水缸、水罐等，并恰当地处理好艺术品体量、大小、材质、数量的关系和位置，同时每个站的艺术品在内容和形式上也各不相同，从而能体现出各站的地方文化特色。

各站附房区域也都选择表现各地地域生长特性的绿植，尤其采用了各城市的市花、市树，在建筑周边还种植了一些翠竹等具有江南特色的绿植，使得附房建筑环境也有一定的江南地域文化特征表现。

南沿江城际铁路的站前广场、附房建筑及环境都强调了长江文化，而长江文化中又蕴含了江南水文化的特质，江南文化其实就是“水文化”，江南有着因水而生的历史脉络，以水为媒的生活特色，溯水而上的精神品格，这塑造了江南人灵动进取、包容兼蓄的精神品格。水的形态很多，水具有随物赋形、善于变化、刚柔相济、四通八达、开放包容等特质，水的气质融入了江南人的血脉里，江南地区的人体现出敏锐进取、审时度势、把握机会、敢为人先的精神特质。这也体现了中华民族的优秀品格，即人们具有强烈的民族意志和实现民族伟大复兴的使命感，因此水的形态始终是南沿江高铁建筑和环境形象特征的根本文化元素，也是南沿江高铁建筑和环境形象的主题语言。

二、万里碧波，千帆竞发

中国大运河，总长度 3200 km，由隋唐大运河、京杭大运河、浙东运河三部分组成。京杭大运河北起北京，南到杭州，是世界上里程最长、工程量最大的古代运河，也是最古老的运河之一，与长城、坎儿井并称为中国古代三项伟大工程。淮安至扬州段为淮扬运河，与连镇高铁淮扬段并肩平行。

运河的“运”字本意为运输，但在社会体系之中，借助水的流转，“运河”成为漕粮运输、文化传播、市场构建和社会平衡的载体，在文化体系中，运河之运又与传统社会的国祚、文脉紧密相连。

运河漕运，承载了中国经济。中国大运河见证了漕运这一重要的文化传统，围绕漕运产生的商业贸易也促进了大运河沿线地区的发展与繁荣，流经各个城市的运河也为其带来丰富的自然景观资源。

京杭大运河是纵贯南北的水上交通要道，解决了当时陆路交通不便利的问题，为沿途的城市带来了财富、粮食甚至文化。大运河无疑是中国农业文明时期水工程的百科全书，无数能工巧匠面对复杂的地形、湍急的水势，面对线路设计、水源调配、天然湖泊河流的利用与改造等难题，发挥了非凡的智慧和创造力。即便对于今天的水利工程，它也有着十分重要的现实借鉴意义。运河是农耕时代的“高铁”，集中了人类在进入工业文明之前在水利工程上的最高成就。

京杭大运河承载着社会的历史、文化和经济的发展。作为南北交通的要道，在地域上沟通南北各个城市，便于交通运输，也孕育了运河两岸特有的民情风俗，南来北往的船只，运载着物资、文化与文明，更孕育了地域文化。京杭大运河与连淮扬镇铁路同是区域性的南北向交通的载体，是构成经济、社会发展的重要命脉。这是一脉傲视千古激情澎湃的水上生命之源，这是一个规模巨大、历史悠久的古代交通工具，这是一条内涵丰富、影响深远的中国文化线路。京杭大运河长期起着交流、融合、开放的作用，是民族繁荣昌盛的命脉。

作为国家快速铁路网的组成部分和长三角城市群区域快速铁路的骨干线路，连淮扬镇铁路全长约 305.2 km，是江苏省连接苏北、苏中、苏南地区，江苏中部贯通南北的纵向主通道和高铁网的“脊梁骨”。高铁途经连云港市、灌云县、灌南县、涟水县、淮安市、宝应县、高邮市、扬州市、镇江市等市县。

在进行连淮扬镇铁路站区工区环境深化设计时，高教授强调连淮扬镇铁路具有鲜明的时代特征，要深深扎根于地域文化，努力表现车站所在地区的大运河文化。

1. 连淮扬镇铁路站前广场的文化表现

高铁站的站前广场是文化表现的一个重点，它的设计应立足于所在地区的历史文化，紧密结合当地历史文化风貌，彰显地域文化特色，成为展示民俗风貌的“窗口”。同时，在广场设计中，可通过装饰、构件、色彩和景观小品等进行文化塑造，并与车站功能设计相结合的方法，提升车站与旅客之间的亲和力。

（1）大港南站的站前广场设计

大港南站，位于江苏省镇江市，长江下游南部，是长江三角洲重要的港口，是连镇铁路的一个中间站。它地处黄金十字水道长江和京杭大运河交汇点，生态环境优美，交通运输发达。南北大运河的修通使镇江成为我国东南地区漕粮、丝绸等物质北运京师的重要港口，也形成了当地的渡口文化，水运对于镇江是很重要的存在，因此将广场设计成了船形，体现船在镇江历史的长河中的重要性。船形广场面向丰富的景观资源，同时作为某一景观节点空间，依据高差细分设计足够的休闲设施，可坐或站立观看前方景色。

广场上的叠水景观与景墙相结合，叠水景观体现了水的坠落之美，增加了水的流动性，使其更富有动感。倒影池利用光影在水面形成的倒影，扩大视觉空间，丰富景物的空间层次，增加景观的美感。倒影池极具装饰性，十分精致。广场利用鹅卵石收边，再用金属边创建一个分层的过渡，呈现图形元素本身的效果。

在广场的两侧还设置了景墙浮雕，作为展现历史的银幕，上面刻画的运河场景，展示了近千年绵绵不绝的运河文化，有历史的地方就会有人文，有人文的地方才会诞生情怀。穿行于浮雕墙组成的错综复杂的空间环境当中，可以触摸运河的命脉。

广场的条石景观作为运河在陆地上的延伸，承载着近处轮船造型的平台，无水似有水。高低错落的景墙、条石布置在缓坡的两端，形成的一点透视，将人的目光凝聚在恢宏的站房上，步行于中央，给人新颖之物层出不穷的心理暗示。

广场上的座凳灯柱设计的灵感来自码头边的拴绳柱，采用了拴绳柱的圆柱外部轮廓，周边附上一圈圈凹槽增加了座椅的趣味感。座椅底部安置一处环形灯槽，夜晚中的座椅可以晕出一圈圈暖色的光圈。

（2）高邮站的站前广场设计

高邮是世界遗产城市、国家历史文化名城、国家全域旅游示范区，地处长江三角洲，是中国民歌之乡、中华诗词之乡、全国集邮之乡、中国建筑之乡。

高邮站以邮文化为基本元素，外观优雅灵动，象征高邮文化的源远流长和邮政信息通达天下的理念，寓意深刻。“一铁两水四纵四横”是高邮市交通网络的概称，其中高邮站汇聚了最重要的“一铁”“一水”“一纵”。因此，本建筑立面又以蜿蜒起伏的流线造型隐喻“京杭大运河”的波浪，以伸展的两翼承托起肩上的铁路——连淮扬镇铁路，以开放的窗口面向两侧的城市广场和“京沪高速”，象征高邮市水路、铁路、公路的交会贯通和延绵不绝的发展动力。

高邮站站前广场延续站房建筑对称的元素，打造一个中轴对称的站前广场。广场开阔的绿化空间在这里显得尤为重要，轴线设计及平坦的绿化种植与站房建筑既相互协调统一又相互对比衬托，从而突出了该广场美化城市景观、改善城市环境的作用。

高邮站站前广场分为中轴广场区、侧边广场区、站房站台区、街角公园区。在中轴广场区上设计了一个龙虬文化装置，龙虬文化被誉为“江淮文明之花”。龙虬雕塑是从高邮龙虬文化中提取的龙元素及鸿雁传书提取舞动的雁羽组合而成。由浪花及稻穗演变成的“圆”的形状，圆是中华民族传统文化的象征，寓意着“圆满”和“饱满”。

在站前广场中轴广场区中还设计了镜面水池和树阵广场，广场地面的条状铺装刻画出硬朗的场地线条，寓意着中国高铁轨道的贯通性及古代邮政驿站的通达性，水上树阵打破了水面的单调感，与条石组合打破了空间的平面感，给旅客出行添加了一份仪式感。

高邮站站前广场侧边广场区在设计中多次运用了强烈的韵律和节奏感，如交替出现的停留空间、步道及颜色深浅不一的灌木绿化带，体现着一种组合规律。广场上还设计了钢构架的新中式亭子和廊架，它与站前广场的硬朗风设计很好地融合在一起，既体现了时代的先进性，也不失中式的韵味之美。因高邮龙虬文化有着7000 多年文明史，稻种经过龙虬人 1500 多年的人工选育，才于距今 5500 年左右形成了栽培稻。所以绿化带设计成深浅宽度不一的灌木组合，可以联想到纵横交错的稻田。

（3）灌云站的站前广场设计

灌云县，隶属于江苏省连云港市，位于江苏省东北部，因南有百川灌河，北靠名山云台而得名。灌云县得山水之利，自然风光优美，名胜古迹众多。灌云文化属江淮文化，全县形成以大伊山风景区为龙头，以潮河湾生态旅游和灌河口海滨旅游为节点的旅游产业格局。

灌云站的设计以现代中式建筑风格来表现当地的历史人文和山水意象。极具地域特色的坡屋顶体现了灌云县悠久的江淮文化，简洁流畅的水平线条展现了建筑的现代性与交通建筑的速度感。

灌云文化属东夷文化，东夷文化的图腾为凤鸟，因此在进行灌云站站前广场设计时，设计师从凤凰图案上提取设计元素。站前广场半椭圆形水池及镂空景墙寓意“天圆地方”，周边绿地绿篱的图案则取自凤凰翅膀为环抱状，体现出了灌云县的文化底蕴及包容性。

广场中央设计弧形叠级中心水景，水分层连续流出，搭配中式景墙，可划分广场空间。行人在两旁行走，可达到移步异景的效果，仿佛一幅画卷逐步在眼前展开。水景中的艺术装置随意散落在各级水层当中、景墙之间，营造似有若无的闲适之感。

广场上还设计了主题浮雕，因灌云县临近京杭大运河，东临黄海，南靠新沂河，拥有丰富的水文明，所以站前广场的浮雕体现了灌云县悠久的运河文化。地面采用传统古建筑艺术青砖铺装，体现了灌云县悠久的历史文化。结合了云纹镂空造型和自然肌理石料的石凳对称布置于站前广场。

2. 连淮扬镇铁路附房建筑及环境景观的文化表现

连淮扬镇铁路地处我国东部沿海地带，位于江苏省南北纵向中轴线上。线路北起连云港市，沿宁连高速公路引入淮安市。在原有建筑功能不变的前提下，需要对同区段建筑中的屋顶及立面部分进行统一设计与美化。

通过对建筑外立面的改变和景观环境的添增，以表现大运河沿线城市现代的地域铁路文化。在设计中着重做了如下工作：

(1) 统一附房的色调。着重抓两个面的色彩统一，即屋面的色彩统一(如灰蓝色)和墙面的色彩统一。

(2) 从当地民居中提炼出山墙的装饰符号、屋脊的装饰形态、窗户的装饰纹样，使之在变化中取得统一感。

(3) 采用简洁、明快的装饰语汇，力求工艺的简捷化、造型的现代化。

在进行连淮扬镇铁路附房形象优化设计时，强调建筑应具有鲜明的时代特征，并深深扎根于地域文化，努力表现车站所在地区的大运河文化。但在表现地域文化时不能拘泥于对传统的模仿，而是要采用创新的手法，对传统装饰进行创造性的处理，使之更加简洁、明快，具有鲜明的时代特征，同时也更符合当前建筑施工的工艺流程。如围墙上部压顶线条的处理，片段小景的对景处理，无一不在暗示传统文化与时代精神的结合。建筑的屋顶、山墙做法源于当地传统民居，然而又经过提炼加工，从而呈现出一种全新的面貌。传统的装饰语汇通过现代的材料以一种全新的面貌呈现出来。连淮扬镇铁路附房立面的深化设计可以说是每站有每站的特色，每站有每站的地域文化表现。

附房的景观设计也始终贯彻运河文化，圆形铺地结合圆形树池、水滴座椅、植物等，设计成具有运河水形态的元素，适当位置放置水缸、渔具等有运河水文化特征的小品，景石、绿竹等放置在院落空间中，也表现了一些江南文化特色。

连淮扬镇铁路投入建设不是简单、重复的规模扩张和路线长度上的增加，而是传承优秀传统文化，彰显特色地域文化，繁荣地方经济，助推地方人民享受高铁发展成果红利的高品质实践，实现高铁发展从硬实力向软实力的重大转变。

三、广厦万间，织被天下

宁启铁路，是中国江苏省境内一条连接南京市与启东市的客货共线铁路，是长江三角洲地区城际铁路网的重要组成部分，是江苏省苏中地区的第一条铁路。宁启铁路二期是从南通至启东段的一条铁路，它的设计表现出来的是一种江海文化。

南通，地处江苏东南部，俗称江海平原，南临长江，东濒黄海，为长江、东海、黄海交汇地，是全国为数不多既有大江又有大海的城市。三水交汇，江海交融，不仅孕育了江海大地，也孕育了长江入海口的江海文化。江海文化以创造的气概、包容的气度、开放的气势，在中华文化版图上写下灿烂一页，并造就南通这座城市独特的文化软实力。

江海文化是南通市独具特色的地域文化，上下五千年，南北交融，东西结合，南通承载了丰富的历史、人文和地理资源，具有浓厚的民族特色和地方特色。它既是中国传统文化的重要组成部分，也是地方文化的重要代表之一。其中不仅承袭着悠闲清雅的吴文化体系、诗情画意的淮扬文化体系，还承袭着中外文化荟萃、开放包容的海派文化体系。对于南北文化交汇与过渡地带的南通来说，各种文化在此汇合，随时间的推移，部分融合并保存下来，形成特有的江海文化。它既汇集了南、北方特征，又不同于其中的任何一种，具有过渡地带文化的显著特征。直至近代，随着商贸往来的频繁以及交通运输条件的改善，南通区域间交往日渐深入，“一城多面”的装饰装修样式逐渐形成。同一建筑融江南民居的温婉娟秀、官式建筑的大气恢宏、徽派建筑的清新脱俗等于一体，形成了江海平原独具特色的地域文化风情。

地理位置上，南通偏东一隅，避开了历史上的多次动乱，多路人口迁徙至此，形成了不同的文化圈，反映到建筑尤其是装饰装修中则体现了不同区域的样式形态；文化思想上，南通是吴文化与江淮文化的交锋地，在城内形成的相对开放的市井文化，西风东渐所产生的变革思想更易被接受；人文因素上，南通的发展与著名实业家张謇有着千丝万缕的联系，随着张謇大生系统的教育、慈善和水利等各项事业的推动，南通社会的经济、文化结构被彻底更新。

在千余年的历史中，南通人民创造并发展了丰富多彩、名噪四方的民间工艺。诸如扎染、彩锦绣、木版印画、工艺葫芦等。其中南通蓝印花布便是最具代表性的民间工艺品之一，也成了南通独树一帜的地域文化符号。

建筑装饰装修样式既是物质对象，也是精神对象，作为与人类生产、生活息息相关的一种重要载体，它既是文化的反映，是物质文化遗产的重要组成元素，也是民族思想的集中体现。从建筑的装饰装修样式中，我们可以洞悉出一个地区发展的轨迹和精神所在。在南通近代建筑装饰装修样式中出现了不少不同时期、不同风格的样式内容，这与南通独特的江海文化环境密不可分。

宁启铁路二期的附房建筑每个区段都呈现各自独特的面貌，南通、海门、启东等城市的附房建筑的立面都不相同，呈现出鲜明的地方特色。

宁启铁路二期附房环境在植物配置上以适地适树为原则，多选用南通、海门、启东当地的乡土植物，高低错落，疏密得当。乔木初植即要求规格较大，即时效果佳。灌木多选用著名观花灌木及芳香植物，经修剪整理后造型美观，加之乔木多选红、黄等秋色叶植物，整个植物配置做到了三季有花、四季有景，且色、香、形相得益彰，给人以喜悦和充满生气的感染力，也符合宁启铁路二期全线江海文化的表现。

文化是社会发展中一切物质和精神文明的结晶，加强江苏铁路站的建设，践行江苏铁路客站建设发展新理念，丰富江苏铁路精神文化产品，提高文化软实力一直是发展江苏铁路建筑建设所需要的。

也说室内图底关系

东南大学建筑学院博士，河海大学土木工程系主任、教授　卢　漫

高祥生老师认为，以室内陈设设计中的视知觉图底关系为切入点，融合西方心理学和东方哲学理论，可以深入阐述稳定的图底关系这一普遍形式的存在、实现及优化方法，并通过对其构建过程中的各类对比因素进行重点研究，证明稳定的图底关系在室内陈设设计中对营造特定空间环境有着重要的价值。

高老师提出国内外对于图底关系及相关概念和理论的研究是不同的。

“图底”概念来源于西方心理学，人无时无刻不置身于环境之中，而人们对环境的认知很大程度上取决于视知觉（“视觉”与“知觉”的组合用语）的观察、分析和判断。心理学家研究发现，人对于周围环境中存在的具体事物的感知从来都不是孤立的，而是各种事物综合作用于视知觉的结果，至少受视觉聚焦的主体与非聚焦的周边环境共同影响。由此，心理学家试图将观者视线中的主体与周围环境剥离，首次提出“图形”和“背景”两个概念，“图形”是指人在观察特定环境信息时，在整体环境未被分割前迅速捕捉到的突出、显眼、易被感知的物象，而“背景”则作为尚未被分割的整体起着映衬“图形”的作用。

国外对于图底关系的系统研究起源较早，以丹麦心理学家埃德加·鲁宾的作品《鲁宾杯》最具代表性，该作品随着观者注视角度的不同将分别出现不同意义的画面，从而实现图底互换的效果。作为图底转换关系研究的第一人，他的基本观点是：被围绕起来的区域倾向于被视为图形，而周围没有边界的范围则常被视为背景，当图形与背景关系模糊时，则产生了图底转换现象。

注：文章根据高祥生老师著《室内陈设设计教程》部分章节与谈话内容整理而成。

1912 年兴起于德国的格式塔心理学对图底关系的深入研究起了促进作用，格式塔心理学理论由韦特海默、苛勒和考夫卡三位心理学家在进行似动现象（客观静止的刺激产生一种错觉性的运动知觉）实验的基础上创建，将图底关系作为最基础的视觉组织方式运用于视觉艺术领域，强调以整体性把握心理现象。韦特海默于 1912 年发表的论文——《关于运动知觉的实验研究》成为格式塔心理学的奠基之作。40 多年后，一位名为阿恩海姆的德国学者在其论著——《艺术与视知觉》中以格式塔心理学为基础，融合鲁宾的图底关系理论，从平衡、发展、空间、形状、色彩、运动等多方面进行论述，并将大量的图底关系分析运用于实践，产生了突破性进展。

国内对于图底关系的研究起源于绘画，相较于国外在理论上略显滞后，但在实践中却无时无刻不以东方特有的哲学观诠释着图底关系的内涵。以传统绘画为例，古代先贤虽不曾对绘画艺术中图与底的概念做出明确的定义，但创作过程中却始终秉承“虚实结合”“黑白相生”“经营位置”等理念，这种理念的核心在于：区分主次。将视线聚焦的物象视为“实体”，即为“图”；将其余物象视为“虚体”，即为“底”。绘画作品中通过对“虚”与“实”的处理，明晰了创作者的心理意图，便于观者欣赏。

实际上，高老师认为在室内设计中，设计师的主观意图及客观条件对作品的图底效果影响很大，各类装饰构成元素的不同组合方式会呈现不同的视觉刺激强度，视觉效果也随之迥然不同。高老师指出“图底关系”的形式主要有两种：一种是转换的图底关系，另一种是稳定的图底关系。而“转换的图底关系”这一形式，在建筑环境设计与室内陈设设计中很少应用，相比之下，“稳定的图底关系”更适用于室内陈设设计和人们的生活所需与建筑设计之用。高老师特别强调，“稳定的图底关系”是室内陈设设计中最常见的表现形式。

其中，转换的图底关系理论源于国外的格式塔心理学，格式塔心理学中对我国设计师影响较大的著作有阿恩海姆的《艺术与视知觉》，书中对图底转换理论研究较为透彻，对我国建筑设计、艺术设计和相关专业的视知觉教育均有一定的影响。

高老师指出，转换的图底关系是指在视知觉中，图形与背景的关系并不是绝对的，两者具有可变性，若人的视觉位置发生改变，图底的关系就会产生相应的变化。简单来说，就是视觉主体和背景之间，在一定的条件下可以相互转化。

以经典的“鲁宾杯”为例。当人们的视觉聚焦于黑色部分时，白色部分则为底，这时会看到轮廓中的两个面孔；当人们的视觉聚焦于白色部分时，黑色部分则变成了底，这时会看到中间部分是一个花瓶。

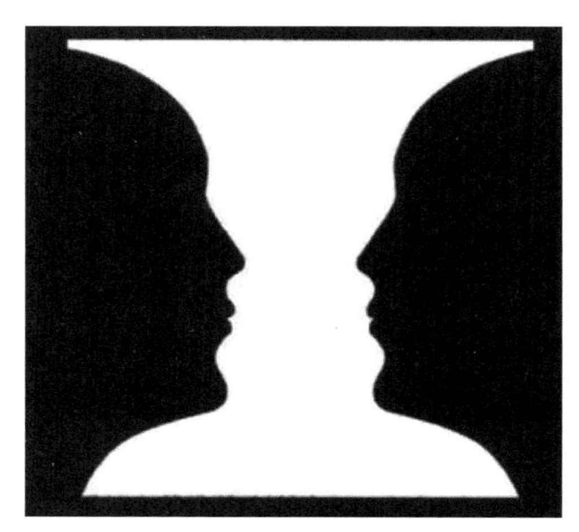
转换的图底关系(图片来源于网络)

而另一种稳定的图底关系，则是指将视觉聚焦的位置视为“主体”的“图”，而背景或周围部分则被认为是作为陪衬的“底”，这种“图”与“底”的关系是不可变的。在高老师看来，“图底关系”中，占较小面积的、需要突出表现的部分是“图”，而占比是大面积的部分则是“底”，这样理解更为简单，即画面中的主要对象就是主体的“图”，其余衬托主体的部分即是“底”。

高老师提出，室内陈设设计中的图底关系，有时是明确的，有时则是含蓄的。明确和含蓄的感觉取决于“图”与“底”之间各种因素对比的强弱程度，而强弱程度的确定又源于陈设设计的主题和气氛的需要，其中“图”与“底”的对比强度与设计师的设计意向和对“度”的把握有关。随着社会的发展进步，人们的审美水平也在不断提高，图底关系的研究与应用范围也从二维平面过渡到三维空间。

高老师认为，在室内陈设设计中，对局部而言，二维平面的图底关系较多，如墙面与陈设品的关系，或是墙面与附着墙面的图案的对比关系。而在室内设计中，三维的图底关系占多数。通常墙面、隔断、顶面、地面等为整体环境的“底”，也可称为第一层图底关系中的“底”，因为它在空间中占有较大的面积，对环境的基本色调甚至风格构成都起到了控制作用。空间中的家具、织物等，既与墙面、顶面、地面这些大界面构成图底关系中的“图”，又会成为小件陈设品构成图底关系中的“底”，起着衬托作用。

在家具、灯具、织物前或空间中布置的小件陈设品，比如绿植、布艺、艺术品等，是构成第二层图底关系的“图”，它们的色彩可以是艳丽的，也可以与整体色调形成对比关系。另外，第二层图底关系中的“图”大多为小件陈设品，人们都是近距离观赏或使用,因此应该充分考虑材料的质感和触感。人们在远距离中可以感受到色彩和形状的特点,但是细腻的质感、触感只能在近距离中感受。

深圳南海新希尔顿酒店餐厅(高祥生拍摄)

高老师还提出,在陈设布置中运用各种方法的最终目的就是要调节主体与客体的关系,也即“图”与“底”的对比关系。在室内空间环境中,视觉元素的多维组合形成了以陈设品为“图”,以界面、空间为“底”的单层图底关系,多个单层图底关系相互作用又形成了相对复杂的多层图底关系。这些元素直接作用于人脑,通过视知觉的自觉选择性和逻辑组织性将图层关系简化,从而快速对室内陈设设计的整体性有一个很好的把握。

室内空间环境的视觉效果无一例外都是多层图底关系互相作用的结果,不管是二维平面,还是三维空间。无论是对空间的塑造,还是对空间的鉴别,对单层、多层图底关系整体性的把握,都起到了至关重要的作用。

首先是单层的图底关系。在室内陈设设计中,单层的图底关系存在于二维的平面或三维的空间的形态中。单层的图底对比清晰,且各自有明确的边界,其形式关系可分为两方面:一是陈设品与二维平面或界面形成的单层图底关系。在室内空间中单层的图底关系通常在陈设品与二维平面或界面的对比中出现,指的是陈设品与装饰界面中的图像、色彩、质感等形成的图底关系。二是三维空间中形成的单层图底关系。这种关系的主要表现方式是以陈设品为“图”,以界面或装饰空间为“底”,空间中的其他装饰元素对于陈设品的干扰较少,能够快速形成视觉中心。

南京九间堂样板间卧室(高祥生拍摄)

其次是多层图底关系。多层的图底关系同样存在于二维的平面设计和三维的室内陈设设计中,主要存在两种情况:一种是平面中的多层图底关系,一般都是指在某一界面上出现叠加的多层图案或图形。另一种是室内空间中的多层图底关系。这是由多个单层图形组合而成的空间形态，简单来说，室内空间中存在的多层图底关系由空间中的多层图像组合而成，它主要指在第一层的图底前设计别的图像，使得第一层图底中的“图”后退为“底”，改变原有的图底关系，以产生新的图底关系。这种图与底关系的叠加应把需要表现的图形通过形态、色彩、肌理等因素强调出来，最终形成室内陈设设计中的主次分明的多层图底关系。

通常情况下，在多层的图底关系中，随着视觉注意力的转移，图底关系也会随之转换，这些原本为“图形”的物象常常由于视觉聚焦点的转移而弱化为“背景”，随后产生新的“图底关系”。这种单层或多层的图底对比关系共同形成了空间感觉的多样化。在多层图底关系的设计中，需要设计者合理利用环境条件，最大程度地表现设计意图，在整体空间中处理多层图底关系，形成层次分明的视觉关系。

最后则是强调图底的整体性。图底视知觉的整体性是指：无论在二维平面还是三维空间中，图形与背景之间形成明确的主、客体关系，或完成“图”与“底”的角色定位。在室内空间中，当人们在视觉的选择过程中，多层的图形叠加出现时，视知觉会自动简化图底之间的层级数量，使图形与背景之间生成既简单又具备整体完整性的图底关系，便于观看者对于空间的整体把握。因此，在设计中需要对图底感知度进行整体性把握。

随着建筑产业的发展，室内陈设设计的独立价值日益凸显，它以体现空间环境的艺术效果为主要目的，而图底关系的构建又与空间视觉效果的营造有着密不可分的联系。设计师可通过对图底关系构建要素的灵活把握以达到构建室内空间的设计主题、组织室内空间的景点、丰富室内空间的视觉效果、明晰室内空间的层次感、提高室内空间的审美品质等目的。

谈室内设计的现状及发展趋势

南京艺术学院博士、教授，江苏省室内装饰协会会长　徐　敏

随着中国经济的快速发展和人们生活水平的不断提高，人们的消费观念和消费方式也都发生了显著变化。室内装饰作为人们消费的一个重要内容，也相应地呈现出新的特征。诸如多元化设计、专门化设计、绿色设计，民族文化的自觉，简装修重装饰理念的体现，新材料、新工艺的运用，强调设计工作的专门化，注重形式美的表现等，都成为当今室内装饰设计师热衷谈论和关注的问题。

高祥生老师作为一名长期从事室内装饰教育和创作的设计师，在 15 年前就对室内设计行业的发展趋势做过一些预判，如今 15 年过去了，行业发展的结果与高老师当年所说基本一致。高老师所说的室内设计发展趋势如下：

一、室内设计的多元化和专门化

高老师认为，无论是建筑设计还是室内设计，最终目的还是要创造一个适合人生活、工作的环境。现代经济的发展带来了社会生活的变化，生活的变化带来了新的消费观念的产生，而新的消费观念的产生必然会带来一种室内外形态的变化。比如说消费形态的多元化、功能要求的综合化和专门化等。

他认为生活形态的演变已经引起了需求上的多样化，并在室内设计中产生了大量不同于过去的多种功能空间。他指出十年前的娱乐场所可能只有酒吧，但现在出现了大量其他类型的吧，如茶吧、演艺吧、慢摇吧、KTV 等；过去的餐厅种类较为单一，只粗略分为中餐厅和西餐厅，而现在有鲁、川、粤、苏、浙、湘、徽等各种

注：文章结合高祥生老师在南京市室内设计学会上的讲话内容编写。

菜系的餐厅，还有韩国烧烤、日本料理，以及麦当劳、必胜客等快餐速食餐厅。这些都说明人们的生活形态发生了极为丰富的变化，也对室内设计师提出了更高的要求。

随着时代的进步，人们的消费形式开始产生多元的趋向。高祥生老师以洗浴空间为例，他认为以前的澡堂只有单一洗澡的功能，由于现在人们对健康、娱乐的需求增加，澡堂渐渐演化出按摩、SPA、娱乐等不同功能。

高老师认为人们的消费心态也开始趋向多元化，加上商业上的一些需求，建筑和室内的功能产生了综合性和专门性两种倾向。比如专卖店、大型百货商店和超市的产生。专卖店的产生是社会和消费者对产品和服务的分工细化和专业化要求的体现。以前商场和超市可能只有购买种类较单一的商品的功能，现在很多大型的购物中心将餐饮、娱乐、休闲甚至健身的功能收纳其中，成为综合性的功能场所。酒店也演变出度假酒店、商务酒店、青年旅馆等不同的类别。

高老师说这些变化也就导致了一种现象的产生，在他看来某些东西在十年前甚至是两三年前还是流行的，但现在可能就落伍了，不新潮了。虽然有些人认为某种审美是可以反复出现的，或是能很久不变，但高祥生老师认为，这种反复不是简单地重复，它每次出现都会上升一个层次，比如古典风格的再流行，是伴随着新材料、新工艺的加入而同时出现的。

高老师认为变化是永恒的，世界著名作家、大思想家斯宾塞·约翰逊曾经说过“唯一不变的是变化本身”。变化必然产生新的社会形态、生活方式、思想观念，并由此产生新的生活工作空间。他认为这种变化是由社会的剧烈变化导致的，它一方面淘汰了许多不适应社会需求的功能；另一方面对室内设计者提出了更高的要求，需要他们能更好地把握社会和人群的心理要求。

二、简装修重装饰设计理念的认同

高老师说过“简装修，重装饰”的理念在欧美以及日本等国家比较盛行，而国内是近十年才逐步认同这个观念的。二十世纪八九十年代不少人一再误将装修档次的高低与所用材料价格是否昂贵联系起来，在装修中一味追求材料的昂贵。

他认为室内环境应该是由空间形态、灯光、色彩等多种因素共同起作用的，而不是单一的以材料价格来衡量装修档次。二十世纪八十年代末到九十年代初，设计师对装饰陈设品不够重视，对装饰材料也很不了解，许多人把装饰和装修混为一谈，而实际上装修的概念和装饰的概念本身不一样，那么这两个概念该如何区别？

他说装修是界面的修饰和美化，而装饰是在装修基础上的个性化体现。他形象地解释：假设将一幢房子看作一个盒子，如果把盒子倒过来，盒子中掉下去的东西就是装饰，没有掉的东西就是装修。这个比方不是十分准确但很形象。现在人们更加重视掉下来的东西，因为掉下来的东西更能表达风格和个性，而且也是可持续发展的一种表现。

高老师认为如果把界面做简单了，更换旧的更容易，想换成欧式的、中式的或其他风格的都可以。一幢建筑几十年不会拆，而建筑内部能几年变换一次，如果不断地拆换界面上的装修，那就会费钱、费力，而不拆换界面上的装修，只是通过装饰的变化来取得旧貌换新颜，则比较容易，效果也更佳，更能显示个性。将来人们对室内陈设品、装饰品的重视程度也比现在高得多。所以，高老师认为设计师在重视装饰、陈设品的前提下，才能把装饰工作做得更好。

三、新材料、新技术对设计的发展作用

高老师认为有什么样的建筑材料就有什么样的建筑，同样，有什么样的装饰材料就有什么样的装饰效果及装饰风格。这可以从古代建筑到现代建筑不同的风格演变中得到具体的证明。

他说如今的室内装饰业在发展过程中产生了两大特征：一是新材料、新技术不断产生，二是室内设计作品水平不断提高。他指出：20 世纪 80 年代开始，许多家庭用昂贵的石材、木材作装饰；90 年代后期开始，随着新材料的不断产生，人们也逐渐接受各种新材料。所以，从 80 年代到现在，室内设计上升了一个大台阶。

他认为装饰的发展比建筑还快，特别是新材料的不断产生，不同材料的产生满足了不同人的需求，也为室内和技术提供了创作语言，比如仿真材料的出现，使设计师的设计语言更加丰富，也使得许多材料之间可以相互模仿。

他告诉我们现在市场上新的装饰材料极为丰富，设计师想表现什么样的肌理，在新的装饰材料中都能找到。甚至可以说，你想到的它有，你想不到的它也有。另外，各种仿真材料既丰富了设计语言的表达，又起到了调控价格、方便施工的作用。

四、装饰行业的产业化

高老师过去也与外国的设计师合作过，他觉得国外的工作方式与我国设计师的工作方式有区别，明显的区别是他们把许多精力都用在对建筑装饰部品的选择上。有些大装饰公司生产的门有几千种类型，可谓是你想到的能找到，你想不到的也能找到。因为产品极为丰富，所以室内设计师主要是进行部品的选择、组织，当然还要考虑视觉统一的整体效果。

他认为由于我国人口多、资源少，为了节约材料、提高效率，装饰部品的工业化及产业化是我国室内装饰行业发展的必然趋势。而装饰部品的工业化，对于建筑室内环境质量的控制，以及建筑装饰产业的现代化建设等方面都会起到积极的促进作用。

高老师觉得我国在住宅“全装修”“精装修”中，已有大量工程采用装饰产品。这对室内空气质量的控制、装饰成本的降低、施工工艺的便捷，都起到了有效的促进作用。但是就是因为实行的部品工业化、一体化，室内装饰中的设计工作量，特别是住宅室内设计中的工作量，将会大幅度地减少。特别是随着住宅“全装修”“精装修”成品房的不断推广，社会将不需要原来那么多的家装室内装饰设计师。那么，原有的设计师的去处在哪?

高老师认为，应该有三个主要的去向：一是可以往工装领域发展；二是将对装饰装修的标准化、模块化以及部品、部件进行研究；三是随着简装修、重装饰理念的深入发展，装饰行业中将需要一大批专业的室内设计师，当陈设品得到重视后，肯定需要有人专门研究陈设品的设计布置，因此，新的行业也必然随之产生。

高老师说装饰部品发展的趋势有模块化、高集成度、高精密度三种。他认为现代模块化设计的一个显著特征：与产品相关的模块及零部件供应商在共同的标准与界面下并行工作，最后由系统集成商将所有的模块在现场进行集成。他认为制造业的未来必将走向模块化、高集成度和高精密度的发展道路，这也是装饰行业的发展方向，而这一趋势也是社会整体生产力发展的必然结果。

五、关注形式本身的作用

高老师认为形式在室内装饰设计中一直存在着，只是以前有一段时间内讳谈形式。他说在过去的装饰设计中，更多的是强调功能问题，对形式问题谈得不多，做得不多，因此造型美观、形式感强的作品也不多。而事实上，装饰设计既要满足使用功能的需要，也要强调形式的美感。他觉得在装饰设计中追求形式美是近年来室内装饰设计发展的一个鲜明的特征。

在高老师看来，纵观这几年的许多优秀作品，装饰设计有的注重对节奏、韵律的表现，有的强调对虚实、主次的表现，有的关注对比例、尺度的应用。总之，他认为这些作品在满足功能要求的同时，也注重了对审美效果的表达。

六、室内设计工作的专门化

高老师说在二十世纪八十年代末至九十年代初，中国从事室内设计的人必须什么功能的室内都能设计，比如餐厅、舞台、办公大楼、商店、学校等室内设计。但在他看来这不是现代设计的发展方向，所以他觉得现在室内设计的分工越来越明确，越来越专业了，同时设计作品也越来越成熟了，而且这是现在、将来的一种趋势。

高老师认为室内装饰设计工作的专门化应该表现在两个方面：一方面是功能的专门化，如设计餐厅的就主要设计餐厅，设计宾馆的就主要设计宾馆，现在甚至还有专门设计餐厅或宾馆中某一连锁店或某一类型、某一规模、某一功能的室内装饰设计师。另一方面是设计工序的细化，如出现专门设计陈设、灯光、家具的设计师等。他觉得分工的细化是行业发展成熟的标志，是室内装饰行业水平提高的保证。

他认为对于室内装饰设计师来说最重要的是看清趋势，并根据自己的长处，明确自己的定位，衡量一下自己在哪些方向最强，根据社会和行业的需要，发挥自己的长处，以积极的姿态应对社会和行业发展的要求。

七、室内设计中民族文化的表现

高老师说任何一个民族的文化都有继承性，中国文化是这样，外国文化也是这样。历史上的很多文化也都曾受过外来文化的影响，但后来又都重新认同并回归到本民族文化上。

他觉得民族文化、区域文化不可避免会受到外来文化的影响，进而吸纳接受外来优秀文化，表现出文化包容性的特点。同时，本民族文化、本地域文化又都随着社会经济、文化的发展而产生新的文化形态。所以民族文化、地域文化在发展过程中，需要在保持其自身的原有文化形态的基础上，不断地改造落后的部分，最后形成一种具有新内涵和活力的民族文化、地域文化形态。

在他看来我国室内装饰设计的发展初期受到外来文化的影响很大。比如在二十世纪八九十年代，室内装饰设计中到处盛行欧陆建筑风格的室内装饰。而当中国经过二十多年的改革开放，国民经济得到了快速的发展，国家强大、人民富裕后，文艺界、设计界的一批有识之士开始在自己的作品中强调对民族文化的表现。高老师认为，在文艺作品、设计作品中，表现中国的文化精神，既是中国的文艺创作者和设计师的历史责任，也是其创作道路的归宿。因此，自二十世纪九十年代后期，我国的室内装饰设计界涌现了一批高水平的表现中国文化的设计作品。

高老师认同或者提倡的是，如何在继承传统文化的同时表现现代人的审美情趣。时代在变化，不同时代的人对传统文化的理解和认识是不一样的。高老师认为设计作品应具有"中而新"的感觉。对于中国文化问题，他认为首先是地域文化，中国的地域辽阔、民族众多，不同地域、不同民族都有自己本地域、本民族的文化特征。

高老师告诉我们，建筑大师贝聿铭先生在苏州博物馆新馆落成后，曾说他在新馆的设计理念中提出"中而新""苏而新"的概念无疑是正确的，并且他也就如何在设计创作中继承和创新这个问题提出了一个方向。高祥生老师赞同贝先生的观点，他认为只有民族的才是世界的，只有地域的才是民族的。

八、全球化对室内设计的影响

高老师说所谓全球化设计，亦称设计的国际化，是设计师在掌握不同国度、民族、宗教、哲学、历史、文化背景的同时，以自己独具个性的设计语言，表述独特的思想文化，而这种设计语言所表达的思想观念、信息能够在世界范围内被大众所接受、认同。

他认为随着中国改革开放步伐的加快，以及信息科技的不断飞速发展，经济全球化已是现实，全球各个国家交流日益频繁，对文化的影响越来越大，拥有国际化的视野让设计师更能发挥自身的潜力，将设计的立足点从地区移至全球，从传统移至当代。当代设计观念的变革、对设计的重新定义、设计的跨区域交流、地域性设计概念的提出，无一不在全球化这一趋势下发生关联。设计的共性是建立在不分民族的人类的共性基础之上的，实现的是人类共有的国际性价值。

他指出，发达国家和发展中国家的设计师对现代主义的态度是只看技术不管人情，对所造成的后果进行反思的同时，也寻求现代文明、传统思想和当地特有文化的结合，努力冲破原有的“现代化”概念，创作出丰富多彩的设计作品。

在他看来随着各种传统文化和现代文明的融合，文化发展的多元化已经成为世界范围的一个重要趋势，多元的文化也带来了现代设计观念和形式的多元化和多样化。但文化的产生与发展又与地域、政治、经济、技术的影响息息相关，因此，其差异性仍然存在。高老师认为地域传统文化是当代人对所处环境的生活表现，因此，他觉得所谓的地域文化又深深地打上了时代的烙印。

九、绿色、低碳设计理念

高老师指出低碳、环保是人类社会发展的趋势，室内设计也应该越来越注重可持续发展，他觉得可以通过设计来达到节能、节材、节水、减少碳排放、保护环境的效果。

在高老师看来，建筑装饰装修的低碳化是一个系统工程，贯穿于装饰装修的全过程，它包括设计、材料选购、现场施工、维护与更新、拆除与重新利用等环节。高老师认为将低碳的理念渗透到上述各个环节中，控制碳排放总量，是有效实现建筑节能减排、全面发展低碳经济的重要手段。

在建筑装饰装修行业蓬勃崛起的背后，是巨大的能源消耗和碳排放量，是以相当大的环境透支为代价的。根据有关数据，我国建筑物总能耗占社会总能耗的25％～28％，二氧化碳排放量占社会总排放量的40％左右。

他认为建筑的“节能”“低碳”已然成了中国降低碳排放、发展低碳经济的重要内容，而建筑装饰装修作为建筑制造的末端环节更应该参与到建筑的低碳化中来，并表现在以下几个方面：

1. 设计理念低碳化

低碳倡导的生产方式是耗能低、污染轻、排放少、效率高的生产方式。高老师认为建筑装饰装修是一种将生活观念付诸实践的生产方式，低碳化建筑装饰装修，可以概括为设计简约、选材环保、施工规范、管理高效、使用合理、维护科学和充分再利用。

2. 风格定位简约化

高老师指出设计定位是将低碳的设计理念付诸实践的第一步，应以低碳为原则确定室内环境的整体风格。具体来说就是减少室内空间固定界面上装修的内容，主要靠软装饰来营造空间氛围，定义环境格调。他认为精简了装修的成分，装饰内容也应适度，冗余的装饰势必会耗费过多的环境资源，简约、适度传达的不仅仅是一种风格，更是一种低碳的生活态度。

3. 设计方案节能化

(1) 科学的空间利用

高老师认为应该科学、合理地规划室内空间，使空间的利用率发挥到最大，并要从长远角度考虑，适当增加可变性空间。

(2) 低能耗的通风采光

室内通风和光环境的低碳化对于降低建筑能耗有相当大的影响。

(3) 节能的设施设备与技术

在建筑的各项能耗中，建筑的使用能耗占据总能耗的 80%，是影响建筑能耗的第一大因素。所以，高老师认为在现代建筑的使用中应尽可能采用可再生能源，利用计算机技术、自动控制技术等将使用能耗降到最低。

十、数字化技术对室内设计的影响

21 世纪是信息化的时代，而数字化技术是信息技术的核心，信息化的飞速发展也带动了数字化技术前进的步伐，数字化浪潮为室内设计行业带来了新的涌动力，同时也对旧的设计理念进行了变革。高老师认为在室内设计中，数字化无可厚非有着卓越的优势。数字化是计算机技术的基础，计算机对信号处理进行的所有运算都是通过数字完成的。数字化技术就是将实际情况中各种信息转变成数字数据，并且依据这些数据建立起数字化模型和数据库。这些数据再通过计算机进行统一处理，演变成视觉上的文字、图像或听觉上的声音。

他认为如今的室内设计数字化应用已经非常广泛了，设计师和工程师们都会用计算机软件绘制室内平面图、立面图、剖面图和效果图，甚至还有对整体环境的分析，对用户最终视觉效果的传达等。

在他看来数字化的应用贯穿整个室内设计的过程中，每一个环节都有其辅助作用。对于室内的构想是从无到有、从模糊到清晰、从抽象到具象的过程。他说以前室内设计师的设计具象化主要通过图纸来表达，这样的表达存在时间长、重复性大、精确度低的问题，会严重影响设计师对构想的实施。而数字化能通过虚拟模型把设计师的构想通过图像的形式表达出来，既具有直观性，又具有准确性，不仅提高了设计图稿的质量，还缩短了设计周期。

他还指出室内的结构组织形式和构件都和数字化有着紧密的联系，复杂的形式表现和结构分析通常属于断层的状态。因为大多数的室内空间都处于简单的几何形状。正六边形、正八边形、蜂巢形等复杂图形根本无法用手稿的形式精确表达。但是数字化能够进行参数化建模，辅助设计师绘制复杂的形体结构，在简单高效的数字化软件中，一些看起来难以实现的室内构造也能成为现实。

高老师说中国的“鸟巢”“水立方”就运用了计算机高精度和高效率的运算能力。“鸟巢”在设计模型的过程中不仅利用软件去捕捉曲面形态，还采用了流体力学模拟手段对热舒适度和风舒适度进行分析和研究。

虽然当代室内设计师的工作对社会的作用是有目共睹的，但室内设计师的工作还有很多困惑需要解决。高老师认为这些困惑主要体现在以下两个方面：

第一，并非所有的人都理解室内设计师所做工作的重要性。如在实践中，一些业主认为设计师是在挣他的钱，而没意识到设计师是在帮他共同策划。室内设计师帮助业主选择材料，节省预算开支，使他们获得更大的利益，其实受益的最终还是业主。

第二，在建筑的总体设计过程中，建筑设计、装饰设计、消防设计等环节中出图量最多的是装饰设计。虽说前期有些专业设计做了许多工作，但后期统筹中装饰设计要做的工作会更多，工作量会更大，但这种辛苦和劳动不被一些业主和主管部门所认同。

目前，高老师认为应该大力宣扬室内装饰设计工作的重要性和艰苦性，使企业的主管部门和业主对室内装饰设计工作有一个较为全面的了解和正确的认识。如果能做好这些工作，设计师的工作环境将会得到一定的改善。

高老师觉得步入 21 世纪以后，中国的室内设计在不断走向完善。从早期的以材料档次来评价装修水平的误区中走了出来。时代的发展带来了新的审美趣味，同时也促进了许多新颖的装饰材料、工业材料的产生。陈设品在这个新的时期被提到了一个较高的位置，推广全装修、简装修重装饰已然成为大势所趋，并且开始更加注重工作、生活和环境质量，推广绿色设计。

当然，目前装饰设计的各种规范还未健全，而室内设计从不规范到比较规范，再到相对规范，这中间需要经历一个过程。高老师相信，这个过程不会需要很长时间。室内装饰行业一定会走向规范，最终必定会有一个好的发展环境。

室内设计中材料肌理的表现方法

南京航空航天大学教授　李　伟

高祥生老师曾多次谈及室内设计中材料肌理的问题，他认为材料肌理是视觉或触觉作用下表现出的物质形式，其形态丰富多样。不同的材料肌理给人以不同的视觉感受，诸如瓷器光滑、细腻，织物柔软、舒适，玻璃光洁，石材坚硬，木材质朴温馨等。

高老师指出，在室内设计中根据设计意向选择不同的材料肌理，可以营造出不同的视觉效果，科学地运用材料的肌理效果，可以更充分表现材料肌理的美感，这对于室内设计师来说是必须了解的。

所谓"肌理"，英文为"texture"，起源于拉丁文"textura"。对肌理的一般解释是："肌，是物象的表皮；理，是物象表皮的纹理。"肌理是物质属性在感觉上的反映，是物象存在的形式，它侧重的是表象，一般不涉及物质的内在结构。根据肌理的物理表象可将其分为视觉肌理和触觉肌理。视觉肌理的影响主要体现在纹理形状、色彩感觉、光洁度等视觉因素带来的心理反应上；触觉肌理主要体现在细腻粗糙、疏松坚实、舒展紧密等触觉因素带来的生理和心理感觉上。但在实际情况中，视觉肌理和触觉肌理的区分并不那么绝对，它们往往共同影响人们对某种肌理的认识。而且，就人们的心理感受而言，一般对"理"的感觉会强于对"肌"的感觉。因此，不同肌理的形态特征、构成关系以及视知觉的特征等都是室内设计科学运用肌理构成必须研究的内容。

高老师认为肌理构成可以从基本肌理单元和组织结构两方面理解。基本肌

注：文章根据高祥生老师所指导的硕士论文内容编写。

理单元是构成肌理形态的元素，是一种形态存在的前提；组织结构是对基本肌理单元的编排方式，是一种肌理构成的方式。形成肌理，需要大量的基本肌理单元以某种特定方式分布于物体表面，且这种分布应能形成特征明确的形态。结构的组织对肌理形态的形成有很大的影响，组织的方式应具有一定的节奏感、韵律感、秩序感，其规律明晰，并符合肌理单元的形态特征，能够构成有视觉意义的肌理形。

而肌理的组织结构又可分为几何组织和有机组织两种类型。几何组织一般指将肌理单元按重复、渐变或是相似的方式排列，组织规律相对单一，几何形态清晰，如布纹、水蒸气凝集的表面；有机组织一般指将肌理单元按一定自然规律或受自然秩序影响而呈有机形态组织的排列方式，组织规律相对复杂，但仍呈现出明晰的秩序感，如沙漠的形态、木材的纹理、石材的表面。当然，组织结构的区分并不绝对，有时一种肌理会包括多种组织方式，呈现出一种肌理的多个层级的视觉感受。如一种材料在不同的距离观看，其呈现出的视觉印象就会不同。另外，根据肌理的形成方式还可以将其分为自然肌理和人工肌理：自然肌理是天然形成的，不为人力所控制的；人工肌理是经过思考后运用形式美规律和设计意向组织形成的肌理，随着新型材料的产生和人们对室内环境质量要求的提高，室内设计中运用人工肌理表达的空间形态将越来越丰富多彩。

一、影响材料肌理感知度的因素

高老师指出，通常材料肌理的感知强度弱于材料形状的感知强度，更弱于材料的色彩感知强度。因此，倘若要使材料的肌理在室内空间中富有一定的表现力，或者说要使它更具有一种视觉的冲击力，那么就必须强化材料肌理的视觉感知度。正因为如此，室内设计师也需要知晓影响材料肌理感知度的几种因素。

1. 纹样的因素

呈现出一定形态的纹理才能称为肌理，而这种形态的纹理也可理解为平面纹样。纹样自身的寓意和肌理的感知度成反比：图案寓意越明显，肌理感知度越弱；反之，肌理感知度就越强。这与人们的视知觉心理有关，因为相对于无明确含义的肌理纹样，含义明确的图形更容易吸引人的注意。所以，若想表现肌理形态本身，就需弱化肌理纹样的图案特征。比如一幅点彩画，人们欣赏它时首先注意到的是其画面内容，然后才会研究其点状笔触，这是因为人们对画面内容的感觉速度远远超过对肌理的感觉速度，通常笔触应为表现画面内容服务。如果人们对一幅作品的主要感受是其画面肌理的话，那么它就可称为肌理构成作品或抽象画作品。

2. 色彩的因素

一般情况下，肌理总是具有一定的色彩，肌理与色彩相辅相成，但二者的关系是微妙的。在基本肌理单元的色彩相同的情况下，其色彩纯度越高。肌理强度越弱；而色彩明度越高，肌理强度越强。这是因为色彩纯度高的物象会使人们首先注意到色彩本身；而色彩明度高的物象，因缺乏色彩纯度，则反而使肌理单元的变化更为突显。在基本肌理单元的色彩不同的情况下，色彩的纯度越低，其肌理的感知度越强。所以在肌理和色彩关系的处理上，若想强调出肌理，就需弱化色彩的表现力。

3. 光线的因素

光线不同，相同的肌理也会呈现不同的形态，所以研究肌理必须研究光线。光线对肌理的形态有放大作用，通常，适度的光线会强化肌理的感觉；另外，光线入射角越大，肌理感越强。光和影交互作用，形成或活泼或素雅或明快或神秘的表面肌理感。材质肌理在光线的作用下形成不同的光泽度，光亮的和无光的表面有平滑和粗糙之分，因此，光线照射在肌理的不同层级上，便形成了不同的视觉感受。

4. 距离的因素

一个固定的形态，当观察距离不同时，人们对它的感受也会改变。芦原义信在其《外部空间设计》一书中通过量化的方式研究了观察距离不同对混凝土模板的感知的影响：以直径约 3 cm 的连接模板的锥体的圆痕为中心，从距墙面 60 cm 处开始观察。距离 2.4 m 处，模板的圆痕还清晰可见；距离超过 30 m，这种混凝土的特殊质感就完全不可见了；超过 60 m，混凝土模板就完全作为面而存在了。另一个观察试验中，将混凝土模板按不规则间隔留有 3 cm 深的纵向沟槽，从 3.6 cm 处，沟槽出现了。在 20～25 m 外，带来视觉效果的沟槽占据了整个墙面。在 48～60 m 处，按不规则间隔设置的沟槽还在有效地作用。至 120 m 外，沟槽构成的表面肌理消失了，混凝土模板又恢复成一种面的存在。

在建筑设计中，室内外材质的运用往往不尽相同。室内的材质相对细腻稳定，如乳胶漆、金属漆饰面；室外的则相对粗糙多变，如毛石、砖块饰面。这就很好地反映了室内外观察距离不同，对肌理形态的要求也不同。距离越近观察越仔细，肌理的形态也就应越细致。当然，有的设计也会从相反的角度出发以追求特殊效果。

5. 环境的因素

影响肌理感知强度的还有其所处的环境。一种肌理置于不同的环境中，往往感觉也大相径庭，如同样是卵石构成的表面肌理，自然环境中的卵石铺地给人和谐、淳朴的感觉，而现在的室内设计中常用的卵石与光洁的界面给人前卫、时尚之感。当卵石在室内光洁的界面对比下，就会产生强烈的视觉对比。同样大小的卵石放置于大空间中和放置于小空间中，其视觉感觉有很大的差异，前者感觉较平淡，后者感觉强烈。

6. 图底的因素

谈到肌理，就涉及图底关系问题，肌理单元构成的形态为图，其衬托物就是底，如何处理好这种图底关系也是我们室内设计师必须考虑的问题。如果需要突显肌理，则要加大图底的对比关系，反之，则减弱。自身形态过于复杂的底也不利于肌理的表现。图底有时还可以互相转换，如中国传统园林中常出现的漏窗，光线弱时我们一般将木质的窗户纹样视为图，窗外的景视为底，我们会认为窗户的纹样是肌理；而光线强时窗外的景首先映入眼帘，这时隔窗就成了底，窗外的景则成为图，这时我们会认为透过窗户的窗外的景色是肌理。

二、材料肌理的运用

在建筑设计领域早有人开始研究建筑表面的肌理的运用，后现代主义建筑大师文丘里在其《建筑的矛盾性和复杂性》中就将建筑表皮单独拎出来研究，认为建筑的外表皮对确定建筑形式具有相当大的作用。

高老师认为室内空间的材料大都距离人们很近，它们的肌理形态会被人们近距离地观察。所以，研究室内材料肌理的应用就显得更加重要。在传统的室内设计中，大都运用原始材料的天然肌理来表现各种效果。但在现代室内设计中，那些传统的对肌理的表现方法已远远不能满足设计创新的需要,设计师需要研究肌理的特点以及肌理的表现规律,能动地组织设计,表现材料肌理的美感。主要从以下三方面考虑。

1. 运用材料的天然肌理

任何一种材料都具有天然的肌理,并都具有自身的美感。设计师在运用这些材质肌理时首先需要注意运用的场合:瓷器质感温润细腻,但用在室外就失去了优势;清水混凝土素净而富有纹理的表面和施工过程中留下的四个很有特色的孔洞需要离开一段距离才能欣赏到,所以它在室外的运用概率远远大于室内。我们在进行设计时应有意地运用这些规律并加以强化,以营造出预期的效果。

因为材料天然肌理的基本肌理单元较小,且没有具象的形态,作为室内空间形态的表现,其视觉感知度较为平和。但这种肌理在室内设计中的运用是最基本的,也是最普及的。

2. 创造材料的人工肌理

虽然天然材料种类繁多,但人们还是不满足仅仅运用其天然肌理的感觉进行设计。中性、温和的毛面磨砂材料越来越受到现代人的欢迎,人们运用各种手段改变材料的原表面,将镜面玻璃改进成毛玻璃,将光滑金属改进成磨砂金属,以及亚光漆、肌理漆的出现,都说明人们的审美观念的改变以及掌握肌理规律创造新肌理的心理需求。另外,还有运用原始材料仿制其他各种材料肌理的做法也在盛行,近年来墙纸在装饰领域的受到青睐就与墙纸具有强大的肌理模仿力分不开。墙纸除了能设计出各种纹理外还可以仿制石材、木材甚至金属等各种材料的肌理纹样。

改变材料天然肌理创造出的人工肌理是一种弱化天然肌理、强调设计肌理的方法,如将镜面玻璃加工成磨砂玻璃就采用的是这种方法。它并不是成就肌理自身的表现力,而是满足人们特定的心理及生理需求。这种设计方法因涉及人工的成分,工序较天然肌理烦琐,故其运用范围次于天然肌理的运用范围。

3. 创造无原材料特征的新肌理

现在,有一种趋势越来越明显,那就是在室内设计中强化肌理的表现力,吸引人们对肌理自身的注意,这种肌理的表现有的已脱离原材质肌理的特征,并利用原材料作为基本单元构成纯粹的新肌理形式。在进行这种肌理设计时需要运用形式美的规律对基本肌理单元加以组织,既可以美化界面,又可以烘托主题。

高老师强调说,人工创造出的肌理多是将一种形态较为具象的基本肌理单元加以编排,使其成为拥有更为丰富纹理感的肌理。也就是说,这种肌理应包含多个层级,有的层级自身就包含一定的寓意,会十分吸引人的注意,运用时一定要慎重考虑。

在现代设计中,材料肌理已成为和图案、色彩同样重要的造型元素。建筑市场、装饰市场上已出现越来越多的新材料、新技术,这些都为我们科学、创新地运用材质肌理创造了物质基础。

在现代室内设计中对材料肌理的表现已成为受许多室内设计师青睐的方法,因为材料肌理既具有丰富的形态特征,且具有独特的视觉效果。在室内设计中,拓展材料肌理的表现力和应用范畴,将极大地丰富现代室内设计的造型语言,创造出更加多姿多彩的室内空间形态。

谈室内异形空间的优化设计

南京林业大学艺术设计学院室内艺术设计系副主任　周　超

高祥生老师是我的硕士研究生导师，他在室内设计中很重视室内异形空间的优化，再加上我的硕士论文研究课题就是异形空间的设计，对相关话题的了解较多，故简要结合高老师的相关理论和指导思想进行阐述。

高老师指出，随着现代建筑形式的日益自由，以及室内装饰手法的日益新颖，室内空间愈来愈多地呈现出各种异形形态，这也同时对室内设计师提出了新的挑战。文中我结合室内设计的实践经验，运用现实主义的审美观，分析归纳在实际工程中常遇到的异形空间种类，并对实际有效的室内异形空间优化设计方法做了理论总结。

高老师认为室内空间是伴随着建筑而存在的，而随后的室内装饰设计又使之更加完整合理和丰富多彩。回顾传统的室内空间，因为其受人们的审美观念和建筑技术等诸多因素的制约，多以规则形态而存在，但随着现代建筑形态的多样性发展以及种种装饰设计效果的表达，现实的室内空间出现不规则形态的概率越来越大。

诚然，有规律的形态蕴涵着完整、和谐、有序的美感，而破坏秩序的不规则形态则产生不和谐的视觉感。异形空间就是在这些不规则形态因素的基础上产生的，而且构成异形空间的因素不同，产生的空间形态也不同。根据格式塔心理学的完形心理理论，人的意识在对事物的感官认识中起了很大作用。人们在观察某一事物时，是直接整体地把握事物的知觉结构，而不是分别对事物的各个部分进

注：文章根据高祥生老师所指导的硕士论文内容编写。

行分析后再进行组合。当观察者原始的经验资料被一个无规则的刺激物替代时，他们会在意识中按照自己的喜好随意将其改造重组，观察这种感官行为其实是一种强行赋予现实的事物以形状和意义的主观行为。那么，像异形空间这样的形态是不符合人的视觉经验的，设计师所要做的就是在现实中实现人们的视觉完形，使空间形态达到更完善的效果。

高老师指出，矩形、圆形或是规整的几何形的组合都可以被看作规则的空间形式，这种空间形态不仅有序、完整，而且利用率较高，功能较易合理布置。异形空间的概念正是相对于这种规则几何形态而言的，是现实建筑空间中存在的不规则空间。视觉上的突兀、不和谐感、空间利用的不充分是异形空间的主要特性，也是室内设计中常需协调的问题。

高老师曾在《建筑与文化》杂志撰文说，异形空间的产生是与建筑以及室内装饰设计分不开的，一个颇具视觉冲击力的建筑形态在愉悦了我们视觉感官的同时也带来了使用功能上的不便，而日益新颖的装饰手法也给室内空间带来诸多零碎的形态。

一方面，异形空间的产生受到建筑设计的影响。古典建筑形式追求的规律性、秩序感在现代建筑空间里已不那么突显了，建筑设计历程进入现代，我们的建筑活动和建筑技术都有了显著的发展，尤其是西方现代建筑学派的建筑理论在世界范围内产生了极大影响。如现代建筑的领军人物之一勒·柯布西耶提出的新建筑的五个特色：房屋底层采用独立支柱架空、屋顶花园、自由的平面、自由的立面和水平带状长窗。这个观点包含的平立面的自由化为建筑形式的自由化提供了理论基石。建筑结构不再局限于砖混结构、木结构，框架结构为建筑形式的自由化提供了技术保证。建筑技术发展到现代，钢结构建筑很少受荷载的制约，数字化建筑设计突起，自由流畅的外部形态在现实中成为可能。但在建筑设计过程中较多考虑外形因素给室内空间留下了遗憾，异形空间的形态优化成了室内设计无法回避的问题。

另外，建筑本身存在的梁柱结构以及为了安全增加的刚性结构会给室内空间的完整性带来一定程度上的破坏。还有一些功能特殊的建筑为了满足高标准的采光、通风等条件也会造成空间形态的不规则。如何在室内设计中协调异形形态的空间关系给我们带来一定程度上的挑战。

另一方面，室内装饰设计作为建筑设计的延续，会在一定程度上影响室内空间形态。合理的空间规划与装饰形态自然会给人们带来使用上的便利和视觉上的美感，但设计者水平上的良莠不齐、工作态度上的不认真，都会造成一些空间划分和形态设计上的不合理，例如异形空间大多会造成使用面积的浪费，空间转接处形态上的生硬，空间死角以及零碎形态产生的视觉上的不适等。对异形空间进行优化设计可以在一定程度上改善这些不合理的状况。

虽然在建筑世界千篇一律的规则形态中，偶尔出现的异形空间确实可以成为视觉上的亮点，但这些异形空间在使我们产生视觉新鲜感之后，却带来更多使用上的不便和心理上的障碍。高老师认为异形空间存在的弊端主要有两个方面。

其一，会对视觉、心理产生影响。

人的思维能力包括形象思维、逻辑思维、视觉思维等，其中视觉思维与人们对周围环境的直接视觉感知有关。视觉思维是一种将人的视觉感受和能动性思维能力相联系的心理研究范畴。根据美籍德裔心理学家鲁道夫·阿恩海姆提出的视觉思维活动原理：当人们看到一种形象时，就有了抽象心理活动，而当人们思考一个问题时，都会将某种具体的形象作为出发点。美国心理学家麦金认为，视觉思维需要借助三种视觉意象进行，即观看、想象、构绘，且三者相互作用。同理，人们在观察一个空间形态时，都会自发地对它进行心理解构，并将其与经验形象相比较，从而得出对这个空间的判断。那么异形空间肯定与大多数人的视觉经验不符，对人们来说是一种不完整的形态，会使人们产生疑惑、紧张和不能释怀的感觉。

其二，会对使用功能产生影响。

评判一幢建筑的优劣，功能的利用率是非常重要的指标，低利用率的建筑空间是残缺的、毫无生气的。大部分的异形空间，特别是容积较小的空间在利用上有一定的困难。比如一些角度过小的夹角以及变形的界面构成的异形空间会给室内家具的摆放和人们的活动造成一定障碍；墙面上出现的不规则凹凸形不仅会影响视觉效果，也会带来一定的安全隐患。

除此之外，关于室内异形空间的类型划分，高老师也有自己的标准。由于异形空间的构成元素不同，其表现出的形态特征也不一样。高老师根据其所在位置不同将其分为室内平面异形空间、室内立面异形空间、室内顶面异形空间，以及空间转接处的异形空间，还有由空间内的异形形态组合分割形成的异形空间等。

高老师认为既然异形空间会带来种种使用上的弊端，那么我们就需要根据其缺陷进行完善设计。以下是高老师根据对各种类型的异形空间的分析所做的优化设计方法的总结。

第一，室内平面异形空间的优化设计。

建筑形态的形成是和建筑平面密不可分的，而建筑平面的构图方式又体现了设计者的设计理念和对功能要求的理解。通常人们遇到的平面形式多为矩形或多个矩形的组合，这些平面形式也是最为合理和有序的。但是当建筑师考虑特殊的观景、采光功能，追求异化的形态时，其建筑平面就会呈现不规则或不对称的几何形态，以及扇形、三角形、多边形等夹角为非直角的几何形态。遇到这样的情况，设计者首先应解决的是室内空间的利用率问题，在满足功能的前提下再对其形式进行优化处理。如上海金茂大厦内的一处平面呈梭形的异形空间，设计者在保留此空间特色的同时沿用了梭形的语言，将顶面和地面统一，用新颖的形式营造出高雅的氛围。

上海金茂大厦梭形空间

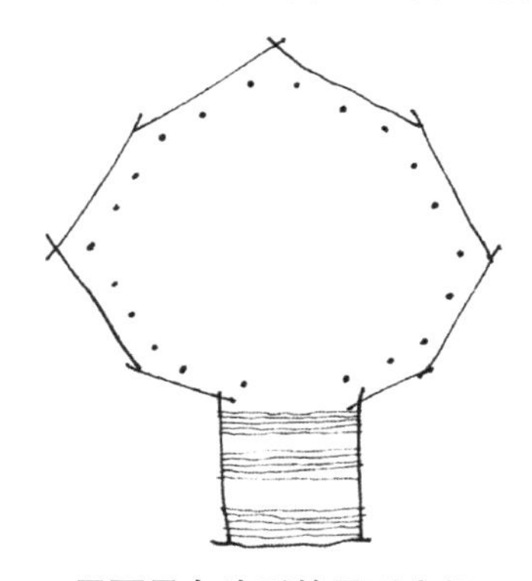

平面呈多边形的异形空间

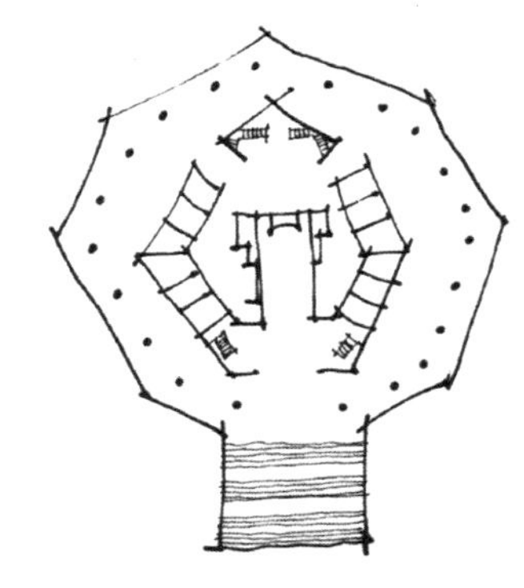

将此异形空间用层状的方式划分

再不规则的异形空间都有其相对和谐的方面，这些和谐的因素可能是隐性的、间接的。比如当一个室内空间的平面形态是几何多边形时，可以根据多边形趋向于圆的特点，找出这种空间独有的向心性，在弥补缺憾时有效地加以利用。

在划分这种形态的空间时，较有利的组织方式是以其内部的一点为中心，进行相对等距的展开式层状划分，就能在充分利用这种异形空间的条件下找到协调统一的因素，从而使其与建筑师追求的建筑精神相贴切。

从建筑形式上来说，非规则几何形元素的引用带给空间的效果是活泼动感的，但平面形式呈现非规则状（尤其是空间夹角小于 90 度的异形空间），会造成界面交接处空间利用的不便，而且容易造成人们心理感觉上的压抑和紧张。当对这种形态进行空间划分时，可赋予其角落空间以厨房、储藏间以及走道等辅助空间和交通空间的功能；当需要对这种形态进行空间填补时，较为妥当的优化方法是利用视知觉的完形倾向，采用形态相类似的家具陈设等，使之与夹角空间相吻合，这种方法高老师称之为“形的趋同”。

第二，室内立面异形空间的优化设计。

由立面界定的异形空间主要表现为墙面上不规则的凹凸形态，这些凹凸形态大多是由建筑上的柱子和起伏的外立面造成的。当然，异形立面的形态及出现的位置不同，相应的优化方法也不尽相同。

高老师将室内立面异形空间的优化设计方法归纳为五类：

（1）形的重组：将零碎的单独的形体用一种规则排列的方式组合，使无序的形趋向有序。如当我们遇到突出于墙面的单独矩形柱子时，在墙面长度距离允许的情况下，可以适当做些形状相同的假柱，并等距排列。在空间较大时宜使用这种方法，以营造出序列感。

（2）形的淡化：用隐藏或是遮挡的方法，使异形形态弱化甚至消失。如将墙面往外做，使突起的柱子完全隐藏于墙面中。这种方法不仅在视觉上柔化了空间，也增加了形态的视觉层次和虚实对比。

（3）形的归整：当室内空间出现一些不完整或是无规律的形态时，可以找出这些形的趋向，归整于一种规则的几何形，并用这个几何形统帅其他零碎的形态，使得空间的形态趋于统一、有序并具有美感。形的归整的方法可以应用在立面出现较琐碎形态的时候。

（4）形的意向化：在立面异形空间处放置有意义或是有趣味的形来吸引人们的注意，以达到弱化人们对异形空间的心理排斥的目的。如在一段墙体上出现单独柱体时，可在这个柱子的旁边设置一个小景观，那么，异形的感觉就被具体的意义所替代。形的意向化还有一种方法就是将不规则的形夸张,使之具有更自由的形态,形的意义也就此产生。

(5) 形的趋同:与室内平面异形空间采用的形的趋同法相似,利用视知觉的完形倾向,采用形态相类似的家具陈设填补立面上的不规则凹凸形成的异形空间。这种方法的最大优点就在于可以赋予这样的异形空间以功能意义。

苏州图书馆异形空间优化

第三,室内顶面异形空间的优化设计。

建筑结构上的梁和加固结构等构件以及屋顶构造的不规则是造成室内顶面异形空间的主要原因。一般来说,顶界面由于高度较高和人们接触的概率较小,功能利用较困难,但同时也丰富了顶面的形式,为营造特殊氛围提供了更多的可能。

建筑上的屋顶形式主要分为坡屋顶和平屋顶,高老师根据室内顶面异形空间的形态规律总结出一些优化设计方法。

首先是坡屋顶异形空间的优化设计。

坡屋顶建筑形成的异形空间主要是空间在高度上趋向于尖锐,造成人心理上的压迫感、局促感以及使用上的不便,可以采用的优化设计方法有多种:

(1) 形的意向化:形的意向化的方法在坡屋顶异形空间中的应用很多,如形态较别致的灯具、挂饰以及小装置物等。这些具有一定意义的形态在视觉感知度上超过了原异形空间的形态,夺人眼球。

(2) 形的功能转换:利用人的一些特殊活动范围,将异形空间转换为功能性空间。如利用人体工程学原理,把坡屋顶下方过低的空间设置成休息区。还有把老虎窗下的空间做成书柜的形式,充分利用空间,这点与形的趋同有相似之处。

(3) 形的归整:与室内立面异形空间采用的形的归整方法类似,在空间中找出一种具有概括性的完形形态,将顶界面上零碎的形归于其中。

另外,介绍室内立面异形空间时提到的形的重组和形的淡化法在此也都是适用的。

其次就是平屋顶异形空间的优化设计。

平屋顶空间中的异形形态主要有梁和衔接加固杆件等。若是遇到较无规律的梁体,可用形的淡化和形的归整的方法进行再设计。如若走道上空出现单独的或无序列的梁时,可加做假梁形成阵列,使走道空间具有一定的序列感。若一个较大空间的顶面出现单独的梁体时,可做井字形的假梁,这样既规整了单一的梁体形态,又丰富了顶部空间。

上海科技馆快餐厅异形屋顶

如上海科技馆快餐厅的上部空间用层状的挂片垂挂下来遮挡住顶部的异形形态,采用的就是形的淡化的处理方式。位于上海时代广场里的一处电梯通道,其上部重复使用醒目的垂挂式广告,既弱化了顶部的异形形态,又给人强烈的感官刺激。

第四,室内空间转接处的异形空间优化设计。

异形空间还较易出现在室内的空间转接部位。在中国传统园林中,在空间的转接部位布置景观最为常见,既遮蔽了琐碎的空间,又增加了空间的趣味,效果很成功。如苏州茶人村茶馆就是采用在走廊端部布置绿植景观以统一转角空间的手法。

第五,空间内的异形形态组合分割形成的异形空间优化设计。

室内空间有时会因为楼梯、隔断等特殊结构形成异形空间。如楼梯下方的异形空间,可采用功能转换方法,充分利用有限的空间。如上海汇金广场的电梯下设置珠宝柜台,功能与形式结合得很好,算是相当优秀的案例了。

第六,其他的优化设计方法。

实际中的异形空间处理方法,除了高老师以上提到的各种类型的形的优化方法外,还有色彩优化法和材料优化法。

色彩优化是指用颜色来整合空间中不和谐的因素。如遇到顶界面上有很多琐碎的形态,可用一种统一的色调来将其归整;再如阁楼这样的异形空间,可以将其涂刷成浅色调来缓解空间局促感。

苏州茶人村走廊端部

上海汇金广场位于电梯下部的珠宝柜台

材料优化法是利用各种装饰材料给人不同心理感觉的特性，弱化异形空间产生的心理影响。如利用镜子的高反射特性，在异形空间处装饰镜面材料，人的感知能力会暂时被错觉迷惑，可达到淡化异形空间的目的。

杭州假日酒店内的咖啡厅浅色异形屋顶

高老师指出，消除室内空间中的异形形态在视觉、心理和使用上造成的不利影响，是室内设计不可回避的内容之一，必须对其进行优化设计。在处理实际的案例时会发现这些方法并不是单独运用的，形的优化法、色彩优化法、材料优化法往往是综合在一起运用的，以获得改善异形空间的最佳效果。

近年来，随着室内装饰行业的飞速发展，实际工程中碰到的问题越来越多，异形空间问题就是其中之一，如何化鸡肋为熊掌也是高老师一直努力想要解决的问题。室内异形空间包容的范围很广，文中所提的部分只是在实际中最常碰到的问题，还有像室内外过渡空间这样的区域也是出现异形空间概率相对偏高的部位。因文中主要探讨的是室内异形空间的优化问题，无法涵盖在实际工程中的各种问题，希望有志于探讨室内设计理论问题的朋友能对此进行更深入的研究。

高祥生老师谈效果图的由来和发展

南京理工大学工业设计博士、南京理工大学设计艺术与传媒学院副教授　徐　伟

高祥生老师认为高校中各专业的学生一般有两种思维模式：一是逻辑思维，二是形象思维。计算机、物理、化学等专业的学生应是逻辑思维强，建筑学、机械等专业的学生应是形象思维能力强。

学建筑的人应该有三种能力：一是用线条表现实物的能力；二是线图表现建筑的能力，如绘制各种平面图、立面图、剖面图、实体图和立体图的能力，立体图通常指手绘和机绘的效果图；三是并不借助任何能力，只凭借形象思维的能力去创造出意愿中的形象，这种能力也就是设计的能力。

一、手绘效果图的来世今生

现在人们所说的“建筑画”，在过去都叫做“渲染图”。“渲染”由专业名词“render”翻译而来，一般来说较为容易理解的解释是“生成”“绘制”“上色”，但由于这些翻译语言不太书面，译为“渲染”比较雅致，故“渲染”一词的使用较为广泛。

渲染图，在宋朝的花鸟画、人物工笔画中就已经出现，那时的工笔花鸟画、工笔人物画等都是一层层渲染出来的，用毛笔蘸着单色或复色的墨水均匀地从上到下一层层搽下来，不能多也不能少，工序较为复杂且耗时。当时这项工艺对于所使用的材料、用纸倾斜的角度等也都有要求。

高老师曾说，我国最早在测绘中使用的立体图，就是渲染图。法国巴黎美术学院成立 100 周年时，对西方的古代建筑进行测绘，测绘后既画了线图，又画了立

注：文章结合与高祥生老师的谈话内容整理编写，部分内容参考了高祥生老师所著《国外现代建筑表现图技法》，高祥生老师已审阅。

体图，而这批立体图就被叫做渲染图。之后，这批图被印刷成册，传入中国后有两套被送给当时的国民政府，其中一套可能存于清华大学，另一套则给了中央大学（今东南大学）的建筑系，现在东大建筑学院还保留着当时的那套图（法国人说他们国家已没有了），以及巴黎歌剧院的测绘图，这些图在现在看来也是极为精致的。

美国建筑界后来也受到了这些图的影响，当时率先接受这套教学方法的是宾夕法尼亚大学建筑系，而我们国家最早接受的建筑教育，就是来自费城宾夕法尼亚大学的建筑教学体系，这套教学最早是从法国的巴黎美术学院传入的，那时我国的范文照、杨廷宝、梁思成、童寯、陈植，还有旁听生林徽因等都在该校留学。最早杨廷宝先生等从宾大带回的大部分教案，形成了东南大学建筑系沿用至今的一套体系，人们通常称之为“巴扎体系”。“巴扎体系”来自法国巴黎美术学院，梁思成将其传到了清华大学，之后该体系虽在发展过程中有所改变，但仍有很多学校在套用或部分沿用。高老师认为巴扎体系在设计上重点讲究立面、背面、侧面三个面的效果图，追求画面的精细程度。当时这些图都是采用渲染的方式绘制的，那时渲染的过程很复杂，需要一遍遍地上色、涂染，来回反复几十遍，整个过程需要花费几十个小时。

我国将其引进建筑学以后，这套方法也渐渐开始流行，最早的图是渲染图，也是现在建筑画的前身。到 20 世纪 60 年代末 70 年代初，一直都是这样画的。高老师在教学时也是采用这种方法，这种方法之后被叫做“表现图”，现在又被叫做“效果图”，本质上指的是同一事物。高老师认为渲染的基础在于素描，所以画渲染图前都要练习素描。高老师还提出南京工学院是国内最早设立建筑系的，南京工学院的教学体系影响了我国绝大多数的建筑院校。1999 年召开的全国高师美术学科教育学研讨会，就我国美术教育的发展等问题作了全面的论述。之后，实际上全国大多数学校的教学体系都是对这套体系的延续或是在此基础上的增增减减。

简而言之，建筑效果图主要是指建筑设计和环境设计工作者在确定建筑设计、室内外环境设计的方案后，用色彩、素描绘制的立体图。绘制建筑表现图，主要是为了使基建单位和有关部门能直观地了解拟建的建筑和建筑环境的立体形象。目前在多数公共建筑设计中，绘制建筑效果图是不可缺少的程序。在建筑设计投标中，建筑效果图的作用更是不容忽视。

二、手绘效果图的千姿百态

手绘建筑效果图的表达形式是绘画，它的造型规律与绘画艺术的造型规律基本一致。建筑效果图具有一定的审美要求，绘画艺术的美感形式与表现图的美感形式相通，因此，具备一定的绘画水平和艺术素养是画好表现图的基础。

手绘建筑效果图的形式是多样的。色彩画的材料有水彩、水粉、马克笔、衬纸、淡彩、彩色笔、色粉笔等；素描的材料有钢笔、铅笔、木炭、针管笔等。对于不同的建筑题材，应该选择不同的表现形式。

水彩画具有色彩透明、晕味浓、作画速度快、细部便于刻画、携带方便等优点。水彩画的技法虽然复杂，但归纳起来主要是干画、湿画两种。表现图中凡是地面、天空、远景及圆形物体都可用湿画的方法，即在第一遍色未干时加第二遍、第三遍色。凡是建筑、建筑细部以及配景中的人物、车辆等需要表现清楚的物体都应该用干画的方法，即等先画的颜色干后，再在底色上逐层加颜色。一幅完美的水彩建筑效果图，总是运用干湿并举的方法完成的。

后来又出现了诸如淡墨渲染、水彩渲染、水粉画等。淡墨渲染是在淡墨中添加赭石、焦茶等，基本上都是单色的，简单理解就是淡墨渲染做出来的是单色效果图，就像画素描一样。用素描画建筑效果图，包括笔画、木炭画、淡墨渲染等，素描建筑效果图与绘画素描相比，要求更加严谨、工细。素描建筑效果图的风格繁复多样，但其造型规律和美感形式是一样的。

再后来出现的水彩渲染，改变了渲染画的单一性，它比过去的淡墨渲染画起来要快，利用水彩渲染工艺，完成一张水彩渲染需要一二十个小时，若是直接画而不渲染的话，或许会更快一点。做雨花台设计时，在 500 个方案中有不少就是水彩渲染图。20 世纪 70 年代后期，水彩渲染图发展势头更胜，但是水彩渲染图的流行时间有限，在没有竞争力的情况下，也渐渐退出人们的视线，过了几年之后便出现了水粉画。

另外，可以用马克笔来画建筑表现图。马克笔是一种类似塑料彩笔的绘图笔，它的颜色从淡到深，有 100 多种，使用时可省去调色时间。马克笔的颜色主要以甲苯和二甲苯为原料制成，挥发性很强，所以作快速表现尤为方便。可用马克笔的同一种色彩，通过覆盖画出深浅不同的层次。也有用针管笔画建筑表现图的。在光洁的纸上特别是硫酸纸上，使用针管笔作建筑表现图，线条流畅挺拔，黑白对比强烈，结构交代清晰。用针管笔画表现图，主要是依靠明暗来表现建筑的立体形象，因此，设计者须具备一定的素描基础。

高老师指出我国20世纪70年代开始出现一些水粉画效果图，水粉画效果图的竞争力要比水彩画效果图更强，因此它很快开始普及，并且在相当长的一段时间内得到推广和流行。水粉画与水彩不同，水粉不容易干，画起来也比较方便，能画出面积较大的图。而水彩作画的面积有限，相比之下，水粉画更具发展优势。水粉画有色彩丰富、色调对比强烈、颜料覆盖力强、便于修改画面等优点。水粉画也有干画和湿画的方法。在建筑表现图中不宜过多地用干画方法，且用色也不宜太厚，防止因摩擦或卷曲而引起色块剥落。另外，水粉画容易产生“粉气”，因此在提亮画面色调时，要尽量靠色彩的明度，而不能过多地依靠白色，暗部色彩更要少用白色。画水粉画建筑表现图时，除了可以运用水彩外，还可用木炭笔、色粉笔等工具，都能取得很好的效果。南京长江大桥桥头堡方案最初是用淡墨渲染的，但后来表现南京长江大桥建成以后的图用的是水粉画。之后，我国建筑画大家所出的书、示范和方案等大多是采用的水粉画。

到后来，我国出现了喷绘画，喷绘所展现的画面，是由无数细小颜色的颗粒组成的覆盖面，而每个颗粒都是以饱和的状态雾化喷洒出来的，在雾化的瞬间，颜色的水分会迅速蒸发，所以喷在画面上的颜色几乎是即干状态。在喷绘画中，多面的建筑需要光滑的表面，喷枪的雾状喷绘效果是均匀的，颜色的干湿变化很小，画面效果整体均匀，比原先用水粉笔刷出的画面更匀称。

同时，针对不同区域有不同的处理方法，有些地方要喷到，有些不需要喷到，这时需借助贴膜，把不需要喷绘的地方用贴膜进行遮挡，便可以达到想要的效果，但是整个工序比较复杂，所以喷绘画流行的时间不是很长。当时，室内设计主要通过看效果图来判定设计效果，所以那时相比手绘效果图，喷绘效果图由于自身匀称、逼真的优势，商业价值自然更高。高老师当时画政府办公大楼方案时也采用了喷绘画，大约花两天时间喷出了大色调，整体色调安排好之后再做细部处理。在实践中，喷绘的工序过于复杂，不久便被淘汰。

现代建筑效果图的方法和形式虽然很多，但是一切方法和形式都是为表达建筑形象、建筑环境以及设计意图服务的，所有效果图都需要满足观赏之用，其效果的表现对审美有着较高的要求，况且各种方法和形式都不是僵硬的，在具体作画时，可以灵活运用。在当下，还应该结合我国绘画材料的具体情况及描绘对象，有所改革和创新。

三、机绘效果图的横空出世

过去建筑师绘制建筑效果图是一个极其烦琐的过程，他们需要通过手工借助三角板、丁字尺、圆规等简单工具在纸上作画，再进行描图、晒图等工作，工序整体细致、复杂而冗长，不但效率低、质量差，而且不易于修改。

在20世纪80年代至90年代初期，建筑效果图基本上是通过手绘的方法进行传达的，往往建筑效果图的逼真程度是由绘画师的水平决定的，所以那时候的建筑效果图只是靠艺术工作者们的脑袋“想”出来的。在90年代末期3D技术应运而生，计算机逐渐代替了传统的手绘，3ds Max（三维动画渲染和制作软件）这个工具慢慢地走入了设计者们的眼帘。3D技术不仅可以做到精确表达，还可以做到高仿真，在建筑设计方面的表现尤为出色。在建筑设计和应用方面，计算机不仅仅可以帮设计者将设计稿件中的建筑模拟出来，还可以在画面中添加人、车、树、建筑配景，甚至白天和黑夜的灯光变化也能十分详细地模拟出来，通过这些建筑及周边环境的模拟进而生成的图片便被称为“建筑效果图”。

相比之下，计算机绘图是一种高效率、高质量的绘图技术，借助电脑通过绘图软件进行制图，不但可以随时进行修改调整，还可以随时打印，省时又省力。

记得在计算机绘图、CAD制图刚出现的时候，制作一张简单的效果图可能都需要五六千元，甚至是更贵的价格。高老师当时也意识到计算机绘图和CAD制图推广起来难度较高，所以就一边摸索机绘制图，另一边还坚持用手绘来画效果图。

在90年代中后期，高老师的团队中有专门用建模技术画效果图的，那时社会上专门利用建模技术画效果图的少之又少。之后高老师及其团队根据工作需要，购买了一台大型打印机，那时打印机的成本也很高。当时高老师还预言说将来很有可能有人要成立专门的打印公司，果不其然，之后渐渐出现了打印店。

当时机绘的效果图的制作工序一般是先建模，再将图进行扫描，之后重新进行后期处理，实际上是多种方法并行才最终制成一张完整的图。90年代末，高老师及其团队在做通州城标项目时，就是用机绘效果图来建模的。那时城标的设计属于异型构造，高老师觉得利用机绘的方法更便捷，毕竟计算机绘图在异形构件的设计方面有着极大的优势。

之后大家逐渐开始信赖机绘制图，渐渐地，专业绘图人员、建模人员等也都固定下来。高老师认为从计算机绘图的雏形开始，到真正的独立建模、渲染成图、打印，整个过程大概历经十多年时间。在十多年的时间里，手绘、机绘、建模等是混合在一起的，多种方法交叉着进行，人们在不断地尝试和摸索中前进。

简要概括来说，机绘效果图与手绘效果图相比，具有以下特点。

第一，方便、快速、易学易用。

机绘效果图的制作周期短，可以根据具体情况详细制定绘制目标，操作简洁、方便、快速。虽然它操作起来很容易，但要想制作出高质量、高品质的优秀效果图，还必须具有一定的艺术素养与审美能力。

第二，成本低。

材料成本及制作成本均低于传统手绘建筑效果图。机绘效果图制作只要具备电脑，并安装相关软件就可以，这可能算是一次性的比较大的投资，安装之后就可以利用电脑制作无数幅不同设计方案的效果图。而手绘效果图的费用，无论是在制作上，还是在人工上，相对都要高很多，而且画稿用过一次后，就没有办法重复利用了。一旦方案修改，则需要重新画，之前的画稿和颜料就废弃了，绘画的工具也相应地有所损耗，人工方面也重复浪费。正因为如此，才成就了机绘效果图的广泛应用。

第三，效果表现丰富。

使用电脑制作效果图，不但能轻松实现多视角表现空间与层次，而且还具有丰富的表现方式、表现风格，能表现出照片级的真实感效果等。

第四，修改方便、易于复制。

由于效果图是在计算机中制作的，生成的是数字化文件，所以可以根据需要对作品进行实时的修改及复制，如此便可以非常快速地完成指定任务，以达到提高工作效率的目的。

任何事物都是说起来简单而执行起来却较难，建筑效果图的制作也不例外。运用计算机建模渲染制作建筑效果图的技术，虽然被引进的时间有限，却在我国取得较为迅猛的发展，也逐渐开辟出自己的一片天地。高老师认为，虽然机绘效果图的形式在不断发展变化，但是机绘效果图的成图原则没有变化，还是需要作图者对建筑的理解、对审美效果的把握，将来也必然是这样。

四、机绘效果图的光明前景

电子信息技术的发展让我们的生活更加便利，这一点在建筑效果图的制作上体现得尤为明显。机绘效果图，是设计师通过一些常用设计软件，比如 3ds Max、CAD、Photoshop 等，配合一些制作效果插件来表现自己在设计项目实现前的一种理想状态下的效果。用 3ds Max 软件来制作效果图，需要在设计师懂 CAD 的前提下，根据 CAD 的线图进行建模。建模是效果图制作后续工作的基础和载体，在完成三维建模后，进行调配并且赋予造型材质，再设置场景灯光，最后渲染输出以及做最后的后期合成。如此步骤下来，一张效果图才算完成。

在 21 世纪初出现的水晶石数字科技公司是专门进行效果图设计的，其技术水平高，当时被认为是机绘技术最好的公司，有很多人愿意花高价请水晶石公司来做设计。后来随着技术的推广和普及，再加上机绘效果图操作简单并且效果逼真，很多设计师都在使用，它的发展比较快速，得到很多人的好评。因此在社会上衍生出很多其他制作效果图的公司，在有些制图公司中设立了专门的效果图绘制部门，通过细致分工，划分建模、渲染、后期等不同工作内容，将各个环节负责的工作人员组织在一个任务群中，即使各自处于异时异地，也可以通过手机或电脑实现线上远程绘制效果图。多项工作可以并行完成，是工业化的一种生产方式，同时这种工业化又反过来推动了专门化的发展，这一现象在当下已越来越普遍。

除此之外，各大高校也都相继开设了相关的课程。高老师认为，在院校中对学生开展效果图方面的培养和教育，可以使得建筑学、环艺设计、园林设计等专业的学生所展现的设计更加直观，将来在社会上的竞争也会更加有优势。

制作效果图的软件是日新月异的，是在不断更新的。现在的效果图形式多样，但制作效果图时用到的最本质的知识，包括对建筑知识的了解，对美学知识的应用等，始终没有变，这就是制图者需要对美术知识、建筑知识有所掌握的原因。高老师觉得在任何年代，其本质的内涵都是不会变的。

高老师还指出，效果图须美观，但它与美术不同，现实主义美术的评价标准主要是参考客观的现实，且偏向感性，而建筑效果图主要展示设计的意向，介于感性、理性之间。机绘效果图是科技的产物，具有真实、工整、富有感染力等优势，而且符合大众口味，在市场上具有较强的竞争力。手绘在设计过程中是一种独特的表现形式和手段,也是设计师必须掌握的一种技能,而机绘效果图在手绘效果图的基础上有了不同的发展和延伸,具体表现如下。

第一,由平面化向着立体化方向发展。

20世纪的制图还完全停留在平面阶段,但是随着3D技术的不断发展以及融入,越来越多的制图者开始将立体的技术应用到效果图的制作方面。这种立体化的制图技术可以让人们更加清晰地看到未来的制图效果,也可以让客户能够更加清晰直观地看到产品的雏形。

第二,由静态化向着动态化方向发展。

社会在进步,人们的审美需求也在不断地变化和提高,效果图的表现形式也随着社会需要的变化而不断提高。早期的效果图制作出来后虽然有立体的效果,但是整个图纸处于一种比较安静的状态,静止的画面有时不能完整地表现空间效果,需要制图人员向客户进行讲解,但是新式的效果图在这方面有了很大提升。

五、结语

近年来,在中国,随着计算机技术的不断发展,效果图在建筑设计、室内设计、产品展示等领域得到了广泛应用。效果图行业也迅速发展,未来市场前景广阔。

随着中国城市化进程的不断推进,建筑业对效果图的需求也越来越大。效果图可以帮助建筑师和业主更好地表达设计理念和呈现设计效果,提高建筑设计的质量和效率。因此,建筑业的发展将为效果图行业提供广阔的市场空间。

随着生活水平的提高,人们对居住环境的要求也越来越高。效果图可以帮助室内设计师更好地呈现设计效果,与客户沟通,提高设计质量和效率。因此,室内设计领域的发展也将为效果图行业提供广阔的市场空间。

在产品研发和营销过程中,效果图可以帮助企业更好地展示产品的外观和功能,提高产品的销售量和市场竞争力。因此,产品展示领域的发展也将为效果图行业提供广阔的市场空间。

随着科技的发展,效果图技术也在不断改进和升级。从最初的手绘效果图,到现在的电脑三维效果图和虚拟现实技术,效果图技术的进步使得效果图更加真实、直观、可信,也为效果图公司提供了更多的技术支持和发展空间。随着人工智能技术和大数据技术的不断发展,效果图公司也可以更加高效地完成效果图制作,提高工作效率,进一步提升市场竞争力。

除此之外，还衍生出一种建筑动画动态表现效果图的形式，并且建筑动画技术也正在逐渐受到越来越多的重视。建筑动画技术的应用范围非常广泛，不仅可以应用于建筑设计、规划设计、自然文化遗产的保护、园林建筑的设计，还可以应用于影视、广告等方面。通过建筑动画技术，我们可以制作不同种类的动画视频，包括静态、动态视觉效果和交互式场景展示等。

建筑动画技术的前景是非常广阔的，且吸引了越来越多的人才加入。这是一项新兴的技术，并将继续发展壮大。它有着广泛的应用场景，特别是在建筑设计和规划领域，能够为设计者提供更好的视觉效果和展示效果。因此，拥有建筑动画技术的人才将会有非常大的就业机会和发展前景。

在国外有专门的建筑画展览，也有专门的建筑画商行。我国现在也逐渐开办了一些有关建筑画的展览。建筑表现图的形式要为表现的内容服务，而不能只顾图面效果，不顾实际内容，甚至采取改变建筑形象和环境的方法来愉悦用户。

随着我国建筑业的发展，建筑表现图的应用将会更加广泛。高老师相信，在未来建筑行业将挖掘出更多的潜力，为建筑业的发展添砖加瓦。

高老师谈单色建筑的魅力

苏州金螳螂教授级高级工程师、副总设计师　季震宇

高祥生老师长期从事建筑与环境设计的教学和社会工程实践工作，对于建筑的装饰装修、室内设计、环境设计等了解颇深，对于中外建筑室内外装饰的特色也有过相关论述。

高老师认为单色建筑包括白色建筑和无彩建筑，在日光的照射和加持下所产生的视觉效果，充满着无限魅力。彩色虽是装饰设计中不可或缺的内容，但建筑饰面中使用单色可以具有感觉纯粹、视觉冲击、心理感受力度强等特点。除了以灰色、黑色、蓝色、红色、黄色等单色装饰建筑室内外，还有白色。

高老师寻访过西方诸多国家，发现中外以灰色为建筑室内外界面装饰的优秀案例颇多。如西方古典建筑、拜占庭建筑、古典主义建筑、新古典建筑、巴洛克建筑、洛可可建筑等西方古代建筑的室内外界面大多采用单色的石材，如浅灰色或灰色，建筑外墙中有雕刻、花饰、线角，甚至有金色、黑色等。

而现代主义建筑和大部分后现代主义建筑的室内外界面用的是白色，建筑立面则因其大体量的起伏产生虚实、明暗对比。正因为有雕刻，有线条，有虚实、明暗对比，这类建筑的立面就有细部、有明暗，不会显得单调。同时，这些建筑体块的明暗对比和大片玻璃产生的光影效果，也可以避免视觉上的单调感。

高老师认为在排除界面材料质感因素后，浅色特别是白色在光的作用下，其色彩感十分丰富。倘若落在建筑上的是变幻的光色，更会产生五光十色、扑朔迷

注：文章结合与高祥生老师的谈话内容，并参考其所写的《白色派建筑的魅力——美国洛杉矶盖蒂中心掠影》《圣托里尼环岛的白房子》文章内容整理编写，采纳李轶南老师部分审核意见。

离的空间效果。

美国洛杉矶盖蒂艺术中心室内

建筑设计风格中有白色派建筑。美国著名建筑大师理查德·迈耶就是专门设计白色派建筑的，美国洛杉矶盖蒂中心就是他的代表作之一。白色的建筑在阳光下、在月光下、在夏日、在冬天呈现不同的景致，加上山体、树木、天空的衬托，盖蒂中心的景致千姿百态，而这种景致的变幻莫测正是光对白色物体的作用。高老师曾结合美术学知识说过，白色的物体在光的作用下，明暗差别比其他色彩的物体大；白色物体的形态越复杂，呈现的明暗、色感越丰富；白色物体排除了其他色彩的干扰，最能显现形态的原真性、质朴感……美术学的知识为高老师找到了白色派建筑的审美依据。

圣托里尼岛的白房子

希腊爱琴海上的圣托里尼环岛，分外迷人。巉岩嶙峋的悬崖之巅，连绵起伏的白房子层层相连，叠床架屋般迤逦而下，一直延伸到海岸边。白房子与白房子相连，左右两侧肩连踵接地蜿蜒数十里，沿着弧形的海岸线构成月牙般的白色饰带。在爱琴海灿烂阳光的照耀下，大片白房子与深蓝的海面、淡蓝的天空构成一幅十分壮观明丽的海景图。当夕阳渐渐西沉，所有白房子仿佛渐次穿上了鹅黄、金黄、橙黄、橘红、绛红的锦衣，伴随着光线的微妙变化，海水也逐渐由蓝色幻化为金色、深蓝……夜幕降临后则完全是另外一番令人陶醉的模样，白色建筑在璀璨夜灯的照射下，呈现出五彩缤纷的景致。可以说，白色建筑是构成圣托里尼岛美感的不可或缺、富有特质的要素。高老师深信在圣托里尼岛，如果去掉白色建筑，一切将会黯然失色。圣托里尼岛的建筑依山而造，大小形态各不相同，唯有白色最能使这种复杂的形态趋于统一。

而在建筑室内外大面积使用灰色，也有许多成功的建筑作品。例如美国著名建筑大师路易斯·康先生、日本著名建筑师安藤忠雄先生、意大利著名建筑师斯

美国索尔克生物研究所

卡帕先生的作品。浅灰的界面，丰富了空间形态，形成了精彩的光影效果和精致的细部装饰，成就了他们的建筑作品。

除了西方古代建筑石材的单色，现代建筑的白色、灰色外，现代建筑中也有用其他单一色彩作建筑界面装饰的，最典型的是西班牙马德里的希尔肯门美洲酒店三楼以上的装饰。西班牙马德里的希尔肯门美洲酒店自三楼起向上，每层由一位世界著名建筑师设计成一层同色彩的室内空间，客房和走廊色彩使用白色、黑色、红色、蓝色、黄色等单一色调，并且所有的房间的造型也很新奇。

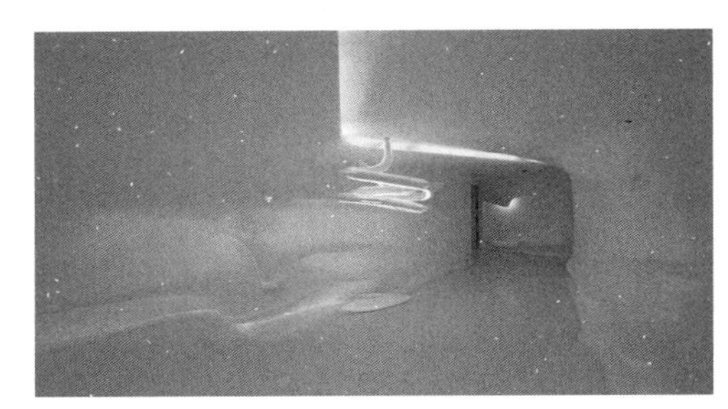

西班牙马德里的希尔肯门美洲酒店(高祥生摄影)

高老师除了对这些客房色彩和造型感到新鲜，还觉得设计中有作秀倾向。除了白色调的房间色彩尚可接受外，其他高纯度的蓝色、黄色、红色的单色，高老师觉得较难接受，对于低纯度、低明度的黑色更是无法理解。希尔肯门美洲酒店四层从客房廊道到房间，从地面到顶面、墙体都是黑色，房间内的大多数家具也是黑色，尽管廊道中也有一缕暖色的灯光，但光照不足，人们甚至无法看清房间的号码，整个廊道像是一个黑色的窑洞，充满了恐惧感。这空间属实不像一个休闲、居住的房间，而是像一个给人探险体验的洞穴。

高老师还提到，单色的建筑是展览空间的最佳选择。世界上的各种大型展览馆，空间基本上都是单色的，整体效果简洁而不复杂。单色可以作为背景，突出要展示的东西。

对于建筑空间中如何运用单一色彩进行设计，高老师提出以下三方面建议。

第一,尽量不用高纯度的色彩,因为大面积甚至整个空间的高纯度色彩较难与别的色彩协调。

第二,不应用低纯度的色彩特别是黑色装饰建筑空间,因为黑色的明度低,很难兼容其他环境色,甚至难以接受光源色,即使在形态和材质上做再大的调整,也难以取得愉悦的空间效果。而黑色作为背景色,构成的空间色调也很极端,正常人无论是从生理还是心理上都难以接受。

第三,应用高明度的色彩,如白色、乳白色、浅米黄色等色彩作建筑室内外的装饰,可取得与环境协调的效果,倘若有丰富变化的形体则空间效果会更精彩。擅长运用浅色形成个人风格的建筑设计师、室内设计师有很多,著名的有美国建筑师理查德·迈耶先生,他擅用白色;而著名华人建筑师贝聿铭先生则常同时应用白色的界面和透明玻璃、钢架这类与环境兼容的材料。

高纯度色彩的界面虽然在光的作用下也较难改变其固有色,但界面自身高纯度、中等明度的固有色仍可在空间中产生较强的色彩感受。而低明度特别是黑色是很难改变的,除非以强烈的光色或大面积的反光材料作饰面,使黑色的界面完全笼罩在高强度的光色和材质的反光之中。

高老师认为不同的单色,因明度的差异、接受光源色的反应和反射环境色的强度不一,其光色效果也不同。并指出单色建筑要取得好的效果,首先要有较大的起伏感,才能在光影的变化下产生较大的色彩变化与光色上的视觉效果。当一个体积较大的建筑有了光色变化以后,在明度变化中也会有环境色彩变化的感觉。另外,建筑形体在色彩变化之外,再加上一些细节变化,整体效果会十分丰富。

高老师指出单色建筑中有着诸多不可言喻的魅力,有待有志者不断挖掘探索。高老师也给予从事单色建筑设计的从业者一些个人建议,他希望在设计中大家的创新设计可以给人们展示一种美好的景象,而不是单纯为了创新做出一张“鬼脸”。设计师应该通过色彩给人们的生活、工作空间带来光明、舒适、温暖,让人们不断感受色彩带来的魅力。

也谈设计中的“这一个”

南京师范大学文学院硕士研究生　邢军军

数十年从事建筑与环境设计的教学和实践工作的高祥生老师，十分推崇恩格斯在文艺评论方面提出的现实主义观点。高老师的文艺观点也是现实主义的，在建筑与环境设计中，更是始终贯彻落实现实主义。例如设计一幢建筑，高老师提出要注重建筑的造型、功能等是否适应具体的环境，要考虑各个因素与周边环境的关系是否吻合或适宜。若是进行室内设计，也应该考虑室内空间使用者、投资者的要求，在综合多方需求，结合具体环境之后做出相应的设计。

高老师指出，评价艺术创作的最高标准是作品内容的唯一性，即在此时、此地、此情、此景下创作的作品，其内容和形式别无选择、无可替代。虽然艺术创作受物质、技术的双重制约和其他因素的干扰，难以实现唯一性，但这正是高老师心中的标准。

高老师一直认为表现“这一个”是非常关键的，“这一个”实际上是典型化、个性化、具体化的反映，在文学、绘画和一些其他的艺术创作和设计题材的选择中，都存在这种典型性，有了典型性才会有更大的普及性。

高老师认为“这一个”是绝对不可以被复制的，是具体而唯一的。在所有的艺术作品题材设计中，都应遵循表现“这一个”的原则。艺术作品的特殊性是非常重要的，有了特殊性才有普遍性。

进行文学创作时，高老师十分注重对典型性的把握，并指出进行每一次创作

注：文章结合与高祥生老师的谈话内容，并参考高祥生老师所著《高祥生环境艺术设计作品集》中的部分案例整理编写，高祥生老师已审阅。

时都要强调它的独立性、典型性，要注重一种特有的表现方法，并始终遵循这一准则。所以在文学创作时一定要考虑题材是否具有典型性，是否能够表现文艺创作的“这一个”。高老师认为具有典型性才会有代表性，只有把典型性表现好，才能真实地表现艺术的具体形象。

室内设计有许多类别化的风格与样式，高老师认为做室内设计就应该设计出有别于以往的样式，设计出有独立价值的“这一个”。室内设计的根本在于：在一个已有的空间里，通过对结构、家具等进行装修设计，创造出一个供人生活和工作的环境（对这个环境的需求是因人而异的），借用空间形式达到为人服务的目的，而空间形式一定是个性化的。因此，在室内设计中，典型性也十分重要。

旧时有个说法，“百姓百条心”，这说明人们的需求是千差万别的，但在千差万别之中，又都有着个性的指向。因此，在设计时所表现的空间也应是因人而异的。每个住户对空间的要求是不一样的，因此对于空间设计题材的选择也是重中之重。

西方的建筑设计中强调题材的“这一个”，其实在中国的建筑设计中同样也强调典型性的问题，高老师觉得题材的“这一个”在室内装饰设计中非常重要。同样是表达一个建筑空间，是中式的还是西式的，是为老年人服务的还是为年轻人服务的，都要明确。这既是强调“这一个”，也是对典型性、个性化的满足。

因此，高老师认为在做任何一个建筑环境和室内设计时，都要立足于所要设计的空间，考虑是为谁而设计、设计的用途、业主对于空间的要求和喜好等。在综合考虑各项因素之后做出题材和空间的设计，才能表现出空间的整体功能和感觉，室内设计的首要任务是为他人服务，同时它又有别于其他环境，因而必定是唯一的、个性的。

以无锡嘉乐年华歌厅为例，歌厅在六年内先后做过两次装修，六年间休闲娱乐空间的消费形式以及人们的审美理念都发生了较大变化。第一次是在2002年，由于歌厅是为中老年人的活动服务，因此在装修中大量采用新古典主义中常用的建筑构件、古典雕塑、油画、欧式灯具，以满足中老年人的审美需要。第二次装修则是在2008年，主要满足娱乐休闲的需要，力求表现时尚的光亮派风格，造型上尽量采用圆形、长方形、线形、鱼形、花瓣形等几何形状，在材质上大量运用玻璃、镜面不锈钢、亚克力透光板、镜面石材等高反射和透光性强的材料，在色彩上主要采用高纯度的红、橙、黄、绿、青、蓝、紫等色彩，在光色的运用上充分地表现光色的变化和流动，以构成一个五彩缤纷、光影闪烁、富有动感和活力的休闲环境，创造一个青年人喜爱的追求时尚、追求感官刺激、光色变幻的环境。

在两次装修设计中，题材的指向性都很明确，前期设计是为老年人服务，后期设计是为青年人服务，虽是同一个空间，但随着设计题材的“这一个”不同，所表达的感觉就不一样，反映的都是使用者的一种喜好。

在浙江长兴凯旋宫样板间陈设设计中，样板间的陈设布置整体十分豪华艳丽，室内家具、织物等陈设设计品与空间环境的风格相呼应。整体设计的出发点主要是业主倾向于追求西方的欧式风格，要求彰显一种贵气。因此在室内设计时，无论是整体装修，还是诸如桌子、椅子等家具的选配，都围绕着欧式的风格来做。它的“这一个”就是欧式题材的“这一个”。

再看南京蓝晶国际商住楼装修方案，整体表现的是一种非常简洁的装饰形式。蓝晶国际的装修运用简约的现代风格，力求展现出时尚、现代、高品位的公寓式住宅的形象。形体上，利用块面的分割、叠加以及直线条的穿插与渗透等；色彩上，利用界面上的浅色系使整个小户型的空间获得开敞的效果，同时利用家具和配饰上的色彩活跃整个空间的气氛；材质上，大多选用木质材料，如防火板、木饰面、木地板等，同时利用小面积的带有反射效果的材料，如黑色背漆玻璃、不锈钢等，与大面积的木质材料形成对比，丰富空间的层次感。所以，南京蓝晶国际商住楼设计追求的题材的“这一个”是简洁、现代化的。

在某业主的独立式住宅装修方案中，根据业主的个人要求，在设计时着意于打造东方式的禅意空间，营造质朴脱俗的氛围，彰显出宁静优雅的中国风。因此，整个空间的布置相对简约，不铺张、不炫耀，适当留白，给人无尽的想象空间。在空间中大量运用中国传统的木质可移动格栅，以简单的直线条表现中式的古朴、大方。同时，半透明隔屏和帘的运用体现了中国文化中“景物相透”的造景理论。虚实相生是设计的亮点之处，意在营造出空灵又朦胧的禅意。

整体尊重自然，引景入室，风光景绿盈于室内。同时，在材料的选择上采用优质的天然材质，如原木、竹席、篱笆、麻料、棉布等，并保持自然材质的原色调，使人通过身体的感知，体验大自然的恬静。在色彩上，采用冷色调和中性色调，用深色家具和木格栅对比大面积的浅色天花、地板和墙面，将整个空间锁定在安静隽永、有内涵、有韵味的禅意氛围中。在细节上，选用相当有品位的山水画、工笔画、书法作品等来强调居住者不浮不躁、安之若素的人格品性特征。

在进行某独立式住宅装修设计时，由于别墅位于东郊风景区，毗邻建筑为民国时期的既有住宅，因此高老师在设计中采取仿民国时期的建筑装修风格，运用木格栅图案，家具、灯具、瓷器以及绘画作品都具有二十世纪三四十年代的特色。在设计中融入一些中式元素，同时带有民国时期的特征，既有西式风格，又有中式风格，整体风格很独特，充分表现中西合璧的思想，力求制造一种温馨、典雅、平和的空间气氛和当今人对民国文化解读的装修特色。在设计中将顶棚和墙面的造型设计得富有现代感，而将所有陈设、家具设计得具有民国时期的风格。所以，该独立住宅的题材追求的“这一个”是民国风味的。

在过去，大都是在文艺创作中应用“这一个”的创作理论，现在高老师在建筑设计、室内设计中将“这一个”作为理论指导，是对“这一个”理论的灵活运用。高老师还指出，应在“此时、此地、此情、此景”的状况下，充分表现个性化的需求和突出的审美取向等。在每一项设计和题材的选择中，都要在形式、功能、审美上强调各自的特色，充分表现“这一个”。

谈艺术作品的材料决定外在特色

东南大学艺术学院博士生　李翔宇

艺术具有鲜明的文化特色。整体而言，所有种类的艺术都以追求美为宗旨，具备较强的非实用性与思想性。但各项门类艺术都有其特定且特殊的表现形式，绘画、电影、舞蹈、音乐等在媒介、对象、方法上各不相同。其中，绘画的表现形式是艺术史上反复讨论的经典命题。

绘画是什么？简单来说，绘画就是用色彩、线条把物体形象描绘在纸、布或其他媒介的表面上。绘画有各种各样的形式：按材料分，有水彩画、水粉画、丙烯画、油画、铜版画等；按功能分，有效果图、装饰画等，种类繁多。而在这些分类之中，有必要提一下中国画这个大门类。

中国画是我国的传统绘画形式，主要表现形式是使用毛笔蘸水、墨、彩作画于绢或纸上，追求虚实相生、浓淡相宜的艺术效果。中国的书法和绘画相辅相成，笔、墨、纸、砚是它们必不可少的工具。就中国画而言，笔、墨、纸是决定绘画特色与质量的关键。

毛笔是文房四宝之首，是画家进行艺术创作的直接工具，其重要性不言而喻。绘制中国画所使用的毛笔，可以根据笔锋的长短，分为长锋、中锋、短锋三种类型；又可以根据笔锋的大小，分为大楷、中楷、小楷等型号。在中国绘画中，画家通过对毛笔的控制画出具备不同表现力的线条，用线条的粗细、浓淡、长短等变化来表现所描绘对象的圆润、刚劲、快捷或迟缓。

线描是中国画中主要的造型手段。古代画家把线描概括成十八种技法，称之

注：文章结合高祥生老师与博士生、硕士生的谈话记录整理编写，高祥生老师已审阅。

为“十八描”，包括混描、柳叶描、竹叶描等。所有的描法都以用笔为基础，不同的画笔画出的线条往往有所不同，也会产生不同的艺术效果。此外，绘画时运笔的快慢、提按、转折、顺逆、虚实也是影响画面效果的关键。画笔往往决定线条的运用和表现。选用合适的画笔，配合精妙的技术，才能使中国画具备独特的艺术表现力。所以说，在中国画的绘制中，所用的画笔是它形成自身特色的一个重要因素。

中国画以墨为主，以色为辅。中国画强调墨色的深、浅、浓、淡，与西洋画注重光色的视觉感受和效果大相径庭。唐代张彦远曾在《历代名画记》中说，“运墨而五色具”，五色也就是墨色的五种，分别是焦、浓、重、淡、清。中国画的墨法主要有泼墨法、破墨法、积墨法、宿墨法。可以说，一个画家的成功与否往往就在于用墨是否得当。

再讲水彩画，即用水调配水彩颜料在水彩纸上描制，大多为透明或半透明色。将颜料与水调和涂抹于水彩纸上，既可产生色彩轻盈、透明的视觉效果，也可产生水色交融的艺术趣味。水彩的材料特性致其画面效果具有透明、轻快、润泽、流畅等特色，故色彩的透明感和晕染韵味是水彩画最主要的特点。若是画水彩画时追求一种油画的厚重感，那便是与水彩本身的特色与追求背道而驰。

用水调配胶溶性颜料所制的绘画是水粉画。因颜料中的粉质不溶于水，画面呈现出水粉色，又称胶粉画。水粉颜料由彩色粉末配以树胶、甘油、水等成分制成，具有颜料纯度高、色泽明快、覆盖力较强等特点。而用丙烯颜料绘制的图画是丙烯画。丙烯颜料是一种化学合成胶乳剂与颜色微粒混合而成的绘画颜料。丙烯画干燥后形成柔韧薄膜，坚固耐磨、耐水、抗腐蚀、抗老化、不褪色、不变质脱落，画面反光性不强。

因此，水彩、水粉、丙烯虽同属水溶性质的绘画颜料，在绘画过程中具备相似的造型原理，但颜料介质不一、作画程序不一，决定了画面的艺术效果不一，给人的视觉感受也自然不一。

近代以来，新材料和新工艺导致新作画工具的产生。除毛笔外，铅笔和钢笔也是绘画中常用的创作工具。以铅笔画为例，铅笔虽然只具备单一色调，但铅笔画通过对线条的控制体现不同的黑白层次，从而在黑与白之外呈现出丰富的色调。铅笔画注重层次的多样性，可通过不同线条的粗细、疏密、浓淡来表现各种光感、质感。如世界著名素描大师阿道夫·门采尔的素描，他的作品以各种富有表现力的线条为主，通过线面结合，将造型严谨、解剖明确、笔法生动、富有表现力等特点发挥得淋漓尽致。

而钢笔画强调线条的流畅和有序覆盖，强调线条的疏密、明暗，强调线条的规律性。钢笔画注重层次的清晰度，擅长表现强烈的光感、细部的层次和线条的韵味。如伦纳德·佐恩的钢笔画，通过合理安排留白区域的形状、大小、位置，来丰富画面的形体节奏对比关系，同时通过综合运用线条来表现情感。

因此，铅笔画、钢笔画虽然同为素描，同样在纸上作画，但由于所使用的工具、材料不同，对艺术表现的追求不同，因此所采用的作画方法不同，产生的效果自然也是不同的。

前文所讲的不同种类的绘画均为平面的艺术。艺术的材料和媒介不局限于二维物体的表面，因此在木头、泥巴、陶土等可塑性较强的材料中诞生了立体的艺术。木头可塑性较强，但延展性较弱，因此常被用来制作介于二维与三维之间的木刻版画。木刻版画有水印木刻、油印木刻等多种形式，不同的木刻技术因使用的材料不同而变化。木刻刀有平刀、斜刀、三角刀等，不同工具刻出来的感觉也各有千秋。如果是在质地坚韧细密的木板上雕刻，那就会产生类似印刷效果的木纹的质感，有经刀削斧凿后鲜明硬朗的“刀味”。虽不如油画的层次感丰富，但具有更为朴素和直接的艺术表现力。

材料的特点是艺术作品代表性风格的直接体现，是决定艺术作品可识别性和不可替代性的关键因素。如泥雕是用泥坯制成的，因此要着重体现“泥土味”。泥雕主要有三大品种：一是人像和戏文，造型写实，形象生动、传神，一般用手捏制而成；二是人形和动物形玩具，造型抽象而夸张，不拘细节，轮廓舒展，形象淳朴简练、憨态可掬、趣味无穷；三是浮雕和线刻，造型生动并富有层次感。而用各种金属铸造而成的金属雕，要强调的是“金属味”。不同金属的体量与质感决定了金属雕的用途和使用场景。在现代，小型金属雕塑适合作为陈设品摆放于室内，而大型金属雕塑特别是青铜雕塑因具有纪念性意义而适合矗立于室外场所。

玉雕是中国最古老的雕刻艺术之一，玉石的加工雕琢需要结合原材料的特点扬长避短，根据玉材的基本形状和基础色泽进行精心设计，有针对性地选择不同的加工方法与雕刻技巧，才能将玉石头晶莹剔透的质感尽数展现。正如台湾“故

江苏爱涛艺术馆的玉雕作品“螳螂白菜”

宫博物院”中的“翠玉白菜”，工匠充分利用玉石原本的青色和白色，以一块半白半绿的翡翠为原材雕刻而成，独具匠心巧思，作品形象、浑然天成、细腻逼真、惟妙惟肖。又如江苏爱涛艺术馆的玉雕作品“螳螂白菜”，白菜翻卷折叠，生动自然；螳螂呼之欲出，栩栩如生，展现旺盛的生命力，体现出温馨、恬淡的田园趣味，是传统常见题材和阳春白雪的精妙融合。高老师认为，相比之下，台湾“故宫博物院”的“翠玉白菜”在材料和色彩的运用上，胜过爱涛艺术馆的“螳螂白菜”。

不同于玉器的温润精致，木材体量较大，适合展现硬朗的艺术气质和气势壮阔的艺术题材。如南京爱涛艺术中心工艺精品红木巨雕“四大名柱”，由四整根巨型非洲红木雕刻而成，总高11米，直径平均近1米。工艺大师巧妙利用红木原材料形、色、质地的特性，结合江苏、浙江、福建、江西四大流派风格各异的雕刻技法进行再创作，将《红楼梦》《三国演义》《西游记》《水浒传》中的经典场景表现得淋漓尽致，使得原材料与艺术题材相得益彰，作品气势恢宏。红木巨雕“四大名柱”体量之大、工艺之精、创意之奇，极大地丰富了当代木雕的风格，具备极高的艺术水平和价值，堪称中国工艺史上的创举。

江苏爱涛艺术馆的红木巨雕“四大名柱”

高老师认为，木雕、泥雕、金属雕、玉雕等都应根据材料的性质、形态特色和质地而采取相应的造型设计和应用之道，“因材制宜”方为艺术创作之基本，“用材精准”也是品衡艺术水平的重要标准。艺术的材质不一样，表达的情感、形态给人的感觉就不一样，它所强调的表现形式也是不一样的。材料应用得宜才能与艺术题材相得益彰。

高老师曾说过，所有艺术都需要表达一种感觉。摄影是一种大众化的现代艺术，其迷人之处就在于任何人都可以借助摄影器材捕捉平凡生活中的瞬间和变化。高老师认为，摄影是一个瞬间的感觉，但瞬间的东西也必须有其特殊性。他还认为，摄影也是一种时间的艺术，是在时间中截取一瞬作为横截面，是转瞬即逝的艺术记录。

高老师认为，在摄影作品中把一刹那的东西抓住并表现出来，是成功的重要前提。高老师有着多年绘画学习与教学经验，擅长将绘画的构图原理运用到摄影中，并通过后期表现构图与光影的关系。虽然人物瞬间的表情、动作、情感的表达，在绘画中很难被抓住，但摄影是可以捕捉到的。

与绘画相比，摄影更能丰富我们的视觉世界。但在摄影创作中为了追求独一无二的艺术感觉，一切与这种感觉相悖的形态、色彩、光线都有必要舍去，需要有的放矢地做减法。高老师带的一些博士生曾致力于研究视觉美感的量化，虽然最后研究没有顺利进行下去，但是研究过程中得出了一个最基本的结论，即艺术表现力与美感不局限于视觉，还有独特的心灵感受。

高老师认为，视觉只是产生表现力的基础，物体进入人眼以后，会产生一个感觉，艺术作品就是借由这种感觉在人的心中产生心理力。高老师的博士生提出心理指向具备明确性。高老师进一步指出，在明确视觉具备心理指向性的同时，也要适当减弱或调整这种指向性感觉的强烈程度。比如追求味觉体验感强烈的菜，咸要鲜明，甜要直接，但追求味觉均衡的时候就要温和。

艺术作品的外在形式主要由构成的材料所决定，艺术表现的技巧、手法、形式等都服务于创作者想要表达的思想与内容。所以艺术创作要讲究“因材制宜”“用材精准”。

高老师谈母题语言的应用

东南大学成贤学院文学学士　朱　霞

高祥生老师认为在现实主义美学中，母题可以指在文学、艺术或音乐作品中重复出现的元素、图形或情节。它可以是一个事件、一种模式、一种手法、一种叙述程式或某个惯用语，也可以是作品的主题、主旨，还可以是音乐作品中的主旋律，一种代表特定情节或情感的旋律。

而母题语言是指为了表现特定的主题、主旨而确定的统一于整个作品的、有意义的语言，这种语言具有意象性、连贯性和整体性的特征。它通过重复运用具有共同特征或意向的语汇、元素，表现特定的设计主题或意向。实际上，它也是艺术作品整体观的一种具体的表现。

高老师认为母题语言能够非常清晰地明确设计中想要表达的思想。比如说音乐中有主旋律，它加深了听众对这方面的印象，表达出音乐的中心思想。又比如说在一个室内空间中，如果反复出现一个物体，只要把握住这个物体，那么人们就能清晰地感受到这个室内空间想要表达的设计思想。

高老师指出母题语言在室内设计中是很重要的，它是表现室内空间主题的重要载体，而陈设品的选择又是确定室内母题语言的关键。选择具有室内母题语言的陈设品应做到：一是确立主题或意向；二是选择最佳的母题语言；三是适应环境的特征。

一、确定设计主题或意向

在室内设计中运用陈设品表现设计主题或意向，应首先确定室内空间设计的主

注：文章结合与高祥生老师的谈话内容，并参考高祥生老师所著《室内陈设设计教程》中的部分内容整理编写，高祥生老师已审阅。

题或意向，然后寻找能表现这种主题或意向的最佳物品。这些物品所呈现的视觉意象必须做到：一是具有共同的文化、风格倾向；二是有共同的形态特点；三是与设计的主题或意向一致。

高老师觉得通常需要将某种元素，包括空间的元素、色彩的元素、物质形态的元素、材料的元素等进行不断反复，形成一种适合空间尺度的文化倾向、色彩肌理以强化人的视觉印象。

高老师还认为母题语言对于整体感的塑造起到非常重要的作用，他觉得现在谈母题语言实际上就是在谈设计中的整体观。高老师将母题语言分为以下几个方面来进行讲解：

1. 母题语言中的形态元素

（1）日本东京安达仕酒店中的木材元素

日本东京安达仕酒店是一个结合东京的历史积淀、文化氛围和建筑风格，提炼出纯粹的日式风格的酒店。该酒店的室内空间多采用天然材料，如和纸、胡桃木等，处处体现了日本文化中对于自然美的追求。东京安达仕酒店在设计中以天然纯粹的木材质打造清爽精致的和式风格，使顾客即使短暂停留也能迅速融入其中，感悟东京的独特魅力。

艺术装置是东京安达仕酒店的重要组成部分，该酒店通过一件件艺术品提炼出具有当地风情的精华，表达该酒店室内空间设计中的母题语言。在进行餐厅设计时，设计师在餐厅的顶部吊挂了一种装置，该装置运用独特的加热工艺，将木材弯曲、旋转来体现出自然的运动，波浪般旋转的木材仿佛飞鸟在空中自由飞翔的轨迹，为整个空间装点出大自然的旋律。在酒店大堂处也有一个相似的弯曲旋转的木材装置，它由餐厅剩余的木材制成。诸如此类的装置在这个酒店中还有许多。

因此，高老师认为东京安达仕酒店中的过厅、餐厅廊道、餐厅顶棚、厨房顶棚的装置都采用相同的材料、相同的抽象形态表现了共同的设计意向，酒店中装置的设置也是前后连贯的。

日本东京安达仕酒店(一)

日本东京安达仕酒店(二)

(2) 深圳中洲万豪酒店中的木材元素

正如苏轼诗中所云:"日啖荔枝三百颗,不辞长作岭南人。"岭南盛产荔枝,岭南文化中也处处都有荔枝的身影。因此,坐落在岭南深圳的中洲万豪酒店,其室内设计便参考了这一典型的文化意象。

可以说,在深圳中洲万豪酒店中到处都有木质材料制成的艺术装置。高老师认为虽然该酒店的艺术装置的形态不完全一致,但是它强调了不同内容、相同材质、相同工艺、相同灯光的反复出现,这也是该空间一种母题语言的表现。

位于该酒店一楼接待大堂的巨大艺术品——"离",名字取自荔枝的古语"离枝",寓意岁月静好。它倚靠在一楼的酒店接待大堂中,成为每一位住客到来的首见,简约的木制球体成为闹市中心安静的一隅。

在酒店电梯厅有一名为"涟漪"的木质装置,取原木材质手工凿刻出层叠环绕的波纹,以木质诠释"水一般的柔美"。

该酒店楼梯间的墙面艺术装置名为"日出",它由不同形态的木制方块以高低错落的姿态组合而成,灵感来源于互联网领域的二维码形状。该艺术装置下方地面特有的地灯照明,呼应了艺术品的"日出"之名,宛如一颗冉冉升起的太阳,好似深圳以新生姿态蒸蒸日上的劲头发展于南海之沿。

酒店的空中大堂接待处的窗边有一艺术装置品名为"筑",它是一个交错筑成的直径 3 米的"井"字形球体,表达了对中国古老的榫卯工艺的敬意。艺术品"奔马"也立于大堂吧一侧,以手工锉凿的粗犷技法,用完木切片而成,展现出跃步前行的驰骋动态之美。

在酒店的泳池空间中,还有渔村风格的木制编织品高悬于泳池之上,以其原生态的本土风格,成功点缀了泳池,并赋予其简约时尚的气息。在酒店一楼的咖啡廊中也以渔具形状的吊灯进行装饰，整个空间主要以石制、木制材料体现出天然的质感。

深圳中洲万豪酒店一楼大堂“离”装置

深圳中洲万豪酒店大堂吧“奔马”装置

（3）美国拉斯维加斯永利安可酒店中的色彩元素

奢华的拉斯维加斯永利安可酒店位于拉斯维加斯的赌城大道，它的主体建筑是一座五十层高的月牙形建筑。该酒店四处可见透明天幕回廊、花香娟丽的庭院和蜿蜒曲折的泳池，营造出梦幻般的世俗气氛。

拉斯维加斯永利安可酒店以蝴蝶、花卉为主题，无论是绚丽夺目的艺术装置，还是客房装饰、餐厅名称等，都融入了花卉、蝴蝶的元素，让宾客在步入酒店的第一刻起就能感受到特别的娇艳氛围。

酒店设计手法简单但效果突出。该酒店的顶棚上以植物花卉元素为主，图案突出。灯盘以及墙面顶部镀金，用植物花卉的图案来作装饰，地毯以红色为底色，也采用同种花纹来呼应。酒店的墙角装饰线采用装饰性强的古典风格，线条柔美，色彩素雅。从顶面到墙面再到地面均以暖色为主基调，顶部以深褐色和深红色为底色，穿插白色的装饰线条。顶灯设计成倒挂的伞，有奇幻世界的氛围。

美国拉斯维加斯永利安可酒店中的蝴蝶装置

因此，高老师认为拉斯维加斯永利安可酒店的母题语言是强调蝴蝶、花草的色彩元素，特别是蝴蝶的色彩元素在整个酒店空间中的重复，这种色彩反复出现在地面、顶棚、墙体、花卉色彩的组织上。

2. 空间中相同元素的反复

南京财经大学图书馆的建筑设计是一个变形的蝴蝶，它表示的是一个不断采集花蜜的形象，从而演变出不断采集知识的一种寓意。

高老师主持了该建筑的室内设计，在设计时注重室内装饰设计与室外环境的内容、思想、形式的呼应，注重室内装饰设计与建筑空间的契合和对建筑空间的利用。高老师的装饰设计充分展现了图书馆室内空间的个性和气质，并一直以书籍的抽象造型为室内装饰的母题语言。

高老师在该图书馆广场前设计了一个硕大的水池，水池中出现了围合状的大砖块，该砖块是变形了的砖块，它像书籍一样屹立在水池边，水池的中央还悬挂了一尊书籍状的雕塑，整体看起来像是钟表的转盘，寓意着读书要有一种争分夺秒的思想觉悟。

水池边有条小渠缓缓地流淌到建筑主体边，一进入前厅，就可以在前厅圆形空间的两侧墙面上看到很多叠书造型。前厅的中部设了一个时钟造型的沙发座，这一设计想要说明学习是要分秒必争的，高老师用象征的手法表达了学习要研读不息的思想。

南京财经大学图书馆前的水池

透过前厅可以看到后面的中庭，中庭是整个建筑空间序列的高潮，也是高老师设计的重点之处。一进入中庭，就可以看见在中庭的中央竖立了一个大型的、高耸的、玻璃状的叠书雕塑，雕塑四周还用石材围合成了一个水池，雕塑置于水池中，有一种沉浮在知识的海洋中的感觉，这一雕塑表明了“书山有路勤为径，学海无涯苦作舟”的主题思想。

除了上述的这些设计，高老师还在图书馆的室内空间的顶部设计了许多海螺造型的吊灯，这些吊灯挂置在空间的中央，契合了整个图书馆设计中的母题语言。

高老师认为，南京财经大学图书馆的这些设计，实际上既是一种有形态的传播，又是一种有主题的表现，它不断地强调了水，强调了书籍，强调了时钟，不仅表达了一种“书海拾贝”的主题，还表达了研读不息的思想，同时还将水的主题与学习的主题相呼应。

南京财经大学图书馆(一)

南京财经大学图书馆(二)

高老师设计的南京财经大学图书馆运用许多浅色的石材、乳胶漆、板材、不锈钢组成了偏淡的色调,以表现明快、宁静、雅致的气氛。从广场中心至入口门厅的中轴线,形成了一个个主次分明、强弱有序的视觉中心,并利用建筑空间中互相渗透的形态组织成互为因借的对景关系。

3. 水文化的形态反复出现

高老师说母题语言大多可以强调形态的反复,也可以不强调形态的反复,但无论怎样选择,其陈设品的视觉意向应该连贯或前后呼应。如苏州独墅湖精品酒店就将酒店的文化取向定位为寻求地域文化与国际审美情趣的结合。该酒店地处苏州,苏州属江南水乡,有园林,园林中有水、石、亭、墙、门洞等,因此该酒店的设计中始终体现了苏州的地域文化,力图使表现水文化形态的陈设品反复出现在酒店的室内空间中,同时也把建筑文化的外来元素逐渐渗透于传统文化内涵之中,并重新整合形成相对统一的现代风格,彰显酒店的独特风格。

在设计时选择了竹、石、景作为独墅湖酒店主要的母题语言,以更亲近自然的设计语汇体现酒店的个性。因为它们典型又平凡,能体现苏州特色,同时又是非常国际化的语言。

艺术是一种气质,一种氛围,一种整体的感受,不是放一两件物品所能改变的,因此高老师在酒店室内空间设计中,把精力投入空间品质艺术化的营造上,在很多重要的节点重复布置了很多水缸,强调了陈设形态和内容的重复出现,这些陈设品的放置契合了酒店水文化的定位。

高老师认为苏州独墅湖酒店中选择的陈设品都在表达某种特定的主题或意向，其陈设品形态的视觉意象是前后连贯的。在该酒店的诸多空间中还反复布置了圆门洞、玉佩、花钵等，它们是围绕着如何表达恬静、秀丽、富足的江南水乡文化而被精心选择的。这些陈设品在表现苏州地域文化的视觉印象上是一致的，体现了该酒店想表达的共同的文化和风格倾向。

苏州独墅湖酒店(一)

苏州独墅湖酒店(二)

二、选择最佳语言

高老师说虽然室内设计中表现空间意向的陈设品可以有多种选择，但最合适的母题语言则需要认真推敲，应选择最具典型性的陈设品。

构成母题语言的陈设品可以是建筑构件、生活器皿、家具、工艺品、绘画、雕塑、书法等。高老师认为不同的陈设品应有不同的视觉意向，作为母题语言的陈设品不仅要考虑单件物品的视觉意向，而且应该推敲几件甚至数十件物品之间视觉语言的典型性和视觉意向的一致性。

高老师觉得对于纯艺术观赏的陈设品，如绘画、雕塑、图案、工艺品等，应主要考虑其与空间的尺度关系。对于具有使用功能的物品，他认为应改变其原有的功能属性，即褪去其使用功能，提升其陈设功能。具体做法是：

(1) 放大或缩小原有物品的体量，如苏州独墅湖酒店中的花钵、玉璧等都是将原来的尺寸放大以取得良好的尺度关系；

(2) 将原有的构件、图案解构、重组；

(3) 将原有的图案、纹饰放大或重组，使原有物品失去功能作用，更具有符号性、展示性。

三、适应环境特征

在室内设计中，陈设设计是建筑设计、室内设计的后续工作，也即陈设设计应该在既有室内空间中进行，因此高老师认为陈设的母题语言的表现必须考虑下列因素：

1. 适应原空间形态

高老师觉得室内空间有大有小，那么应根据空间的大小放大或缩小陈设品的尺寸，从而使陈设品与空间产生良好的尺度关系。同时，室内空间的形态有规整、不规整之分，那么陈设品的形态应尽量适应空间的形态。

高老师认为还应该考虑空间的界面状况。如遇到无法改变界面状况的情况，应将陈设品与界面组合后的视觉效果一并考虑，尤其是紧邻或紧贴界面布置的陈设品。他觉得为了突出陈设品，粗糙的界面前宜布置质感光滑的陈设品，反之则宜布置粗糙的陈设品。另外，界面与陈设品之间还宜在色彩、明度上组成或对比或协调的视觉关系。

2. 作为母题语言的陈设品在室内空间中需要反复出现

高老师认为其大都应出现在两个部位：一是视觉停留时间长的空间或界面上；二是空间转换的节点处。

高老师认为母题语言的陈设品布置的多少，主要根据设计的意向和现场的视觉效果确定。总之，应精心布置母题语言的陈设品，使室内空间的主题明确，整体感加强，空间品质提升。高老师对母题语言的概念和实际应用的方法、效果都作了细致的阐述，其研究和实践方法推动了艺术设计中母题语言应用等的发展。

高祥生年鉴

东南大学艺术学院原副院长、教授、博士生导师　李轶南

1950 年　生于 12 月 23 日(阴历十一月初五),出生地为南通通州二甲镇。

1956 年　9 月入二甲镇幼儿园接受启蒙教育,当年由陈燕、成彩琴任教。

1957 年　9 月入二甲小学分部学习。

1959 年　9 月入二甲小学本部学习,五、六年级得到董连治、陆诚等老师的重视和关心,在这期间还有陈老师、路老师、张老师等老师对高老师很关注。

1963 年　9 月考入南通县中学接受中学教育,得到欧老师、吴老师、黄老师、金老师、甘老师、季老师等一批优秀老师的教育,其中陈炳南、吴镜人对其的影响最大。

1967 年　9 月初中毕业回二甲镇,结识画友周佩林、朱德荣等。

1968 年　入南通县二甲中学学习,高二时在文学基础知识上受周镜如老师的影响,修改撰写了歌剧《农奴愤》,朋友姜浩泉参与了编写,后在南通地区公演。

1970 年　10 月高中毕业,收到不少单位的聘约,后同意去二甲化工厂工作,结识陈金龙、孙菊英、刘燕华、姜佩泉、沙振新、赵新新等友人。同年 10 月被派往上海学习,12 月返回二甲化工厂后,因当地急需教师,改到二甲民办中学工作。

1971 年　2 月到二甲民办中学工作,任初二语文和体育教师,结识金达庆、顾志嘉、陆群等友人。7 月因县人民武装部、宣传部举办“井冈山斗争展览”需要美工,经周佩林、王信相等推荐去南通县文化馆,参与筹办展览工作。9 月筹展人员接到人民武装部通知,筹展工作停止,工作人员休息。

注:吴怡康根据高祥生老师口述并查找相关资料综合梳理而成,经李轶南审阅。

1972年 年初回二甲镇后，被派往二甲文化站工作，协助蒋立新站长完成文化馆的日常工作和余西区管辖的一个镇中八个公社的文艺、通讯、体育活动的开展。同时负责二甲镇与镇属各单位的会务联络工作。其间，组织了多场文艺演出、体育比赛并撰写多篇通讯报道，负责管理文化站站内的阅览室工作。其间与友人戴菊芬、曹进、陈仲略、朱泽民、陆升东、丁允民等人常来往。1963年至1972年业余随周佩林、朱德荣等朋友学习绘画，得到诸多帮助，同时与曹玉林、曹徐坤、吴正法、周毅之、严翅君交往。

1973年 1970年至1973年绘制了《列宁在十月》《亚非拉人民团结》《毛主席去安源》等20余幅大型油画，并与沙振新在二甲镇的大街小巷共同书写了数百条反映当年时政的大标语，掌握了壁上油画的基本技巧和写大字的能力。1973年夏，在二甲镇150多名年轻人中被推举成为3名高考生之一，9月经考试被南京工学院建筑系(现东南大学建筑学院)录取。见到了杨廷宝、李剑晨、童寯等大师，上学期间获李剑晨先生指导水彩画创作。

1977年 2月从事建筑美术教学工作，在教学任务之外大量收集陈设图片、文献资料等，撰写一些陈设设计的心得体会。教建筑设计的主要有齐康、潘谷西、郭湖生、胡思永、许以诚、徐敦源、邝永膺、奚树祥、杨德安、朱敬业、陈仲菁、朱德本、杨永龄、赖其奎等老师。

1983年 南京装饰工程公司委托高祥生参加南京饭店局部改造方案设计。这是高祥生第一次做建筑室内装饰工程。

1984年 担任美术教研室副主任，与崔豫章、梁蕴才、金允铨等协助丁传经主任工作，与徐敦源、朱德本老师开始带建筑系室内设计方向的毕业设计。

1986年 南京宝祥金店委托朱德本、高祥生等共同完成建筑系的毕业设计。东南大学建筑学院委托徐敦源、黎志涛、高祥生完成建筑学院大部分公共空间的第一次装修设计。同年任主任一职，得到李剑晨、梁蕴才、丁传经等老师的鼎力支持。

1987年 接受安徽合肥蜀山革命烈士纪念碑筹建办招标，高祥生、朱继业、许江华、皮志伟完成安徽合肥蜀山革命烈士纪念碑投标方案设计，虽未被采用，但评价很好。

1988年 南京工学院出版社出版由高祥生、梁蕴才编著的《钢笔画技法》。

1989 年　接受学校领导委托，对东南大学四牌楼的南大门进行出新设计，设计工作主要由高祥生、赵思毅、赵军完成。中国文联出版社出版罗戟、高祥生、赵思毅编著的《国外现代建筑表现图技法》。

1990 年　接受香君酒楼筹建处委托，由高祥生、何峻、曹卓等完成南京夫子庙香君楼室内外装饰装修设计。江苏美术出版社出版罗戟、高祥生、韩巍编著的《小居室室内设计》。

1991 年　由高祥生、汪川跃主持完成宁海路 22 号高档别墅室内装饰装修工程设计。江阴国际大酒店筹备办委托高祥生、苏惠年、汪洋、何峻、赵军等完成江阴国际大酒店装饰装修完善设计。设计中强调了室内设计与建筑设计、设备设计的一体化，设计工作得到江阴市政府表彰。高祥生、苏惠年撰写论文在《装饰装修》杂志发表。江苏美术出版社出版由高祥生、柴海利编著的《国外钢笔画技法：建筑　配景》。

1992 年　金坛市茅东水库活动中心委托高祥生主持茅东水库活动中心的装饰装修工程设计。河南郑州铁路局委托高祥生、袁子谣、陆勤等主持完成河南新乡海达尔酒店的装饰装修设计。

1993 年　南京太平洋装饰有限公司委托高祥生、刘越主持完成南京金鹭岛歌厅装饰装修方案设计。海门市民政局委托高祥生、崔雄等完成江苏海门市革命烈士纪念碑方案设计。

1994 年　在建筑系开设了与本科室内设计相关的课程，其中包括陈设设计课。江苏姜堰装饰公司委托高祥生、何峻、姚翔翔完成姜堰第一招待所装饰装修设计。江苏姜堰装饰公司委托高祥生、何峻等完成姜堰市（现姜堰区）第三百货公司装饰装修设计。江阴市建设委员会委托高祥生主持完成其餐饮休闲空间装饰装修设计。姜堰装饰公司委托高祥生、何峻、姚翔翔完成姜堰中央商场室内外装饰装修工程设计。

1995 年　无锡东林大酒店筹备处委托高祥生、何骏、张郁峰、高芸完成无锡东林大酒店室内外装饰装修设计。南京华阳房产开发公司委托高祥生、乔学勇、黄勇、陆勤等完成南京湖南路华阳酒店室内及门头装饰装修设计。江苏姜堰装饰公司委托高祥生、陶琦完成无锡青阳镇别墅群设计方案。

1996 年　应中央电视台教育频道邀请（于 1996 年 4 月至 7 月）主持“室内设

计与效果图制作”讲座。该讲座讲授了新颖的设计理念以及如何为人民做好设计，讲座在全国及东南亚地区播放，赢得广泛的收视群和赞誉。接受装饰公司委托，高祥生、陈凌航等参与南京微分机电厂室内外环境改造方案设计。

1997 年　接受江苏姜堰装饰公司委托，高祥生、宋以凡、史卫东等完成姜堰市农行室内外装饰装修方案设计。接受通州市城乡建设委员会委托，高祥生、何一大、赵晖等完成通州市通州路口广场（朋来门）标识的设计。接受南京高新开发区管委会委托，高祥生等完成南京高新开发股份公司办公楼装饰装修方案设计。接受青阳家具城委托，高祥生、陶琦完成无锡青阳家具城室内装饰装修设计。接受省政协办公室委托，高祥生、黄维彦等完成省政协礼堂室内（总统府内）装饰装修设计。接受南京钢铁厂委托，高祥生、何晓佑、宋以凡、赵晖等完成天目湖珍珠岛南钢培训中心室内设计。接受乌龙潭公司委托，高祥生等完成乌龙潭公园茶社室内装饰装修设计。江苏省教育厅委托高祥生等完成江苏省教育厅培训中心装饰装修方案设计。

1998 年　开始指导硕士研究生。撰文《建筑设计中室内设计的早期介入》，提出建筑、装修、设备、环境一体化设计的理论、方法。茅山宾馆委托高祥生等完成茅山宾馆室内外装饰装修设计。江苏环达装饰有限公司委托高祥生、宋以凡、赵晖完成江苏移动通信公司徐州分公司装饰设计。南京太平洋装饰有限公司委托高祥生等完成安徽合肥烧烤城室内装饰装修设计。高祥生、宋以凡等完成南京学仕园酒店装饰装修方案设计。安徽青阳县建设局委托高祥生、陈凌航、徐一大、史卫东、宋以凡、赵晖、赵士亚等完成安徽青阳县九华西路包装改造工程建筑外装饰设计、景观设计方案。高祥生、鹿艳等完成南京白鹭洲啤酒屋工程设计。江苏姜堰装饰公司委托高祥生、何峻完成上海青浦别墅装饰装修设计。江苏科学技术出版社出版由高祥生、吴燕主编的《家庭装饰图典丛书：居室美（装潢篇）》。文章《建筑设计中室内设计的早期介入》在《室内设计与装修》期刊发表。

1999 年　赴日本考察轻型建材 ALC（蒸压轻质混凝土）板，陈海燕、陈凌航、郁建忠随行。开始关注到“成品化陈设设计”问题，并收集了大量资料。高祥生、赵晖、宋以凡等完成通州市城乡建设委员会委托的通州市城市标志设计。高祥生等完成南通工行委托的南通工行室内装饰装修设计。政协筹建处委托高祥生等完成江苏省政协礼堂（老楼）室内设计。

2000年　高祥生、陈凌航、郁建忠、薛东林等完成旭建新型建材有限公司委托的中外合资南京旭建新型建材有限公司研修楼设计。江苏科学技术出版社出版高祥生主编的《现代建筑楼梯设计精选》。

2001年　通州市税务局委托高祥生、黄维彦等完成通州税务局直属分局办公楼室内装饰装修设计。东南大学出版社出版高祥生编著的《住宅室外环境设计》。中国建筑工业出版社出版高祥生、韩巍、过伟敏主编的《室内设计师手册(上、下)》。江苏科学技术出版社出版高祥生、吴燕主编的《设计与估价》。江苏科学技术出版社出版高祥生编著的《装饰构造图集》。

2002年　经东南大学教师专业技术职务评审委员会评定,晋升为教授。高祥生等完成南京装饰工程公司委托的中央饭店公共室内部分装饰装修方案设计。主持完成文旅部建筑文化研究会的行业标准——第一部室内陈设设计标准。中国建筑工业出版社出版高祥生主编的《建筑环境更新设计》。江苏科学技术出版社出版高祥生编著的《现代建筑入口、门头设计精选》。江苏科学技术出版社出版高祥生、丁金华、郁建忠编著的《现代建筑环境小品设计精选》。中国建筑工业出版社出版高祥生编著的《装饰设计制图与识图》。文章《对江南地区公寓房户型演变的思考》在《南京艺术学院学报》发表。文章《现代城市空间的环境小品》在《现代城市研究》期刊发表。

2003年　作品《ALC板装饰设计》获江苏省第四届室内装饰设计大奖赛银奖。高祥生、潘冉、许琴等完成北戴河某别墅装饰装修。高祥生、王勇、许琴完成南京凤凰置业有限公司委托的南京凤凰置业颐和美地别墅室内装饰装修设计。高祥生等完成南京市国土资源局江宁分局委托的江宁分局室内装饰装修设计。高祥生、陈凌航等完成南京山水大酒店委托的山水大酒店咖啡厅卖品部室内装饰装修设计。高祥生、黄维彦完成南京湖北路金水桥酒店室内外装饰装修设计。江苏科学技术出版社出版高祥生、姚翔翔、黄维彦编著的《现代建筑墙体、隔断、柱式设计精选》。江苏科学技术出版社出版高祥生编著的《西方古典建筑样式》。文章《现代办公环境中的绿化景观》《居室室内设计中的健康观》在《中国建筑装饰装修》期刊发表。

2004年　经东南大学教师专业技术职务评审委员会评定,晋升为博士生导生。作品“某大学图书馆公共空间部分环境设计”获第五届全国室内设计双年展铜奖。“简装修重装饰的概念设计”获第五届全国室内设计双年展优秀奖。《西方古典建筑样式》获得华东地区科技图书二等奖。中国建筑装饰协会、中国建筑学会室内设计分会授予高祥生“全国有成就的资深设计师”称号。高祥生、潘瑜、郭峰桦、姚申明、李君英、张震等完成无锡嘉乐年华娱乐有限公司委托的无锡嘉乐年华歌厅一期室内外装饰装修设计。江苏科学技术出版社出版高祥生编著的《室内陈设设计》。

2005 年　1 月 30 日获聘为第二届中国建设文化艺术协会环境艺术专业委员会专家委员会委员。7 月当选为南京市室内设计学会第一届理事会理事、副会长。应全国工商联邀请赴上海，与清华大学潘吾华教授联袂为国内 200 多名设计师讲授陈设设计，随后又应邀赴深圳、广州、贵阳、南通等地多次讲学。作品“爱涛天成艺术馆”获第五届江苏省室内装饰设计大奖赛二等奖。撰写的《室内陈设设计》获华东地区科技图书二等奖。高祥生、陈国欢、吕元、潘瑜、李炳南、姚申明、张力玮、李晶等完成爱涛文化艺术有限公司委托的江苏省工艺美术馆室内设计。高祥生、郭峰桦等完成合肥政务文化新区基督教堂室内设计。人民交通出版社出版由高祥生、毛家泉主编的《全国二级建造师执业资格考试(装饰装修工程管理与实务)应试辅导与模拟题》。

2006 年　12 月 1 日当选为第六届中国建筑学会室内设计分会理事。12 月 17 日由梁保华授证，被聘任为江苏省人民政府参事。应清华大学美术学院邀请，在该校为陈设高研班讲授陈设设计课。荣登 2006 年度南京优秀室内设计师/设计团队推荐榜——年度推荐榜。江苏省总工会授予“江苏省群众性经济技术创新能手”荣誉。高祥生、郭峰桦、潘瑜、姚申明完成江苏环达装饰有限公司委托的南京财经大学图书馆室内外装饰装修设计。高祥生、方晟岚、张震、鹿艳完成南京凤凰置业有限公司委托的江苏凤凰置业有限公司和鸣苑装饰装修设计。高祥生、陈凌航完成高淳县政府委托的高淳淳溪宾馆室内外装饰装修设计。高祥生、郭峰桦、槐明路等完成河南信阳鄂豫皖红色纪念馆景观设计。江苏科学技术出版社出版高祥生编著的《装饰构造图集(第二版)》。机械工业出版社出版高祥生主编，殷珊、吴祖林、王瑜、张精、张康宁参编的《高级室内装饰设计师》。江苏省建设厅发布其编制的《建筑装饰装修制图标准》(DGJ32/J 20—2006)。

2007 年　参加 2007 年江苏省第十届人民代表大会第五次会议。作为代表参与中国铁路客站技术国际交流会。应清华大学美术学院邀请在该校为陈设高研班讲授陈设设计课。在贵州做“二十一世纪室内装饰设计的发展趋势”演讲。9月28日捐赠东南大学图书馆《室内陈设设计》等书籍，这些书籍被收藏到图书馆教师作品陈列室。作品“南京火车站广厅设计”获第五届江苏省室内装饰设计大奖赛特等奖。作品“江苏省工艺美术馆室内设计”获第六届江苏省室内装饰设计大奖赛特等奖。作品“无锡永乐浴场”获第六届江苏省室内装饰设计大奖赛二等奖。江苏省建设厅发布其参与编制的《江苏省建筑装饰装修工程设计文件编制深度规定》(2007年版)、《建筑墙体、柱子装饰构造图集》(苏J/T 29—2007)。文章《南京站室内设计中的形式逻辑》国际会议发言稿在铁道部主编的《火车站:规划、设计、管理》发表。文章《谈室内柱子的装饰形态设计》《谈室内陈设设计中的视觉问题》《室内异形空间的优化设计》《室内环境中的细部设计》《室内设计中材料肌理的表现方法》在《中国建筑装饰装修》发表。

2008年　参加2008年江苏省第十一届人民代表大会第一次会议。中国室内装饰协会授予高祥生“中国室内设计杰出成就奖”。高祥生、潘瑜、方晟岚、陈卫新等完成东南大学建筑学院委托的东南大学建筑学院第二次装修设计。高祥生、方晟岚、李炳南、张震、李君英、潘瑜、鹿艳、吴杰完成无锡嘉乐年华娱乐有限公司委托的无锡嘉乐年华歌厅二期室内装饰装修设计。高祥生、王立云、匡世兰、虞蔚玲、王勇、许琴、安婳娟、葛珂完成建邺区政府委托的南京朝天宫文化街区环境改造(朝西街段)设计。高祥生、姚翔翔、郭峰桦、方晟岚等完成铁路南京站委托的南京火车站商铺等服务设施设计。高祥生、鹿艳、吴怡欣等完成南京秦淮区白鹭洲水街餐厅室内装饰装修设计。高祥生、鹿艳、张震完成凤凰置业委托的凤凰和鸣苑会所装饰装修设计。高祥生、方晟岚、张震、鹿艳完成江苏凤凰置业有限公司委托的凤凰国际大厦办公楼大堂装饰装修设计。人民交通出版社出版高祥生主编的《室内建筑师辞典》。

2009年　参加2009年江苏省第十一届人民代表大会第二次会议。“江苏凤凰置业办公空间装饰设计”在第七届江苏省室内装饰设计大奖赛中荣获优秀奖。“无锡嘉乐年华KTV室内设计”在第七届江苏省室内装饰设计大奖赛中荣获一等奖。课程“室内设计理论研究”获江苏省教育厅优秀课程奖、东南大学研究生精品课程奖。中国建筑学会室内设计分会授予“1989—2009中国室内设计二十年‘杰出设计师'"荣誉。中国建筑学会室内设计分会授予"2009 和成·新人杯"全国青年学生室内设计竞赛优秀导师奖。江苏省总工会、江苏省劳动和社会保障厅授予"室内设计杰出成就奖"。中国室内装饰协会授予"中国室内装饰设计杰出成就奖"。高祥生、李君英完成南京凤凰置业有限公司委托的凤凰和鸣苑三楼办公区室内装饰装修设计。高祥生、槐明路、曹莹、鹿艳、张震完成南京白鹭洲水街夜泊秦淮会所装饰装修设计。高祥生、鹿艳等完成无锡嘉乐年华娱乐有限公司委托的无锡永乐浴场室内设计。高祥生、吴俞昕、鹿艳、李君英、许琴、陈赛飞、葛珂、陈明晨完成南京市秦淮区商业建设网点办公室委托的南京白鹭洲养心堂室内装饰装修设计。高祥生、李君英、张震完成江苏凤凰置业有限公司委托的凤凰和鸣苑六楼办公区室内装饰装修设计。高祥生、曹莹、吴俞昕、雷雨、李桢、安婳娟、王勇、许琴、李君英、吴杰完成南京蓝晶国际商住楼装修方案。高祥生、安婳娟、曹莹、吴俞昕、陈玥晨、唐宏、侯杏轩、陈赛飞完成南京旅游局办公楼室内设计。辽宁美术出版社出版高祥生主编的《室内设计概论》。江苏省住房和城乡建设厅发布其参与编制的《室内照明装饰构造》(苏 J 34—2009)。

2010 年　参加 2010 年江苏省第十一届人民代表大会第三次会议。12 月 13 日当选为中国室内装饰协会设计专业委员会副主任。当选为南京市室内设计学会第二届理事会理事、会长。被聘为江苏省室内设计学会常务理事、副理事长。10 月 8 日至 11 日,应邀在北京国家会议中心主会堂与中国建筑装饰协会常务副会长徐朋教授、法国建筑大师保罗·安德鲁、日本建筑大师安藤忠雄、英国皇家建筑师协会首席执行官弗兰克·皮特等六人共同作主题讲座。演讲主题是"全球文化背景下的地域设计文化的继承与革新"。作为江苏省参事应邀参加上海 2010 年"低碳引领城市未来发展"参事国论坛。江苏省室内装饰协会授予其"第七届江苏省室内装饰设计大奖赛优秀指导教师"称号。高祥生、曹莹等完成东南大学建筑学院委托的东南大学建筑学院中大院第三次装修。高祥生、曹莹、王勇、唐宏、秦继宏、孟霞、龚曾谷等完成德基集团有限公司委托的南京德基广场二期八层餐饮商铺装修方案设计,因故未施工。高祥生、张震、陈赛飞、李君英、许琴、侯杏轩、葛珂完成山东德州经济开发区委托的山东德州减河观光塔造型景观方案设计。高祥生、曾先国、安婳娟、葛珂、芮萧完成山东德州经济开发区委托的山东德州减河湿地公园景观方案设计。高祥生、曹莹、安婳娟、吴怡昕完成南京凤凰置业有限公司委托的江苏凤凰置业办公空间装饰装修设计。高祥生、曹莹、夏培德、潘瑜、王勇、吴俞昕、陈明晨、李君英、吴杰等完成无锡古韵轩酒店有限公司委托的无锡古韵轩酒店室内及庭院环境设计。高祥生、王勇、陈明晨、许琴完成南通凤凰置业有限公司办公装饰设计。江苏省住建厅发布由高祥生主持的《住房室内装修构造》(苏J 41—2010)。

2011年　参加2011年江苏省第十一届人民代表大会第四次会议。12月1日当选为中国建筑学会室内设计分会第七届理事会理事。江苏省总工会授予高祥生"江苏省五一创新能手"称号。高祥生、王勇、许琴、曹莹完成东南大学规划设计院委托的东南大学规划设计院办公空间装饰装修设计。高祥生、陈赛飞、曹莹、许琴、王勇等完成南京凤凰置业有限公司委托的南京凤凰集团凤凰和熙16栋商业综合楼1～23层公共空间门厅及电梯厅、过道装饰设计。中华人民共和国住房和城乡建设部发布由高祥生主持完成的《房屋建筑室内装饰装修制图标准》(JGJ/T 244—2011)。南京师范大学出版社出版由高祥生担任主编，黄维彦、陈赛赛、王勇担任副主编的《装饰材料与构造》。中国建筑工业出版社出版高祥生主编的《室内装饰装修构造图集》。中国建筑工业出版社出版高祥生主编的《房屋建筑室内装饰装修制图标准实施指南》。"南京德基广场二期八层室内装饰装修"获第八届江苏省室内装饰设计大奖赛一等奖。

2012年　参加2012年江苏省第十一届人民代表大会第五次会议。10月在南京国际会议大酒店参与推进城市现代化与城市品质提升——长三角地区政府参事座谈会。高祥生主持设计，潘瑜、李艳等参与完成东南大学成贤学院委托的成贤学院建筑与艺术设计学院展厅。高祥生、潘冉、许琴、王勇完成南京空军后勤部委托的南京空军后勤部中庭装饰设计。高祥生、宫平、卢杰完成南京南站到达层商业布局设计方案。高祥生、王勇、许琴完成南京南站VIP候车室空间装饰装修。高祥生、宫平、马婕、周歆怡、卞扬扬、王勇、许琴、杨孙飞、沙孟贤、曹莹等完成铁路南京南站室内环境形象总体控制。

2013年　3月25日由李学勇授证聘任高祥生为江苏省人民政府参事。江苏省总工会、江苏省人保厅、江苏省装饰协会授予高祥生"室内装饰设计大奖赛优秀指导老师"称号。江苏省总工会、江苏省人保厅、江苏省装饰协会授予高祥生"中国室内设计杰出成就奖"。作品"欧式别墅样板房陈设设计"获第九届江苏省室内装饰设计大奖赛一等奖。高祥生、卞扬扬、沙勐贤、赵硕、焦龙完成长兴中地房产开发有限公司委托的浙江长兴中地凯旋宫销售中心及样板间陈设设计。高祥生、许琴、陈尚书等完成北戴河服务局委托的北戴河服务局建筑改造室内设计。高祥生、卢杰、许琴、王勇完成南京德基广场八层仿明城墙和内部装饰装修设计。高祥生、宫平、王勇、许琴、万晶、李桢、曹莹、马婕等完成上海铁路局上铁公司委托的铁路南京南站出发层商业形象控制设计。入选2005年中国集邮总公司发布的《当代中华文化名家专题邮票》。

2014年　参加2014年江苏省第十二届人民代表大会第二次会议。1月5日任中国建筑学会建筑师学会环境艺术专业委员会委员。11月25日被聘任为中国室内装饰协会设计专业委员会副主任。南京市室内设计学会授予其"室内装饰设计大奖赛优秀指导老师"称号。高祥生、浦江、潘瑜、姚申明等完成广州东江渔港集团委托的南京东江渔港室内装饰装修及门厅设计。高祥生、潘瑜、卞扬扬、李桢、雷雨、陈颖洁、周歆怡、许佳佳、王勇、许琴、凌海芹、龚曾谷、吴杰完成南京市江宁区教育局委托的南京江宁区上坊保障房幼儿园室内设计及室外景观设计。高祥生、万晶、卞扬扬、王勇、许琴、凌海芹完成上海新上铁实业发展集团有限公司合肥分公司委托的合肥南站商业整体形象设计控制。高祥生、周歆怡、卞扬扬、李杰、沙勐贤完成南京南站委托的铁路南京南站出发层高淳陶瓷展形象设计。高祥生、王勇、许琴、万晶、卞扬扬、凌海芹完成上海新上铁实业发展集团有限公司合肥分公司委托的铁路南京站北站房商业整体形象设计控制。高祥生、王勇、许琴、万晶、卞扬扬、凌海芹完成上海新上铁实业发展集团有限公司合肥分公司委托的合肥南站商务服务区设计(一层候车室)。高祥生、许琴、王勇完成合肥南站商务中心装饰装修设计(二层候车室)。高祥生、许琴、王玮、黄勇完成上海铁路局上铁公司委托的南京南站东北角夹层餐饮空间装饰装修设计。江苏省住房和城乡建设厅发布高祥生主编的《公共建筑室内装饰装修构造》(苏J 49—2013)。高祥生参加编写中华人民共和国住建部发布的《木结构建筑》(14J924)。南京师范大学出版社出版高祥生主编的《室内设计实务》。文章《尊重民族文化的地铁艺术——参观莫斯科地铁站有感》《特定环境中典型形象的塑造——对南京铁路南站陶瓷壁画的创作思考》在《建筑与文化》期刊发表。

2015年　参加2015年江苏省第十二届人民代表大会第三次会议。6月于长沙参与全国室内装饰行业工作座谈会暨中国室内装饰协会五届五次常务理事扩大会议。“南京市江宁区上坊保障房幼儿园装修设计”获江苏省第十届室内装饰设计大奖赛杰出成就奖。高祥生、王勇、卢杰、许琴完成泰州市工艺美术协会委托的泰州市工艺美术馆装饰装修设计。高祥生参加编写中华人民共和国住房和城乡建设部发布的《住宅室内装饰装修设计规范》(JGJ 367—2015)。江苏省住房和城乡建设厅发布其编写的《建筑装饰装修制图标准》(DGJ32/TJ 20—2015)。中国建筑工业出版社出版高祥生主编的《装饰设计制图与识图(第二版)》。

2016年　被聘任为2016年度国际空间设计大奖IDEA-TOPS艾特奖南京分赛区执行主席。1月4日被聘任为《科技创新与应用》杂志编委会委员。1月4日被聘任为《高教学刊》杂志第一届编辑委员会主任委员。4月荣获“东南大学2014—2015年度教书育人、管理育人、服务育人积极分子”称号。高祥生、郭峰桦、陈尚峰等完成南京汤山紫清湖度假酒店建筑设计、室内设计、景观设计。高祥生、许琴完成上海铁路局南京客运段委托的南京南站客运段高铁车队司机休息室装饰装修设计。中国建筑工业出版社出版高祥生主编的《高祥生环境艺术设计作品集》。

2017年　当选中国建筑文化研究会陈设专业委员会主任。11月8日当选为中国建筑学会室内设计分会第八届理事会理事。中国室内装饰协会授予高祥生“中国室内设计TOP100”称号。高祥生、许琴、王勇完成上海铁路局南京客运段、南京房屋建筑段委托的铁路南京西站外立面出新及一、二、三层改造设计。

2018年　高祥生、陈尚峰、朱霞等完成宁启一期铁路沿线的铁路配套用房的外立面及景观环境优化改造设计。许琴、高祥生完成中国铁路上海局集团有限公司南京房产建筑段委托的南京站南站房候车室旅客厕所改造设计、南京南站旅客厕所改造设计、镇江城际站旅客厕所改造设计。2011至2018年间出国十余次调研西方建筑和城市环境。

2019年　高祥生、陈凌航、张娅、刘承盐、陈尚峰等完成上海铁路局南京铁路建设指挥中心委托的连淮扬镇铁路沿线配套房屋整体形象控制设计。东南大学出版社出版高祥生编著的《室内陈设设计教程》。南京师范大学出版社出版高祥生主编，王桉、李响编著的《景观设计手绘表现》。

2020年　被聘请为江苏省住房和城乡建设厅科技发展中心专家库专家。

10 月被聘请为中国软装定制联盟江苏执委会名誉主席。南京师范大学出版社出版高祥生主编，潘瑜、刘清泉、许琴、许佳佳编著的《装饰装修材料与构造》。编制完成第八部江苏省住房和城乡建设厅标准《住宅室内装饰装修设计深度图样》（苏 J 55—2020）。

2021 年　4 月 15 日被聘请为江苏省室内装饰协会行业发展战略委员会副主任。高祥生、许琴、邵叶鑫、陈凌航、刘承盐、潘瑜、王桉、赵宝伟、陈晓青、吴怡康、朱霞、张娅、王守攻、许佳佳等完成新建江苏南沿江城际铁路场站建设中文化图像研究与应用研究。中国建筑装饰协会发布其主持编制的《建筑室内装饰装修制图标准》（T/CBDA 47—2021）。

2022 年　高祥生、许琴、陈凌航、高路、陈尚峰、吴怡康、朱霞、邵叶鑫、张娅、刘承盐、邹珊珊、赵宝伟、孟霞等完成新建江苏南沿江城际铁路场站建筑环境中部分形态的优化设计。

2023 年　江苏省住房和城乡建设厅发布其主持完成的《公共建筑室内装修构造》（苏 J 49—2022）。高祥生、许琴、吴怡康、陈凌航、高路、胡婷慧、王霖子、刘欣悦等完成中国铁路上海局集团有限公司南京房产建筑段委托的南京韶山路宿舍楼改造设计。高祥生、许琴、吴怡康、朱霞、刘欣悦等完成中国铁路上海局集团有限公司南京房产建筑段委托的常州站公共卫生间改造设计。

2024 年　东南大学出版社出版其著作《高祥生文选》《高祥生中外建筑・环境设计赏析》。

……